高等院校计算机
基础课程新形态系列

数据库技术及应用

Access 2016

微·课·版

潘惠勇 夏敏捷◎主编

马宗梅 郭飞 程传鹏◎副主编

人民邮电出版社
北 京

图书在版编目（CIP）数据

数据库技术及应用 ：Access 2016 ：微课版 / 潘惠勇，夏敏捷主编. -- 北京 ：人民邮电出版社，2024.3
高等院校计算机基础课程新形态系列
ISBN 978-7-115-63310-1

Ⅰ．①数… Ⅱ．①潘… ②夏… Ⅲ．①关系数据库系统－高等学校－教材 Ⅳ．①TP311.132.3

中国国家版本馆CIP数据核字(2023)第237973号

内 容 提 要

本书是根据教育部高等学校大学计算机课程教学指导委员会编制的《新时代大学计算机基础课程教学基本要求》，以及"全国计算机等级考试二级 Access 数据库程序设计考试大纲"编写而成的，系统地介绍关系数据库管理系统的基础知识及 Access 2016 的功能和基本操作。本书内容包括数据库基础概述，Access 2016 数据库和表的设计，查询，窗体，报表，宏，模块和 VBA 程序设计，VBA 数据库编程等。全书最后以"学籍管理"系统的开发为例，详细介绍如何构建一个小型数据库应用系统。

本书适合作为高等学校"数据库技术及应用"课程的教材，也可作为 Access 数据库应用系统开发人员的参考书。

◆ 主　　编　潘惠勇　夏敏捷
　　副主编　马宗梅　郭　飞　程传鹏
　　责任编辑　李　召
　　责任印制　陈　犇

◆ 人民邮电出版社出版发行　　北京市丰台区成寿寺路 11 号
　　邮编　100164　　电子邮件　315@ptpress.com.cn
　　网址　https://www.ptpress.com.cn
　　涿州市京南印刷厂印刷

◆ 开本：787×1092　1/16
　　印张：18.25　　　　　　　　2024 年 3 月第 1 版
　　字数：501 千字　　　　　　2024 年 3 月河北第 1 次印刷

定价：69.80 元

读者服务热线：(010)81055256　印装质量热线：(010)81055316
反盗版热线：(010)81055315
广告经营许可证：京东市监广登字 20170147 号

前言
Preface

在现代信息社会，数据库的应用遍及各行各业，数据库技术是目前计算机领域发展最快、应用最广泛的技术之一。因此"数据库技术及应用"课程已经成为高等学校理工、经管、文史三大类专业学生的计算机基础教学核心课程和必修课程。Access 是 Microsoft Office 系列应用软件之一，是一个功能强大且易于使用的关系数据库管理系统，能有效地组织、管理和共享数据库的数据信息。利用 Access 可以直接开发一个小型的数据库管理系统。Access可以作为一个中小型管理信息系统的数据库部分，还可以作为商务网站的后台数据库部分，有着相当广泛的用户群。同时，Access 简单易用、功能完备，尤其适合数据库技术的初学者。

本书考虑到读者实际的计算机操作技能和学习特点，以应用为目的，以一个完整的项目实例讲解贯穿整本书，采用图文并茂的形式，以 Access 2016为背景，循序渐进地介绍数据库系统的基础知识，Access 数据库的建立、使用、维护和管理，结构化查询语言的使用，以及 VBA 数据库编程基础。本书在编写和组织上力求避免术语、概念的枯燥讲解和操作的简单堆砌，读者只要参照书中提供的实例进行系统学习，并配合一定的上机操作，就能快速掌握 Access 数据库管理系统的基本功能和操作，掌握面向应用开发的系统知识，并能够学以致用地完成简单实用的小型数据库管理系统的开发。

本书注重理论联系实际，条理清晰，概念明确，注重实际操作技能的训练。理论部分的讲解以"学籍管理"的设计为案例展开，本书的最后以"学籍管理"系统的开发为例，详细地介绍如何构建一个小型数据库应用系统。书中配有大量的习题，包括选择题、填空题、简答题以及操作题等，供读者复习和上机练习使用。读者在上机练习时，可以举一反三，以达到熟练操作的目的。

本书共 9 章，具体介绍如下。

第 1 章主要介绍数据库基本概念、关系数据库、数据库设计基础等内容，通过这些内容使读者掌握数据库的基本概念、理论和设计方法。

第 2 章介绍 Access 2016 的特点和界面、Access 的 6 种对象、数据库和数据表的创建和基本操作，使读者从宏观上对 Access 2016 有一定的了解。

第 3～6 章重点介绍创建和使用查询、窗体、报表和宏等内容，这些是 Access 中最基本的内容。

第 7 章通过典型的实例介绍 Access 的编程语言 VBA，内容主要有模块的基本概念、VBA 程序设计基础、VBA 常用语句、VBA 程序流程控制语句、数组、过程的创建和调用、事件及事件驱动、DoCmd 对象，以及程序调试和错误处理等。这部分是本书的难点，也是开发应用程序的基础。

第 8 章主要介绍 VBA 数据库编程，内容包括 DAO 库的引用方法、DAO 模型层次结构和访问数据库的步骤；ADO 库的引用方法、ADO 模型层次结构和主要 ADO 对象的使用。

第 9 章介绍数据库管理系统开发的一般流程，并以"学籍管理"系统的建立为例，介绍如何将数据库的各个对象有机地联系起来，构建一个完整的小型数据库应用系统。

本书建议教学时长为 60 学时，其中 32 学时为理论教学，28 学时为上机实践。本书由中原工学院计算机学院基础教学部的 8 位教师集体编写而成，他们是潘惠勇、夏敏捷、马宗梅、郭飞、程传鹏、杨要科、金秋、王琳。潘惠勇和夏敏捷任主编，马宗梅、郭飞、程传鹏任副主编。全书由夏敏捷审阅并统稿。

本书中所有的例题和实例均已在 Access 2016 中运行通过。为了便于教师使用本书和学生学习，本书配有教学课件、习题答案、案例素材等。读者可登录人邮教育社区（www.ryjiaoyu.com）免费下载配套资源，也可以登录中原工学院慕课平台观看本书慕课（配套资源下载如有问题，请联系我们：29478855@qq.com）。

由于编者学识水平有限，书中难免有不妥之处，望读者不吝指正。

编者

2023 年 8 月

目录
Contents

第 3 章

查询

第4章
窗体

第5章
报表

第 6 章

宏

第 7 章

模块和 VBA 程序设计

第 8 章　VBA 数据库编程

第 9 章　数据库应用系统开发实例

第1章 数据库基础概述

在计算机刚诞生时，其主要应用是科学计算。自 20 世纪 60 年代以来，数据库技术作为计算机数据处理的一门新技术发展了起来。它是计算机科学技术中发展最快的领域之一，经过近 60 年的发展形成了较为完整的理论体系，并广泛地应用于数据管理。在数据管理方面，数据库技术已被广泛地应用于教学管理、科学研究、企业管理和社会服务等各个领域。本章主要介绍数据库基本概念、关系数据库、数据库设计基础等内容。

学习目标

- 了解数据管理的相关概念和含义、数据模型的主要类型及其与数据库的关系。
- 掌握关系数据库及相关概念、关系运算和关系的完整性。
- 熟悉数据、数据库及数据库管理系统的含义和数据库设计的原则、步骤及过程。

1.1 数据库基本概念

自从计算机被发明出来之后，人类社会就进入了高速发展阶段，大量的信息堆积在人们面前。此时，如何组织存放这些信息、如何在需要时快速检索出信息，以及如何让所有用户共享这些信息就成为大问题。数据库技术就是在这种背景下诞生的，这也是使用数据库的原因。如今，世界上每一个人的生活几乎都离不开数据库，如果没有数据库，很多事情几乎无法解决。例如，没有图书管理系统，借书会是一件很麻烦的事情，更无法在网上查询图书信息；没有教务管理系统，学生要查询自己的成绩也不是很方便；没有计费系统，人们也就不能随心所欲地拨打电话；没有数据库的支持，网络搜索引擎就无法工作，网上购物就更不用想了。可见，数据库应用已经遍布人们生活的各个角落。

1.1.1 计算机数据管理的发展

现代意义上的数据库系统出现于 20 世纪 60 年代后期，伴随着计算机硬件系统的飞速发展、价格的急剧下降、操作系统性能的日益提高，以及 20 世纪 70 年代关系模型的出现，数据库系统逐步应用于各个领域，现在我们已经无法离开数据库系统。

1.1.1 计算机数据
管理的发展

1. 数据和信息

在数据处理中，最常用到的基本概念就是数据和信息。

数据是指描述事物的符号记录。数据不仅指传统意义的由字符 0～9 组成的数字，还是所有可以输入计算机中并能被计算机处理的符号的总称。

数据的种类很多，除了数字以外，文字、图形、图像、声音等都是数据。例如，学生的基本情况、超市商品的价格、员工的照片、人的指纹、播音员朗诵的佳作、气象卫星云图等都是数据。

信息是指以数据为载体的对客观世界实际存在的事物、事件和概念的抽象反映，具体来说是一种被加工为特定形式的数据，是通过人的感官（眼、耳、鼻、舌等）或各种仪器仪表和传感器等感知出来并经过加工而形成的反映现实世界中事物的数据。

例如，在学生档案中，记录了学生的姓名、性别、年龄、出生年份、籍贯、所在系别、入学时间，那么下面的描述就是数据：

(李军,男,21,1993,四川,外语系,2012)

下面这条学生记录所表述的就是信息：

李军是个大学生，1993 年出生，男，四川人，2012 年考入外语系

数据是数据库的基本组成内容，是客观世界所存在的事物的一种表征。人们总是尽可能地收集各种各样的数据，然后对其进行加工处理，从中抽取并推导出有价值的信息，作为指导日常工作和辅助决策的依据。

数据和信息是两个互相联系、互相依赖但又互相区别的概念。数据是用来记录信息的可识别的符号，是信息的具体表现形式。数据是信息的符号表示或载体，信息则是数据的内涵，是对数据的语义解释。数据只有经过提炼和抽象之后，具有了使用价值，才能成为信息。

2. 数据处理和数据管理

数据要经过处理才能变为信息，这种将数据转换成信息的过程称为数据处理。数据处理具体是指对数据进行收集、整理、存储、加工及传播等一系列活动的总和。数据处理的目的是从大量的、杂乱无章的甚至是难于理解的原始数据中，提炼、抽取出人们所需要的有价值、有意义的数据（信息），作为科学决策的依据。

可用"信息 = 数据 + 数据处理"来简单地表示信息、数据与数据处理的关系。

数据是原料，是输入，而信息是产出，是输出结果。数据处理是为了产生信息而处理数据。数据、数据处理、信息的关系如图 1.1 所示。

图 1.1　数据、数据处理、信息的关系

数据的组织、存储、检查和维护等工作是数据处理的基本环节，这些工作一般统称为数据管理。数据处理的核心是数据管理。数据处理与数据管理是相互联系的，数据管理技术的优劣，将直接影响数据处理的效率。

3. 计算机数据管理的发展阶段

计算机在数据管理方面经历了从低级到高级的发展过程。到目前为止，数据管理大致经历了人工管理、文件系统、数据库系统 3 个阶段。

（1）人工管理阶段

在这一阶段（20 世纪 50 年代中期以前），计算机主要用于科学计算。外部存储器只有磁带、卡片和纸带，程序设计语言只有机器语言和汇编语言，还没有数据管理方面的软件。数据处理的方式基本上是批处理。这个阶段数据管理具有以下几个特点。

① 数据不保存。因为当时计算机主要用于科学计算，所以对数据保存的需求尚不迫切。需

要时把数据输入内存，运算后将结果输出。数据并不保存在计算机中。

② 没有专门的软件对数据进行管理。在应用程序中，不仅要管理数据的逻辑结构，还要设计其物理结构、存取方法、输入/输出方法等。当数据存储改变时，应用程序中存取数据的子程序就需随之改变。

③ 数据不具有独立性。数据的独立性包含逻辑独立性和物理独立性。当数据的类型、格式或输入/输出方式等逻辑结构或物理结构发生变化时，必须对应用程序做出相应的修改。

④ 数据是面向程序的。一组数据只对应一个应用程序。即使两个应用程序都涉及某些相同数据，也必须各自定义，无法相互利用。因此，在程序之间有大量的冗余数据。这一阶段数据与程序的关系如图 1.2 所示。

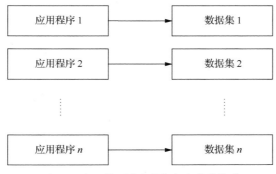

图 1.2 人工管理阶段数据与程序的关系

（2）文件系统阶段

在这一阶段（20 世纪 50 年代后期到 20 世纪 60 年代中期），计算机不仅用于科学计算，还用于信息管理。此时，外部存储器已有磁盘、磁鼓等可直接存取的存储设备；软件领域出现了高级语言和操作系统。操作系统中的文件系统是专门的数据管理软件。这时可以把相关的数据组成一个文件存放在计算机中，在需要时只要提供文件名，计算机就能从文件系统中找出所要的文件，把文件中存储的数据提供给用户进行处理。这个阶段数据管理具有以下几个特点。

① 数据能以"文件"的形式长期保存在外部存储器上。应用程序可对文件进行检索、修改、插入和删除等操作。

② 文件组织多样化，有索引文件、顺序存取文件和直接存取文件等。因而对文件中的记录可按顺序访问，也可随机访问，便于存储和查找数据。

③ 数据与程序间有一定的独立性。数据由专门的软件（即文件系统）进行管理，数据存储结构发生变化不一定影响程序的运行。

④ 对数据的操作以记录为单位。这是由于文件中只存储数据，不存储文件记录的结构描述信息。文件的建立、存取、查询、插入、删除、修改等所有操作，都要用程序来实现。

文件系统能带给用户一定的方便，但仍有很多缺点，主要表现在以下几个方面。

① 数据冗余度高。由于各数据文件之间缺乏有机的联系，造成每个应用程序都有对应的文件，有可能同样的数据在多个文件中重复存储，数据不能共享。

② 数据独立性低。数据和程序相互依赖，一旦改变数据的逻辑结构，必须修改相应的应用程序。而应用程序发生变化，如改用另一种程序设计语言来编写程序，也需修改数据结构。

③ 数据一致性差。由于相同的数据重复存储、各自管理，在进行更新操作时，容易造成数

据的不一致。

因此，文件系统仍然是一个不具有弹性的无结构的数据集合。文件之间是孤立的，不能反映现实世界中事物之间的内在联系。这个阶段数据与程序的关系如图 1.3 所示。

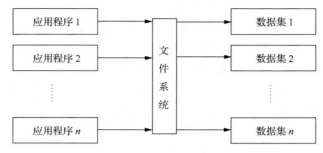

图 1.3　文件系统阶段数据与程序的关系

（3）数据库系统阶段

数据管理技术进入数据库系统阶段是在 20 世纪 60 年代末。由于计算机应用于信息管理的规模更加庞大，数据量急剧增加，硬件方面出现了大容量磁盘，因此计算机联机存取大量数据成为可能。硬件价格下降，而软件价格上升，使开发和维护系统软件的成本增加。文件系统的数据管理方法已无法适应开发应用系统的需要。为解决多用户、多个应用程序共享数据的需求，出现了统一管理数据的专门软件系统，即数据库管理系统，这使利用数据库技术管理数据变成了现实。这个阶段数据管理的特点有以下几方面。

① 数据共享性高、冗余度低。这是数据库系统阶段的最大改进，数据不再面向某个应用程序而是面向整个系统，所有用户可同时访问数据库中的数据。这样就减少了不必要的数据冗余，节约了存储空间，同时也避免了数据之间的不相容性与不一致性。

② 数据结构化。数据结构化即按照某种数据模型，将应用的各种数据组织到一个结构化的数据库中。在数据库中，数据结构化不仅要考虑某个应用的数据结构，还要考虑整个系统的数据结构，并且还要能够表示出数据之间的有机关联。

③ 数据独立性高。数据的独立性包含逻辑独立性和物理独立性。数据的逻辑独立性是指当数据的总体逻辑结构改变时，数据的局部逻辑结构不变。由于应用程序是依据数据的局部逻辑结构编写的，所以应用程序不必修改，从而保证了数据与程序间的逻辑独立性。数据的物理独立性是指当数据的存储结构改变时，数据的逻辑结构不变，从而应用程序也不必改变。

④ 有统一的数据控制功能。数据库为多个用户和应用程序所共享，对数据的存取往往是并发的，即多个用户可以同时存取数据库中的数据，甚至可以同时存取数据库中的同一个数据。为确保数据库数据的正确有效和数据库系统的有效运行，数据库管理系统提供下述 4 个方面的数据控制功能。

- 数据的安全性控制：防止不合法使用数据造成数据的泄露和破坏，保证数据安全和机密。例如，系统提供口令检查或其他手段来验证用户身份，防止非法用户使用系统；也可以对数据的存取权限进行限制，只有通过检查才能执行相应的操作。
- 数据的完整性控制：系统通过设置一些完整性规则以确保数据的正确性、有效性和相容性。正确性是指数据的合法性，如年龄属于数值型数据，只能包含数字，不能包含字母或特殊符号。有效性是指数据在其定义的有效范围内，如月份只能用 1～12 的正整数表示。相容性是指表示同一事实的两个数据相同，否则就称为不相容，如一个人不能有两个性别。

的航模飞机等都是具体的模型。数据模型是模型的一种，它是现实世界数据特征的抽象。现实世界中的具体事物必须用数据模型这个工具来抽象和表示，计算机才能够处理。

1. 概述

数据模型通常由数据结构、数据操作和数据约束 3 个部分组成。数据结构是所研究的对象类型的集合。数据操作是指对数据库中各种对象（型）的实例（值）允许执行的操作的集合，包括操作及有关的操作规则。数据约束是一组完整规则的集合。利用数据结构、数据操作和数据约束可以完整描述数据模型。

根据模型的应用层次，可以将模型分为 3 类。

第 1 类模型是概念数据模型，也称概念模型或信息模型，它按用户的观点来对数据和信息建模，是用户和数据库设计人员之间进行交流的工具，这类模型中最常见的就是实体关系（Entity-Relationship，E-R）模型。实体关系模型直接从现实世界中抽象出实体类型以及实体之间的关系，然后用实体关系图（E-R 图）表示数据模型。E-R 图有下面 4 个基本成分。

（1）矩形框，表示实体类型（问题的对象）。

（2）菱形框，表示关系类型（实体之间的联系）。

（3）椭圆形框，表示实体类型的属性。

（4）连线。实体与属性之间、关系与属性之间用直线连接；关系类型与其涉及的实体类型之间也以直线相连，并在直线端部标注关系的类型（1 : 1、1 : n 或 m : n）。

图 1.7 所示是一个 E-R 图的示例。

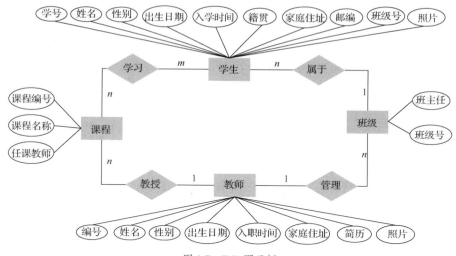

图 1.7　E-R 图示例

第 2 类模型是逻辑数据模型，也称逻辑模型，它是一种面向数据库系统的模型，该模型着重于数据库管理系统一级的实现。概念模型只有转化为逻辑模型后才能在数据库中得以实现。其主要包括网状模型、层次模型、关系模型等，它按计算机系统的观点对数据建模，主要用于DBMS 的实现。

第 3 类模型是物理数据模型，也称物理模型，它是一种面向计算机物理表示的模型，此模型给出了逻辑模型在计算机上物理结构的表示。

数据模型是数据库系统的核心和基础。各种机器上实现的 DBMS 软件都基于某种数据模型。为了把现实世界中的具体事物抽象、组织为某一 DBMS 支持的数据模型，人们常常先将现实世界抽象为信息世界，然后再将信息世界转换为机器世界。也就是说把现实世界中的客观对象抽象为某一种信息结构，这种信息结构并不依赖于具体的计算机系统，不是某一 DBMS 支持的数据模型，而是概念级的模型；然后再把概念模型转换为计算机上某一 DBMS 支持的数据模型，这一过程如图 1.8 所示。

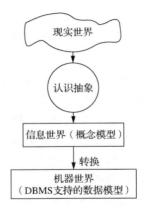

图 1.8　现实世界中客观对象的抽象过程

2. 相关概念

建立数据模型需要掌握以下几个概念。

（1）实体

客观存在并可相互区别的事物被称为实体（Entity）。实体可以是实实在在的客观存在，例如学生、教师、商店、医院；也可以是一些抽象的概念或地理名词，如地震、北京市。

（2）属性

实体所具有的特征称为属性（Attribute）。实体本身并不能被装进数据库，要保存客观世界的信息，必须将描述事物外在特征的属性保存在数据库中。属性的差异使我们能区分同类实体，如一个人具备姓名、年龄、性别、身高、肤色、发型、衣着等属性，根据这些属性可以在熙熙攘攘的人群中一眼认出熟悉的人。

（3）实体集和实体型

具有共性的实体组成的集合称为实体集（Entity Set）。实体所有属性的集合称为实体型。例如，要管理学生信息，可以存储每一位学生的学号、姓名、性别、出生年月、出生地、家庭住址、各科成绩等，其中学号是人为添加的一个属性，用于区分两个或多个因巧合而属性完全相同的学生。在数据库理论中，这些学生属性的集合就是一个实体集，这些学生所具有的所有的属性就是一个实体型。在数据库应用中，实体集以数据表的形式呈现，实体型是以字段名称的形式呈现的。

（4）联系

客观事物往往不是孤立存在的，相关事物之间保持着各种形式的关系。在数据库理论中，实体（集）之间同样也保持着关系，这些关系同时也制约着实体属性的取值方式与范围。这种实体集之间的对应关系称为联系。

实体的联系通常有 3 种：一对多、多对多和一对一。

① 一对多。"一对多"联系类型是关系数据库系统中最基本的联系形式，例如"系"表与"教师"表这两个实体的联系就属于"一对多"联系，即一个系可以有多名教师，但一名教师只能属于一个系。

② 多对多。"多对多"联系类型是客观世界中事物间联系的最普遍形式，例如在一个学期中，一名学生要学若干门课程，而一门课程要让若干名学生来学习；一名顾客要逛若干家商店才能买到称心的商品，而一家商店必须有许多顾客光顾才能得以维持经营等。上述的学生与课程之间、顾客与商店之间的关系均为"多对多"联系。

③ 一对一。"一对一"情况较为少见，它表示某实体集中的一个实体对应另一个实体集中的一个实体。例如为补充系的信息，添加一个"系办"表，表示每个系的系部办公室地点。从

常识得知，一个系只有一个系部办公室，一个系部办公室只为一个系所有，这两个实体的联系就属于"一对一"联系。

3．常用模型

数据库领域常用的数据模型按照数据的组织形式可划分为层次模型、网状模型、关系模型和面向对象模型 4 种。

（1）层次模型

在层次模型中，实体间的关系形同一棵根在上的倒挂树，上一层实体与下一层实体间的联系形式为一对多。现实世界中的组织机构设置、行政区划关系等都是层次模型应用的实例。基于层次模型的数据库系统存在天生的缺陷，它访问过程复杂，软件设计的工作量较大，现已较少使用。层次模型示例如图 1.9 所示。

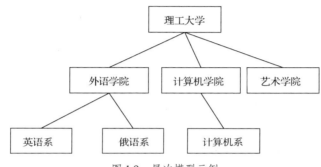

图 1.9　层次模型示例

层次模型具有以下特点。

① 有且仅有一个节点无父节点，位于最高层次，称为根节点。

② 根节点以外的其他节点有且仅有一个父节点。

（2）网状模型

网状模型也称网络数据模型，它较容易实现普遍存在的"多对多"关系，数据存取方式要优于层次模型。但网状结构过于复杂，难以实现数据结构的独立，即数据结构的描述保存在程序中，改变结构就要改变程序，因此目前已不再是流行的数据模型。网状模型示例如图 1.10 所示。

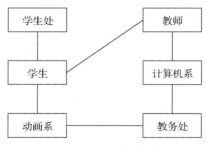

图 1.10　网状模型示例

网状模型具有以下特点。

① 允许一个以上的节点无父节点。

② 一个节点可以有多于一个的父节点。

（3）关系模型

关系模型是以二维表的形式表示实体和实体之间联系的数据模型，即关系模型数据库中的数据均以表格的形式存在。其中表就是一个逻辑结构，用户和程序员不必了解表的物理细节和存储方式；表的结构由数据库管理系统自动管理，表结构的改变一般不涉及应用程序，在数据库技术中称为数据独立性。

关系模型具有以下特点。

① 每一列中的值具有相同的数据类型。

② 列的顺序可以是任意的。

③ 行的顺序可以是任意的。

④ 表中的值是不可分割的最小数据项。

⑤ 表中的任意两行不能完全相同。

基于关系模型的数据库系统称为关系数据库系统，所有的数据分散保存在若干个独立存储的表中，表与表之间通过公共属性实现"松散"的联系，当部分表的存储位置、数据内容发生变化时，表间的关系并不改变。这种联系可以将数据冗余度降到最低。

（4）面向对象模型

面向对象模型是一种新兴的数据模型，它采用面向对象的方法来设计数据库。面向对象模型的数据库存储对象以对象为单位，每个对象包含对象的属性和方法，具有类和继承等特点。Computer Associates 的 Jasmine 就是面向对象模型的数据库系统。

1.2 关系数据库

关系数据库基于美国 IBM 公司的埃德加·弗兰克·科德（E.F.Codd）在 20 世纪 70 年代提出的关系模型，自 20 世纪 80 年代以来，新推出的数据库管理系统几乎都支持关系模型。目前流行的关系数据库管理系统有 Access、SQL Server、FoxPro、Oracle 等。

1.2.1 关系模型

关系数据库是当今主流的数据库管理系统，关系模型对用户来说很简单，一个关系就是一个二维表。这种用二维表的形式表示实体和实体间联系的数据模型称为关系模型。

1.2.1 关系模型

要了解关系数据库，首先需对其基本关系术语进行认识。

1. 关系术语

（1）关系

一个关系就是一个二维表，每个关系有一个关系名称。对关系的描述称为关系模式，一个关系模式对应一个关系的结构。其表示格式如下：

关系名(属性名 1,属性名 2,…,属性名 n)

在 Access 中则表示为：

表名(字段名 1,字段名 2,…,字段名 n)

图 1.11 显示了 Access 中的一个"课程"表，该表保存了班级的课程号、课程名称、课程性质、学时、学分等信息。该关系在 Access 中可表示为：课程(课程号,课程名称,课程性质,学时,学分)。

课程

课程号	课程名称	课程性质	学时	学分	单击以添加
990801	计算机文化基	必修	45	3	
990802	flash动画设计	选修	36	3	
990803	高级语言程序	必修	60	4	
990804	数据库技术及	必修	60	4	
990805	photoshop	选修	60	4	
990806	3DMax动画设计	选修	60	4	
990807	网页设计	必修	30	2	
*			0	0	

记录: 第 1 项(共 7 项)　无筛选器　搜索

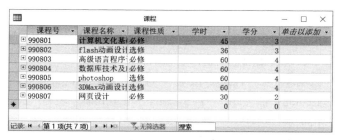

图 1.11 “课程”表

值得说明的是，表示概念模型的 E-R 图在转换为关系模型时，实体和实体之间的联系都要转换为一个关系，即一张二维表。

（2）元组

在一个关系（二维表）中，每行为一个元组。一个关系可以包含若干个元组，但不允许有完全相同的元组。

在 Access 中，一个元组称为一个记录。例如，有 10 个元组的“班级”表就包含 10 个记录。

（3）属性

关系中的列称为属性。每一列都有一个属性名，在同一个关系中不允许有重复的属性名。

在 Access 中，属性称为字段，一个记录可以包含多个字段。例如，有 3 列的“班级”表就包含 3 个字段。

（4）域

域指属性的取值范围。如“班级”表的“班级人数”字段可以为两位数字，“院系号”字段可以为 41 开头的 4 位数字。

（5）关键字

关键字简称键，由一个或多个属性组成，用于唯一标识一个记录。例如，“班级”表中的“班级名称”字段可以区别表中的各个记录，所以“班级名称”字段可作为关键字使用。一个关系中可能存在多个关键字，用于标识记录的关键字称为主关键字。

在 Access 中，关键字由一个或多个字段组成。表中的主关键字或候选关键字都可以唯一标识一个记录。

（6）外部关键字

如果关系中的一个属性不是关系的主关键字，但它是另外一个关系的主关键字或候选关键字，则称该属性为外部关键字，也称之为外键。

关系模型就是一个二维表，关系必须规范化。规范化是指一个关系的每个属性必须是不可再分的，即不允许有分量，如图 1.12 所示的表格中，工资又分为基本和绩效两项。这是一个复合表，不是二维表，因而不能用于表示关系。

工号	姓名	工资	
		基本	绩效
100001	张三	1650	950
100201	李四	1900	800
500124	赵六	3100	1200

图 1.12 复合表

2．实际关系模型

在关系模型中，信息被组织成若干张二维表，每张二维表为一个二元关系。Access 数据库往往包含多个表，各个表通过相同字段名构建联系。

在"学籍管理"数据库中，"学生""成绩""课程"表之间的关系如图 1.13 所示。"学生"表和"成绩"表通过相同的字段"xh"（学号）相联系，"成绩"表和"课程"表通过相同的字段"kch"（课程号）相联系，构建了 3 个表的关系模型。该数据库中的 3 个表如图 1.14 所示，由 3 个表相联系得到的一个"学生成绩"查询如图 1.15 所示。

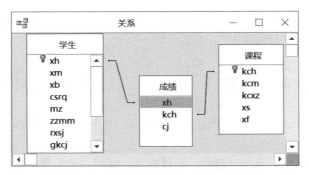

图 1.13　"学生""成绩""课程"表之间的关系

图 1.14　3 个数据表

图 1.15　"学生成绩"查询

1.2.2 关系运算

关系运算是对关系数据库的数据操纵,主要是从关系中查询需要的数据。关系的基本运算分为两类:一类是传统的集合运算,包括并、交、差等;另一类是专门的关系运算,包括选择、投影、联接等。关系运算的操作对象是关系,关系运算的结果仍然是关系。

1.传统的集合运算

传统的集合运算要求两个关系的结构相同,执行集合运算后,得到一个结构相同的新关系。

对于任意关系 R 和关系 S,它们具有相同的结构,即关系模式相同,而且相应的属性取自同一个域。那么,传统的集合运算定义如下。

（1）并

R 并 S,R 或 S 两者中所有元组的集合。一个元组在并集中只出现一次,即使它在 R 和 S 中都存在。

例如,在关系 R 和 S 中分别存放两个班的学生记录,把一个班的学生记录追加到另一个班的学生记录后边,进行的就是并运算。

（2）交

R 交 S,R 和 S 中共有的元组的集合。

例如,有参加计算机兴趣小组的学生关系 R 和参加象棋兴趣小组的学生关系 S,求既参加计算机兴趣小组又参加象棋兴趣小组的学生,就要进行交运算。

（3）差

R 差 S,在 R 中而不在 S 中的元组的集合。注意,R 差 S 不同于 S 差 R,后者是在 S 中而不在 R 中的元组的集合。

例如,有参加计算机兴趣小组的学生关系 R 和参加象棋兴趣小组的学生关系 S,求参加了计算机兴趣小组但没有参加象棋兴趣小组的学生,就要进行差运算。

2.专门的关系运算

（1）选择

从关系中找出满足条件元组的操作称为选择。选择是从行的角度进行运算的,在二维表中抽出满足条件的行。例如,在学生成绩的关系 1 中找出"一班"的学生成绩,并生成新的关系 2,就应当进行选择运算,如图 1.16 所示。

关系 1

姓名	班级	成绩
张三	一班	80
李四	一班	99
王五	二班	78

选择 →

关系 2

姓名	班级	成绩
张三	一班	80
李四	一班	99

图 1.16 选择运算

（2）投影

从关系中选取若干个属性构成新关系的操作称为投影。投影是从列的角度进行运算的,选择某些列的同时丢弃了某些列。例如,在学生成绩的关系 1 中去除掉成绩列,并生成新的关系 2,就应当进行投影运算,如图 1.17 所示。

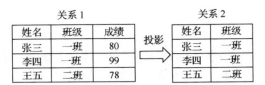

图 1.17　投影运算

（3）联接

联接指将多个关系的属性组合构成一个新的关系。联接是关系的横向结合，生成的新关系中包含满足条件的元组。例如关系 1 和关系 2 进行联接运算，得到关系 3，如图 1.18 所示。在联接运算中，按字段值相等执行的联接称为等值联接，新关系中重复字段只出现一次的联接称为自然联接，如图 1.19 所示。自然联接是一种特殊的等值联接，是去掉重复字段的联接，是构造新关系的有效方法，是最常用的联接运算。

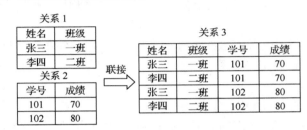

图 1.18　联接运算

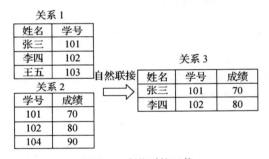

图 1.19　自然联接运算

1.2.3　关系的完整性

关系的完整性指关系数据库中数据的正确性和可靠性，关系数据库管理系统的一个重要功能就是保证关系的完整性。关系完整性包括实体完整性、值域完整性、参照完整性和用户自定义完整性。

1.2.3　关系的完整性

1．实体完整性

实体完整性指数据表中记录的唯一性，即同一个表中不允许出现重复的记录。设置数据表的关键字可便于保证数据的实体完整性。例如，将"学生"表中的"学号"字段作为关键字，就可以保证实体完整性，若编辑"学号"字段时出现相同的学号，数据库管理系统就会提示用户，并拒绝修改字段。

2．值域完整性

值域完整性指数据表中记录的每个字段的值应在允许范围内。例如可规定"学号"字段必须由数字组成。

3．参照完整性

参照完整性指相关数据表中的数据必须保持一致。例如，"学生"表中的"学号"字段和"选课成绩"表中的"学号"字段应保持一致。若修改了"学生"表中的"学号"字段，则应同时修改"选课成绩"表中的"学号"字段，否则会导致参照完整性错误。

4．用户自定义完整性

用户自定义完整性指用户根据实际需要而定义的数据完整性。例如，可规定"性别"字段值为"男"或"女"，"成绩"字段值必须是 0～100 的整数。

1.3 数据库设计基础

1.3 数据库设计基础

数据库应用系统与其他计算机应用系统相比，一般具有数据量庞大、数据保存时间长、数据关联比较复杂、用户要求多样化等特点。设计数据库的目的实质上是设计出满足实际应用需求的实际关系模型。在 Access 中具体实施时表现为数据库和表的结构合理，不仅存储所需要的实体信息，并且能反映出实体之间客观存在的联系。

1.3.1 数据库设计原则

为了合理组织数据，应遵从以下基本设计原则。

1．关系数据库的设计应遵从概念单一化"一事一地"的原则

一个表描述一个实体或实体间的一种联系，避免设计大而杂的表。首先分离那些需要作为单个主题而独立保存的信息，然后通过 Access 确定这些主题之间有何联系，以便在需要时将正确的信息组合在一起。通过将不同的信息分散在不同的表中，可以使数据的组织工作和维护工作更简单，同时也可以保证建立的应用程序具有较高的性能。

例如，将有关教师基本情况的数据，包括姓名、性别、工作时间等，保存到"教师"表中。将工资单的信息保存到"工资"表中，而不是将这些数据统统放到一起。同样，应当把学生信息保存到"学生"表中，把有关课程的成绩保存在"选课成绩"表中。

2．避免在表之间出现重复字段

除了保证表中有反映与其他表之间存在联系的外部关键字之外，应尽量避免在表之间出现重复字段。这样做的目的是使数据冗余尽量小，防止在插入、删除和更新时造成数据的不一致。

例如，"课程"表中有了"课程名"字段，"选课成绩"表中就不应该有"课程名"字段。需要时可以通过两个表的联接找到所选课程对应的课程名称。

3．表中的字段必须是原始数据和基本数据元素

表中不应包括通过计算可以得到的二次数据或多项数据的组合，能够通过计算从其他字段推导出来的字段也应尽量避免。

例如，"职工"表中应当包括"出生日期"字段，而不应包括"年龄"字段。当需要查询年龄的时候，可以通过简单计算得到准确年龄。

在特殊情况下可以保留计算字段，但是必须保证数据的同步更新。例如，在"工资"表中出现的"实发工资"字段，其值是通过"基本工资+津贴-代扣水电费"计算出来的。每次更改其他字段值时，都必须重新计算。

4．用外部关键字保证有关联的表之间的联系

表之间的关联依靠外部关键字来维系，这使得表结构合理，不仅存储了所需要的实体信息，并且反映出实体之间的客观存在的联系，以确保能设计出满足应用需求的实际关系模型。

1.3.2 数据库设计步骤

设计数据库是指对于一个给定的应用环境，构造出最优的关系模式，建立数据库及其应用系统，使之能够有效地存储数据，满足各种用户的需求。数据库设计的好坏，对数据库应用系统的效率、性能及功能等有巨大的影响。

1．数据库设计的一般步骤

数据库设计目前一般采用生命周期法，即将整个数据库应用系统的开发分解成目标独立的若干阶段，它们是需求分析阶段、概念结构设计阶段、逻辑结构设计阶段、数据库物理设计阶段、数据库实施阶段、数据库运行和维护阶段。

（1）需求分析

需求分析即全面、准确了解用户的实际需求。对用户的需求进行分析主要包括 3 个方面的内容。

① 信息需求，即用户要从数据库获得的信息内容。信息需求定义了数据库应用系统应该提供的所有信息，注意描述清楚系统中数据的类型。

② 处理需求，即需要什么处理功能及处理的方式。处理需求定义了系统的数据处理的操作，应注意操作执行的场合、频率、操作对数据的影响等。

③ 安全性和完整性需求。在定义信息需求和处理需求的同时必须相应确定安全性、完整性约束。

（2）概念结构设计

概念结构设计即设计数据库的概念结构。概念结构设计是整个数据库设计的关键，它通过对用户需求进行综合、归纳与抽象，形成独立于具体 DBMS 的概念模型。

（3）逻辑结构设计

逻辑结构设计是将抽象的概念结构转换为所选用的 DBMS 支持的数据模型，并对其进行优化。

（4）数据库物理设计

数据库物理设计是为逻辑数据模型选取一个最适合应用环境的物理结构（包括存储结构和存取方法）。

（5）数据库实施

在数据库实施阶段，设计人员运用 DBMS 提供的数据语言及其宿主语言，根据逻辑设计和物理设计的结果建立数据库，编制与调试应用程序，组织数据入库，并进行试运行。

（6）数据库运行和维护

数据库应用系统经过测试、试运行后即可正式投入运行。在数据库系统运行过程中必须不断地对其进行评价、调整与修改。

2．用 Access 设计数据库的步骤

对于关系数据库，我们可利用 Access 来开发数据库应用系统，具体设计步骤如下。

（1）需求分析。在分析过程中，要确定建立数据库的目的。首先要与数据库的使用人员多交流，尽管收集资料阶段的工作非常烦琐，但必须耐心细致地了解现行业务处理流程，收集全部数据资料，如报表、合同、档案、单据、计划等，所有这些信息在后面的设计步骤中都要用到，这有助于确定数据库保存哪些信息。

（2）确定需要的表。可以着手将需求信息划分成各个独立的实体，例如教师、学生、选课等。每个实体都可以设计为数据库中的一个表。

（3）确定所需字段。确定在每个表中要保存哪些字段，确定关键字、字段中要保存数据的数据类型和数据的长度。通过对这些字段的显示或计算应能够得到所有需求信息。

（4）确定联系。对每个表进行分析，确定一个表中的数据和其他表中的数据有何联系。必要时可在表中加入一个字段或创建一个新表来明确联系。

（5）设计求精。对设计进一步分析，查找其中的错误；创建表，在表中加入几个示例数据记录，考察能否从表中得到想要的结果，需要时可调整设计。

在初始设计时，难免会发生错误或遗漏数据。这只是一个初步方案，以后可以对设计方案进一步完善。完成初步设计后，可以利用示例数据对表单、报表的原型进行测试。Access 很容易在创建数据库时对原设计方案进行修改。可是在数据库中载入了大量数据或报表之后，再修改这些表就比较困难了。正因为如此，在开发应用系统之前，应尽量确保设计方案合理。

1.3.3　数据库设计过程

创建数据库首先要明确建立数据库的目的，再确定数据库中的表、表的结构、主关键字及表之间的关系。下面将遵循前面给出的设计原则和步骤，以"学籍管理"数据库的设计为例，具体介绍在 Access 中设计数据库的过程。例如，某学校学籍管理的主要工作包括教师管理、学生管理和学生选课成绩管理等几项。

1．需求分析

对用户的需求进行分析，主要包括 3 个方面的内容：信息需求、处理需求、安全性和完整性需求。针对该例，对学籍管理工作进行了解和分析，可以确定建立"学籍管理"数据库的目的是解决学籍信息的组织和管理问题，主要任务包括教师信息管理、课程信息管理、学生信息管理和选课成绩信息管理等。

2．确定数据库中的表

表是关系数据库的基本信息结构，确定表往往是数据库设计过程中最困难的步骤。在设计表时，应该按以下设计原则对信息进行分类。

（1）表不应包含复制信息，表间不应有重复信息。如果每条信息只保存在一个表中，那么只需在一处进行更新，这样效率更高，同时也消除了包含不同信息的重复项的可能性。

（2）每个表应只包含关于一个主题的信息。如果每个表只包含关于一个主题的事件，则可以独立于其他主题维护每个主题的信息。

根据这两个原则，我们可以确定，在"学籍管理"数据库中设计"教师"、"课程"、"学生"和"选课成绩" 4 个表，分别存放教师信息、课程信息、学生信息和学生选课成绩信息。

3．确定表中的字段

每个表中包含同一主题的信息，并且表中的每个字段包含该主题的各个事件。在确定每个表的字段时，应遵循以下原则。

（1）每个字段直接与表的主题相关。

（2）表中的字段必须是原始数据，即不包含推导或计算的数据。

（3）包含所需的所有信息。

（4）以最小的逻辑部分保存信息。

（5）确定主关键字字段。

根据这个原则，确定的 4 个表的字段和主关键字如表 1.1 所示。

表 1.1　学籍管理基本表设计

教师	课程	学生	选课成绩
工号(gh)	课程号(kch)	学号(xh)	学号(xh)
姓名(xm)	课程名(kcm)	姓名(xm)	课程号(kch)
性别(xb)	课程性质(kcxz)	性别(xb)	教师号(gh)
工作时间(gzsj)	学时(xs)	出生日期(csrq)	开课学期(kkxq)
职称(zc)	学分(xf)	民族(mz)	成绩(cj)
学位(xw)		政治面貌(zzmm)	
所在院系(yxh)		高考成绩(gkcj)	
		入校时间(rxsj)	
		班级名称(bjmc)	
		籍贯(jg)	
		简历(jl)	
		照片(zp)	
工号	课程号	学号	学号+课程号

主关键字主要用来确定表之间的联系，表示每一条记录。它可以是一个字段，也可以是一组字段，但必须是唯一的、不可重复的。

4．确定表间的关系

为各个表定义主关键字之后，还要确定表之间的关系，将相关信息结合起来形成一个关系数据库。表之间的联系有 3 种类型，即一对一、一对多和多对多联系。

5．设计求精

通过前面的几个步骤，设计完需要的表、字段和关系后，就该检查该设计方案并找出任何可能存在的不足，如是否遗忘了字段、是否包含重复信息、是否设计了正确的主关键字等。因为现在改变数据库的设计要比以后开发过程中更改已经装满数据的表容易得多。

习题 1

一、选择题

1. 在数据管理技术发展的 3 个阶段中，数据共享最好的是（　　　）。

　　A．人工管理阶段　　B．文件系统阶段　　　C．数据库系统阶段　　D．3 个阶段相同

2. 层次模型、网状模型和关系模型的划分依据是（　　　）。

　　A．记录长度　　　　B．文件的大小　　　　C．联系的复杂程度　　D．数据的组织形式

3. 数据管理经历了若干发展阶段，下列哪个不属于其中的发展阶段？（　　　　）

　　A．人工管理阶段　　　　　　　　　　B．机械管理阶段

　　C．文件系统阶段　　　　　　　　　　D．数据库系统阶段

4. 数据库（DB）、数据库系统（DBS）、数据库管理系统（DBMS）之间的关系是（　　）。
    A. DB 包含 DBS 和 DBMS
    B. DBMS 包含 DBS 和 DB
    C. DBS 包含 DBMS 和 DB
    D. 没有任何关系

5. 下列模型中，能够给出数据库物理存储结构与物理存取方法的是（　　）。
    A. 外模型　　　　　B. 物理模型　　　　　C. 概念模型　　　　　D. 逻辑模型

6. 下列叙述中正确的是（　　）。
    A. 数据库系统是一个独立的系统，不需要操作系统的支持
    B. 数据库技术的根本目标是解决数据的共享问题
    C. 数据库管理系统就是数据库系统
    D. 以上 3 种说法都不对

7. 数据库管理系统是（　　）。
    A. 操作系统的一部分
    B. 在操作系统支持下的系统软件
    C. 一种编译系统
    D. 一种操作系统

8. 数据库管理系统应具备的功能不包括（　　）。
    A. 数据定义
    B. 数据操作
    C. 数据库的运行、控制、维护
    D. 协同计算机各种硬件联合工作

9. 下列关于关系数据库中数据表的描述，正确的是（　　）。
    A. 数据表相互之间存在联系，但用独立的文件名保存
    B. 数据表相互之间存在联系，是用表名表示相互间的联系
    C. 数据表相互之间不存在联系，完全独立
    D. 数据表既相对独立，又相互联系

10. 下列叙述中正确的是（　　）。
    A. 为了建立一个关系，首先要构造数据的逻辑关系
    B. 表示关系的二维表中各元组的每一个分量还可以分成若干数据项
    C. 一个关系的属性名表称为关系模式
    D. 一个关系可以包括多个二维表

11. 用二维表来表示实体及实体之间联系的数据模型是（　　）。
    A. 实体关系模型　　B. 层次模型　　　　C. 网状模型　　　　D. 关系模型

12. 在"学生"表中查找年龄大于 18 岁的男学生，所进行的操作属于关系运算中的（　　）。
    A. 投影　　　　　　B. 选择　　　　　　C. 联接　　　　　　D. 自然联接

13. 负责数据库中查询操作的数据库语言是（　　）。
    A. 数据定义语言　　B. 数据管理语言　　C. 数据操作语言　　D. 数据控制语言

14. 一个教师可讲授多门课程，一门课程可由多个教师讲授。则实体教师和课程间的联系是（　　）。
    A. 一对一联系　　　B. 一对多联系　　　C. 多对一联系　　　D. 多对多联系

15. 在关系模型中，域是指（　　）。
    A. 记录　　　　　　B. 属性　　　　　　C. 字段　　　　　　D. 属性的取值范围

16. 下列关于数据库设计的叙述中，正确的是（　　）。
    A. 在需求分析阶段建立数据字典
    B. 在概念设计阶段建立数据字典

数据库基础概述 第1章

C. 在逻辑设计阶段建立数据字典　　　　D. 在物理设计阶段建立数据字典

17. 按数据的组织形式，数据库的数据模型可分为（　　　　）。
    A. 小型、中型、大型　　　　　　　　　B. 网状、环状、链状
    C. 层次、网状、关系　　　　　　　　　D. 独享、共享、实时

18. 一个工作人员可以使用多台计算机，而一台计算机可被多个人使用，则实体工作人员、实体计算机之间的联系是（　　　　）。
    A. 一对一　　　　　B. 一对多　　　　　C. 多对多　　　　　D. 多对一

19. 在学生基本信息表中寻找姓王的男学生，进行的关系运算是（　　　　）。
    A. 选择　　　　　　B. 投影　　　　　　C. 连接　　　　　　D. 比较

20. 在学生管理的关系数据库中，存取一个学生信息的数据单位是（　　　　）。
    A. 文件　　　　　　B. 数据库　　　　　C. 字段　　　　　　D. 记录

21. 关系的完整性不包括（　　　　）。
    A. 实体完整性约束　　　　　　　　　　B. 列完整性约束
    C. 参照完整性约束　　　　　　　　　　D. 域完整性约束

22. 数据库中有 A、B 两张表，均有相同的字段 C，在两个表中 C 是主键，如果通过 C 字段建立两表的关系，则该关系为（　　　　）。
    A. 一对一　　　　　B. 一对多　　　　　C. 多对多　　　　　D. 不能建立关系

23. 下列叙述中错误的是（　　　　）。
    A. 在数据库系统中，数据的物理结构必须与逻辑结构一致
    B. 数据库技术的根本目标是解决数据的共享问题
    C. 数据库设计是指在已有数据库管理系统的基础上建立数据库
    D. 数据库系统需要操作系统的支持

24. 在关系数据库中，能够唯一地标识一个记录的属性或属性的组合称为（　　　　）。
    A. 关键字　　　　　B. 属性　　　　　　C. 关系　　　　　　D. 域

25. 在现实世界中，每个人都有自己的出生地，实体人和出生地之间的联系是（　　　　）。
    A. 一对一联系　　　B. 一对多联系　　　C. 多对多联系　　　D. 无联系

26. 在关系运算中，选择运算的含义是（　　　　）。
    A. 在基本表中，选择满足条件的元组组成一个新的关系
    B. 在基本表中，选择需要的属性组成一个新的关系
    C. 在基本表中，选择满足条件的元组和属性组成一个新的关系
    D. 以上 3 种说法均是正确的

27. 一间宿舍可以住多个学生，则实体宿舍和学生之间的联系是（　　　　）。
    A. 一对一联系　　　B. 一对多联系　　　C. 多对一联系　　　D. 多对多联系

28. 软件生命周期中的活动不包括（　　　　）。
    A. 需求分析　　　　B. 市场调研　　　　C. 软件测试　　　　D. 软件维护

29. 在数据库设计过程中，需求分析包括（　　　　）。
    A. 信息需求　　　　B. 处理需求　　　　C. 安全性和完整性需求　　D. 以上全包括

二、填空题
1. 数据处理是将_____转换成_____的过程。

2. 数据模型按数据的组织形式可分为＿＿＿＿＿＿、＿＿＿＿＿＿、＿＿＿＿＿＿、
＿＿＿＿＿＿4 种。

3. 数据库系统的核心是＿＿＿＿＿＿。

4. 在数据库管理系统提供的数据定义语言、数据操作语言和数据控制语言中，＿＿＿＿＿＿负责数据的模式定义与数据的物理存取构建。

5. 长期存储在计算机内的、有组织的、可共享的数据集合称为＿＿＿＿＿＿。

6. 在进行关系数据库的逻辑设计时，E-R 图中的属性常被转换为关系中的属性，联系通常被转换为＿＿＿＿＿＿。

7. 在关系数据库中，从关系中找出满足给定条件的元组，该操作称为＿＿＿＿＿＿。

8. 在关系数据库中，从关系中找出若干列，该操作称为＿＿＿＿＿＿。

9. 在关系数据库中，将两个关系通过一定规律合并为一个，而且新关系的列多于两个关系的任意一个，该操作称为＿＿＿＿＿＿。

10. 人员的基本信息一般包括身份证号、姓名、性别、年龄等，其中可以作为主关键字的是＿＿＿＿＿＿。

11. 如果表中某个字段不是本表的主关键字，而是另外一个表的主关键字或候选关键字，则这个字段称为＿＿＿＿＿＿。

12. 在关系运算中从关系模式中指定若干属性组成新的关系，该关系运算称为＿＿＿＿＿＿。

13. 在关系数据库中用来表示实体之间联系的是＿＿＿＿＿＿。

14. 有一个学生选课的关系，其中学生的关系模式为"学生(学号,姓名,班级,年龄)"，课程的关系模式为"课程(课号,课程名,学时)"，两个关系模式的主键分别是学号和课号，则关系模式选课可定义为：选课(学号,＿＿＿＿＿＿,成绩)。

15. 在二维表中，元组的＿＿＿＿＿＿不能再分成更小的数据项。

16. 在关系数据库中，基本的关系运算有 3 种，它们是选择、投影和＿＿＿＿＿＿。

17. 实体之间的联系可抽象为 3 类，它们是＿＿＿＿＿＿、＿＿＿＿＿＿、＿＿＿＿＿＿。

18. 数据库设计的 4 个阶段是需求分析、概念设计、逻辑设计和＿＿＿＿＿＿。

三、简答题

1. 简述数据管理的发展历程。

2. 什么是数据、数据库、数据库管理系统、数据库系统？

3. 关系数据库有哪些特点？

4. 简述数据库的设计原则。

5. 简述数据库设计的一般步骤。

6. 试设计一个关系数据库，并进行简要的分析。

第2章 Access 2016 数据库和表的设计

Access 2016 是微软公司开发的桌面型关系数据库管理系统。作为 Microsoft Office 2016 系列软件之一，它具有典型的 Windows 风格。利用 Access 2016，用户可以高效快捷地创建功能强大的数据库管理系统。

学习目标

- 掌握 Access 2016 的用户界面操作。
- 掌握数据库的创建与使用。
- 掌握数据表的创建。
- 掌握数据表关系的建立以及关系编辑。
- 掌握数据表的几种常见操作。
- 了解数据库维护。

2.1 Access 2016 概述

Access 是微软公司发布的 Office 办公套件的组件之一，是当今流行的桌面型关系数据库管理系统之一，有较长的发展历程。微软自 1992 年 11 月推出 Access 1.0 之后，经过不断的改进和优化，又相继推出 2.0、7.0/95、8.0/97、9.0/2000、10.0/2002、2003、2007、2010、2016 等。

Access 2016 作为 Windows 平台上的桌面型数据库软件，具有界面友好、易学易用、开发简单、接口灵活等特点。用户无须编程，就可以利用 Access 2016 提供的工具和操作向导，诸如表设计向导、查询设计向导、窗体设计向导、报表设计向导等，可视化地完成大部分数据库管理和开发工作。此外，Access 2016 还为具备一定编程基础的用户提供了 VBA（Visual Basic for Applications）编程语言和相应的开发调试环境，用于开发功能更加完善的数据库应用系统。

2.1.1 Access 2016 的启动和退出

启动 Access 2016 一般有两种方法。在开始菜单中找到"Access 2016"菜单命令并单击，即可打开图 2.1 所示的 Access 2016 启动界面；也可以在计算机中双击 Access 数据库文件，启动 Access 2016 并打开相应的数据库文件。

退出 Access 2016 的方法和 Windows 中关闭窗口的操作一样，单击 Access 2016 窗口右上角的"关闭"按钮，即可关闭 Access 2016 窗口，即退出 Access 2016。

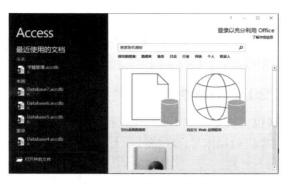

图 2.1　Access 2016 启动界面

2.1.2　Access 2016 的主界面

Access 2016 具有典型的 Windows 图形化界面，界面布局随着操作对象的变化而变化。Access 2016 启动后，出现的窗口按其显示格式大体可分为两类。第一类是 Backstage 视图类的窗口；第二类是含有功能区和导航窗格的 Access 2016 窗口界面，如图 2.2 所示。

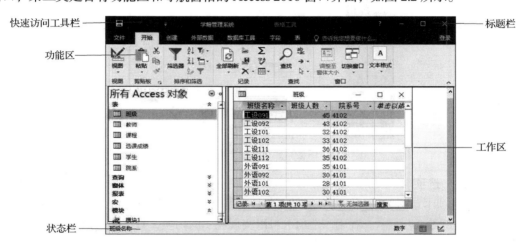

图 2.2　Access 2016 窗口界面

1．标题栏

标题栏由两部分组成，分别是当前正在使用的数据库名和"最小化"按钮、"最大化"按钮、"关闭"按钮。

2．功能区

功能区位于标题栏的下方，由多个命令选项卡组成，每个选项卡中有若干个命令组，每组包含相关功能的命令按钮。

3．工作区

工作区分为左右两个区域，左边的区域是数据库导航窗格，显示 Access 的所有对象，用户可使用该窗格选择或切换数据库对象；右边区域展示数据库对象，用户通过该区域实现对数据库对象的操作。

4．状态栏

状态栏位于窗口界面的底部，显示数据库管理系统的工作状态。

5．快速访问工具栏

快速访问工具栏是一个可以自己定制的工具栏，一般放在标题栏的左边。它提供了常用的文件操作命令，用户可以根据需要对快速访问工具栏进行设置。

2.1.3　Access 2016 的命令选项卡

Access 2016 的功能区包括"文件""开始""创建""外部数据""数据库工具"等命令选项卡。此外，在对数据库对象进行操作时，还将打开上下文命令选项卡。

1．"文件"选项卡

"文件"选项卡中包含"信息""新建""打开""保存""另存为""打印""关闭""账户""选项"命令，如图2.3所示，分别用于查看文件的相关信息、新建数据库文件、打开数据库文件、数据库对象保存、数据库对象另存、打印数据库对象、关闭数据库、设置 Office 账户信息、设置 Access 2016 选项。

图 2.3　"文件"选项卡

2．"开始"选项卡

"开始"选项卡包括"视图""剪贴板""排序和筛选""记录""查找""窗口"和"文本格式"命令组，如图 2.4 所示。利用该选项卡可以实现视图的切换，数据库对象或者记录的复制与粘贴，记录的创建、保存、删除等操作。

图 2.4　"开始"选项卡

3．"创建"选项卡

"创建"选项卡包括"模板""表格""查询""窗体""报表""宏与代码"命令组，如图 2.5 所示。利用该选项卡可以使用模板或者自行创建表、查询、窗体、报表、宏等数据库对象，也可以创建应用程序。

图 2.5　"创建"选项卡

4．"外部数据"选项卡

"外部数据"选项卡包括"导入并链接""导出"命令组，如图 2.6 所示。利用该选项卡可以进行数据库的导入和导出。

图 2.6 "外部数据"选项卡

5．"数据库工具"选项卡

"数据库工具"选项卡包括"工具""宏""关系""分析""移动数据""加载项"命令组，如图 2.7 所示。利用该选项卡可以创建和查看表间的关系、启动 VB 程序编辑器、运行宏、在不同数据库之间移动数据。

图 2.7 "数据库工具"选项卡

6．上下文命令选项卡

除了上面介绍的 5 个通用选项卡，Access 2016 还会根据当前操作的对象以及正在执行的操作的上下文情况，在通用选项卡旁边添加一个或多个上下文命令选项卡。上下文命令选项卡会根据所选对象状态的不同自动显示或者关闭，为用户带来极大的便利。图 2.8、图 2.9 分别为选中数据表之后出现的"字段"和"表"选项卡。

图 2.8 "字段"选项卡

图 2.9 "表"选项卡

2.2 Access 2016 数据库对象的组成

Access 2016 数据库是由表、查询、窗体、报表、宏和模块这 6 个对象组成的，各个对象之间存在着一定的依赖关系，其中表是数据库的核心，这些对象有机地结合，构成了一个完整的数据库应用程序。

2.2 Access 2016
数据库对象的组成

2.2.1 表

表（Table），即数据表，是数据库中一个非常重要的对象，是查询、窗体、报表等对象的主要数据来源，其数据以行和列的方式组织并呈现。表的每一行称为记录，每一列称为字段，每个记录由若干个字段组成，每个表由若干个记录组成。一个数据库中往往包含多个表，这些表之间可能会存在一定的关系，利用 Access 2016 提供的数据库工具可以为这些表创建关系，以便数据库进行其他操作。图 2.10 所示为单个表。

图 2.10　单个表

2.2.2 查询

查询（Query）就是从数据库中检索数据，是数据库的一个基本操作。我们建立数据库的一个主要目的就是方便查询、浏览数据。如查看学生的所选课程的考试成绩，可以通过建立查询来检索和查看数据。图 2.11 所示为学生选课成绩查询。

Access 2016 提供了多种查询方式，比如单表查询、多表查询、参数查询、交叉表查询、更新查询等，查询的数据源是表或其他查询。

图 2.11　学生选课成绩查询

2.2.3 窗体

窗体（Form）主要是用来显示数据库中的数据或者输入数据到数据库中，是用户与数据库应用系统进行人机交互的界面。通过在 Access 2016 窗体上绘制一些常见控件并添加相应功能，用户可以更直观地浏览数据库中的数据或者高效地输入数据到数据库中。在 Access 数据库系统开发中，窗体是数据库中应用最多的一个对象，图 2.12 所示为“班级”窗体。窗体的数据源可以是表或查询。

班级
班级
班级名称
工设101
班级人数
32
院系号
4102
记录: 第 3 项(共 10 项
无筛选器
搜索

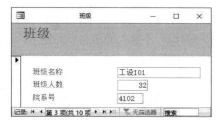

图 2.12 “班级”窗体

2.2.4 报表

报表（Report）是用表格、图表等格式显示数据的有效对象。它可根据用户需求重组数据表中的数据，并按特定格式显示或打印，多数报表是为了打印输出的需要而设计的。

报表不仅可以将数据以设定的格式进行显示和打印，同时还可以对有关的数据进行汇总、求平均值、求和等计算。利用报表设计器可以设计出各种类型的报表。报表对象的数据源可以是表或查询。图 2.13 所示为教师信息报表。

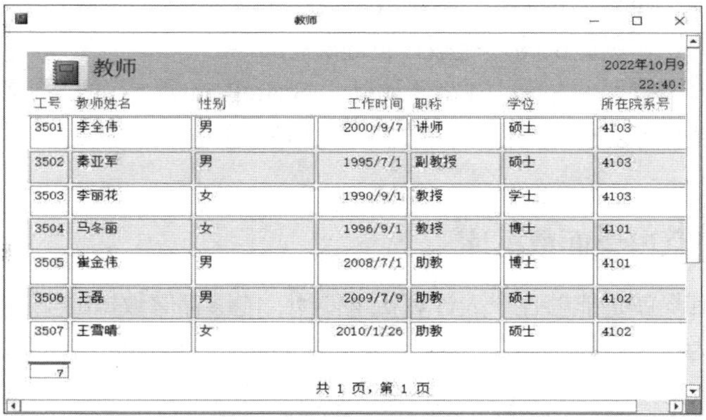

教师
教师
工号 教师姓名 性别 工作时间 职称 学位 所在院系号
3501 李全伟 男 2000/9/7 讲师 硕士 4103
3502 秦亚军 男 1995/7/1 副教授 硕士 4103
3503 李丽花 女 1990/9/1 教授 学士 4103
3504 马冬丽 女 1996/9/1 教授 博士 4101
3505 崔金伟 男 2008/7/1 助教 博士 4101
3506 王磊 男 2009/7/9 助教 硕士 4102
3507 王雪晴 女 2010/1/26 助教 硕士 4102
7
共 1 页，第 1 页

图 2.13 教师信息报表

2.2.5 宏

宏（Macro）是一个或多个操作（命令）的集合，每个操作都对应 Access 的某个特定功能。通过宏，用户不需要编写任何程序代码，就可以将多个操作组合在一起，进行批量化的操作。宏的使用，大大提高了用户的操作效率。图 2.14 所示为创建的一个宏，该宏用于打开学生信息窗体，并弹出消息对话框。

打开学生窗体
MessageBox
消息 正在打开学生信息窗体
发嘟嘟声 是
类型 无
标题 打开窗体
OpenForm
窗体名称 学生信息窗体
视图 窗体
筛选名称
当条件
数据模式
窗口模式 普通
MaximizeWindow
添加新操作

图 2.14 打开学生信息窗体的宏

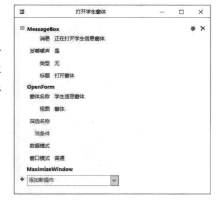

2.2.6 模块

模块（Module）一般由事件过程组成。在 Access 2016 中，模块采用的是 VBA 语言来编写代码，该语言语法类似于 Visual Basic，采用的是可视化的面向对象编程，程序运行采用的是事件驱动机制。图 2.15 所示的模块用于比较 3 个数的大小。创建模块对象的过程也就是使用 VBA 编写程序的过程，通过对模块的使用，可以开发功能更为完善的数据库系统。

在 Access 2016 中，有两类模块：一类是类模块，一般是窗体或者报表的事件代码；另一类是标准模块，该类模块不附属于任何对象，可以被其他模块调用。

2.3 创建数据库

2.3 创建数据库

在 Access 2016 中，用户可以通过选择"文件"选项卡的"新建"命令来创建数据库。创建出来的数据库生成扩展名为.accdb 的文件存储在磁盘上。创建数据库之后，可以修改或者扩充数据库。

图 2.15　模块

在 Access 2016 中创建数据库的方法有以下 3 种：
- 创建"空白桌面数据库"；
- 通过"自定义 Web 应用程序"创建数据库；
- 使用 Access 2016 所提供的"模板"创建数据库。

"自定义 Web 应用程序"是通过浏览器访问由 SharePoint 平台通过网络发布的 Access 应用程序，本节主要介绍如何创建"空白桌面数据库"以及通过 Access 2016 所提供的"模板"创建数据库。

2.3.1　创建空白桌面数据库

"空白桌面数据库"就是能够在个人计算机上使用，能够存储数据的空白数据库。下面以创建"学籍管理"数据库为例，具体讲述在 Access 2016 中创建"空白桌面数据库"的方法与过程。

【例 2.1】利用 Access 2016 在 F 盘根目录下创建一个名为"学籍管理.accdb"的数据库。具体操作步骤如下。

① 启动 Access 2016，打开 Access 2016 Backstage 视图，模板界面如图 2.16 所示。

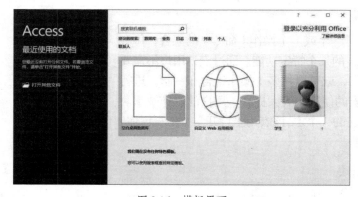

图 2.16　模板界面

② 在模板界面中单击"空白桌面数据库"，此时 Access 2016 按新建文件的次序自动给出了一个文件名，如"Datebase4.accdb"。如果用户不指定新数据库名，Access 2016 将使用默认的文件名。本例中在"文件名"文本框中输入"学籍管理"。

③ 单击"文件名"文本框右边的浏览按钮，弹出"文件新建数据库"对话框，选择 F 盘

根目录保存,"空白桌面数据库"对话框如图2.17所示。

④ 单击"创建"按钮。此时新建的数据库被自动打开。标题栏中显示当前打开的数据库名称,如图2.18所示。

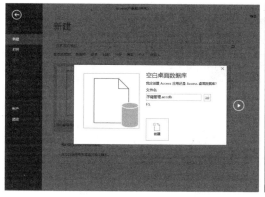

图2.17 "空白桌面数据库"对话框

图2.18 新建的数据库

2.3.2 利用模板创建数据库

Access 2016产品附带有样本模板,如"学生""教职员""营销项目""联系人"数据库等,也可以输入模板关键词,联机下载更多模板。利用这些模板可以很方便地创建数据库及含有专业设计的表、窗体、报表等数据库对象,从而提高工作效率。

【例2.2】利用"学生"模板创建一个"学生"数据库,存放在F盘根目录下的"数据库实例"文件夹中。

操作步骤如下。

① 选择"文件"选项卡,选择"新建"命令,打开"新建"界面,如图2.19所示。

② 在列出的模板中单击"学生"模板,并在弹出的对话框中输入或选择文件保存路径,如图2.20所示。

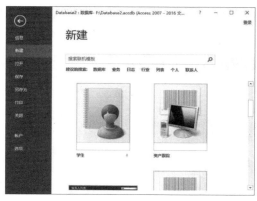

图2.19 数据库模板

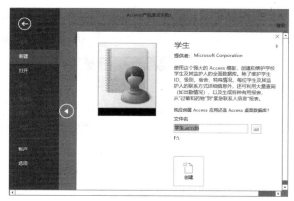

图2.20 "学生"对话框

③ 单击"创建"按钮,系统将自动完成数据库的创建。创建的数据库如图2.21所示。此时可以发现,在"学生"数据库中,系统自动创建了表、查询、窗体、报表等对象,用户可以根据自己的需要在表中输入数据。

图 2.21 创建的数据库

在实际的数据库创建过程中，利用模板创建的数据库往往不能满足用户的需求。需要先找到与设计要求比较接近的数据库模板创建数据库，然后根据需要在其基础上进行修改。

2.4 数据库的打开与关闭

打开数据库是指将数据库文件从外部存储器读入内存中。打开数据库后，可以对数据库各种对象进行操作。关闭数据库是指将数据库文件从内存中清除。

2.4.1 打开数据库

打开数据库的操作步骤如下。

① 启动 Access 2016，选择"文件"选项卡，选择"打开"命令，打开"打开"对话框，如图 2.22 所示。

② 在"打开"对话框中，选择数据库文件所在的磁盘，在"文件名"文本框中输入要打开的数据库文件名或在文件列表中直接选择数据库的文件名，然后单击"打开"按钮，此时数据库文件将被打开，数据库中的所有对象将出现在窗口中。

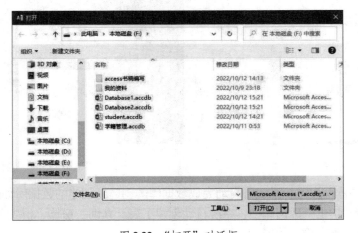

图 2.22 "打开"对话框

③ 若要以其他方式打开数据库，单击"打开"按钮右端的下拉按钮，弹出下拉菜单，如图 2.23 所示，再选择该下拉菜单中的某一种打开方式即可。

图 2.23　数据库的打开方式

数据库的打开方式有以下几种。

● 打开。如果选择"打开"，被打开的数据库可以被网络中的其他用户共享，这是默认的数据库文件打开方式。

● 只读方式打开数据库。以只读方式打开的数据库，只能对其查看而不能对其编辑。也就是说，以只读方式打开数据库，只能对数据库中的对象进行浏览而不能对这些对象进行修改。

● 独占方式打开数据库。使用独占方式打开数据库后，网络上其他用户不能再打开该数据库，选择这种方式打开数据库可以避免数据库被网络上的其他用户修改。

● 独占只读方式打开数据库。使用该方式打开数据库后，网络上其他用户不能再打开该数据库，当前用户只能浏览数据库，不能修改数据库的任何对象。

2.4.2　关闭数据库

为了保证数据的安全性，操作结束后必须先进行保存，再正常退出系统。关闭数据库是指将数据库从内存中清除，数据库窗口关闭。

关闭数据库有以下几种方法。

● 选择"文件"选项卡，选择"关闭"命令。

● 单击窗口右上角的"关闭"按钮。

2.5　创建数据表

在使用 Access 创建数据表之前，要设计好数据表的结构。创建数据表的任务就是具体地实现设计好的表结构，并按要求输入数据。在 Access 2016 中有 4 种创建数据表的方法。

● 使用数据表视图创建表。

● 使用设计视图创建表。

● 使用 SharePoint 列表创建表。

● 利用外部数据创建表。

关于利用外部数据创建数据表的方法将在本章 2.8.2 小节详细介绍，本节主要介绍如何使用数据表视图和设计视图来创建数据表。

创建数据表的方法

2.5.1　数据表概述

数据表将数据组织成列（字段）和行（记录）的二维表格形式。数据表由表结构和表内容组成。表结构包括每个字段的字段名、字段的数据类型和字段的属性等，表内容就是表的记录。第一行是各个字段的名称，从表结构的第二行开始，每一行称为一条记录。每一个字段名称下的数据称为字段值，同一列只能存放类型相同的数据。创建表就是先定义表的结构，然后再输入数据。

2.5.1　数据表概述

1. 字段的命名

字段名称用来标识表中的字段。同一数据表中的字段名称不可重复。在

字段的命名和数据类型

其他数据库的对象中，如果要引用表中的数据，必须要指定字段的名称。

在 Access 2016 数据库中，字段的命名有以下规定。

- 字段名最长为 64 个字符。
- 字段名称不能包含句点（.）、感叹号（!）、单引号（'）和方括号（[]）。
- 不能以空格开头。

2．字段的数据类型

字段的数据类型决定了该字段所要保存数据的类型。不同的数据类型，它的存储方式、存储的数据长度、在计算机内所占的空间等均有所不同。Access 2016 数据库中的数据类型有 12 种。

（1）短文本

短文本类型的字段用于保存字符数据，如姓名、籍贯、毕业院校等信息；也可以用于存放一些不需要计算的数字数据，如电话号码、身份证号码、邮政编码等。短文本类型字段最多存放 255 个字符，可以通过"字段大小"属性来设置短文本类型字段最多可容纳的字符数。

（2）长文本

长文本类型的字段一般用于保存比较长（超过 255 个字符）的文本信息，如个人特长、获奖信息、文章正文等，长文本类型的字段最多可以保存 1GB 的字符。

（3）数字

数字类型的字段用于保存数值，为了有效地处理不同类型的数值，可以通过"字段大小"属性指定如下几种类型的数值。

- 字节——可以存储 0～255 的整数，字段大小为 1 字节。
- 整型——可以存储 −32768～32767 的整数，字段大小为 2 字节。
- 长整型——可以存储 −2147483648～2147483647 的整数，字段大小为 4 字节。
- 单精度型——可以存储 $−3.4 \times 10^{38} \sim 3.4 \times 10^{38}$ 的实数，字段大小为 4 字节。
- 双精度型——可以存储 $−1.797 \times 10^{308} \sim 1.797 \times 10^{308}$ 的实数，字段大小为 8 字节。
- 同步复制 ID——字段大小为 16 字节，用于存储全局唯一标识符。
- 小数——可以存储 $−9.999... \times 10^{27} \sim 9.999... \times 10^{27}$ 的数值，字段大小为 12 字节。当选择该类型时，"精度"属性是指包括小数点前后的所有数字的位数，"数值范围"属性是指定小数点后面可存储的最大位数。

（4）日期/时间

可用于保存 100 年 1 月 1 日到 9999 年 12 月 31 日之间的日期和时间数据，该字段大小为固定的 8 字节，常用来保存出生日期、入学日期等。

（5）货币

字段大小定义为 8 字节，用于保存货币值。其整数部分最多为 15 位，小数部分最多为 4 位，该字段在输入数值时会自动加上货币符号。

（6）自动编号

自动编号型数据是一种比较特殊的数据，当向数据表中添加一条记录时，自动编号的字段数据无须输入，由 Access 自动指定一个唯一的顺序号（每行次增加的值为 1）。自动编号的数据与相应的记录是永久连接的，不允许用户修改。自动编号型字段的大小为 4 字节，以长整数形式存于数据表中，每个数据表中最多只能包含一个自动编号型的字段。如果删除数据表中含有自动编号字段的某个记录，Access 也不再使用已删除的自动编号型字段的数值，而是按递增的规律赋值。

（7）是/否

是/否类型实际是布尔型，用于存储只有两个值的逻辑型数据，字段大小定义为 1 字节。取值为"真"或"假"。一般"真"用 Yes、True 或 On 表示，"假"用 No、False 或 Off 表示。

（8）OLE 对象

OLE 对象类型是指在字段中可以"链接"或"嵌入"其他应用程序所创建的 OLE 对象（例如 Microsoft Word 文档、Microsoft Excel 电子表格、图像、声音等）。OLE 对象只能在窗体或报表中用控件显示。设置为 OLE 对象类型的字段，不能进行排序、索引和分组。

（9）超链接

超链接类型用于存放链接到本地或者网络上资源的地址，可以是文本或文本和数字的组合，以文本形式存储，用作超链接地址。

（10）附件

附件类型可以存放由其他应用程序创建的文件，例如图像、电子表格、Word 文档等文件可以以附件的形式存储到表的记录中。对于某些文件类型，系统会在添加附件时，对其自动进行压缩，压缩后的附件最大可存储 2GB，未压缩的附件为 700KB。

（11）计算

计算类型字段用于存储同一数据表中的其他字段计算而来的结果值。计算不能引用其他表中的字段，可以使用表达式生成器来创建计算。计算类型字段可以存储短文本类型、数字类型、日期/时间类型、货币类型、是/否类型。

（12）查阅向导

查阅向导类型的字段为用户建立了一个列表，输入数据时，用户可以在列表中选择一个值以存储到字段中。当某个字段取值比较固定时，可以通过设置查阅向导类型的字段来提高用户的输入速度。例如，将"性别"字段设为查阅向导类型，设置完成后只需要在"男"和"女"两个值中选择即可。

2.5.2 数据表设计

1. 创建数据表

（1）使用数据表视图创建数据表

使用数据表视图创建表是 Access 2016 提供的一种方便、快捷的创建表的方法，用户在定义表的结构的同时还可以输入数据。

【例 2.3】使用数据表视图创建"班级"表。

操作步骤如下。

① 启动 Access 2016，打开之前创建的"学籍管理"数据库。

② 在"创建"选项卡的"表格"命令组中，单击"表"命令按钮，Access 2016 将创建一个新表，并打开数据表视图，如图 2.24 所示。

③ 在数据表视图中，第一列用于定义主关键字字段，第二列起用于定义其他字段。选中第一列，切换到"表格工具"下的"字段"选项卡，单击"属性"命令组中的"名称和标题"命令按钮，打开"输入字段属性"对话框，如图 2.25 所示。

使用数据表视图创建数据表

---

④ 在"名称"文本框中输入"bjmc"，在"标题"文本框中输入"班级名称"，如图 2.26 所示，单击"确定"按钮。

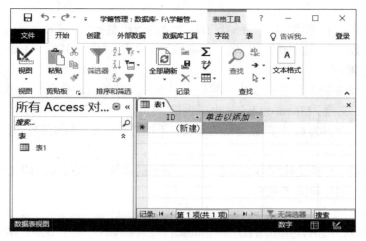

图 2.24　数据表视图

图 2.25　"输入字段属性"对话框

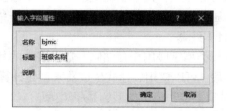

图 2.26　设置名称和标题

⑤ 在"格式"命令组中的"数据类型"下拉列表中选择"短文本"，在"属性"命令组中设置"字段大小"的值为 20，如图 2.27 所示。至此，"bjmc"字段的定义完成。

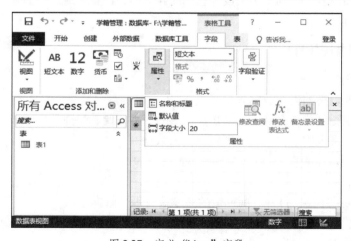

图 2.27　定义"bjmc"字段

⑥ 在数据表视图标题行上单击"单击以添加"，在弹出的下拉菜单中选择"数字"命令。字段标题默认为"字段 1"，将默认字段标题"字段 1"修改为"班级人数"，在"格式"命令组的"格式"下拉列表中选择"常规数字"，完成"班级人数"字段的定义。

⑦ 按与步骤⑥相似的方法添加 "yxh" 字段，并设置字段的属性。

⑧ 在快速访问工具栏中单击 "保存" 按钮，打开 "另存为" 对话框，设置表名称为 "班级"，如图 2.28 所示，单击 "确定" 按钮，完成表的创建。

图 2.28 "另存为" 对话框

完成数据表结构的创建后，可以直接在该视图下输入表的记录内容，输入时，在字段名称下方的单元格中依次输入数据。

（2）使用设计视图创建数据表

创建数据表的另外一种方法是，使用设计视图创建数据表。在数据表的设计视图中，不仅能确定数据表的字段名称，同时还能确定字段的数据类型和设置字段属性，相较于使用数据表视图创建表的方法，该方法更为灵活。

使用设计视图创建数据表

【例 2.4】使用数据表的设计视图在 "学籍管理" 数据库中创建 "教师" 表。操作步骤如下。

① 打开 "学籍管理" 数据库。

② 在 "创建" 选项卡的 "表格" 命令组中，单击 "表设计" 命令按钮，打开图 2.29 所示的设计视图。该设计视图分为上、下两部分，上半部分是字段输入区，包括字段选定器、字段名称列、数据类型列和说明列，下半部分是 "字段属性" 区，用于设置字段的属性。

③ 在 "字段名称" 列输入字段的名称 "gh"，在 "数据类型" 列的下拉列表中选择 "短文本"，在 "字段属性" 区设置 "字段大小" 为 "4"，"标题" 为 "工号"，完成后的效果如图 2.30 所示。

④ 其他字段的创建方法和操作步骤③类似，不再赘述，操作完成后的效果如图 2.31 所示。

图 2.29 表设计视图

图 2.30 定义字段

图 2.31 表的设计

⑤ 表的所有字段创建完成后，单击“保存”按钮，打开“另存为”对话框，在对话框中输入表名称“教师”后，单击“确定”按钮时，会弹出图 2.32 所示的提示对话框，提示尚未定义主键，单击“否”按钮，暂时不设定主键。

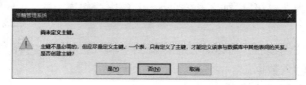

图 2.32　提示对话框

⑥ 单击“视图”命令按钮，切换到数据表视图，可以在该视图中输入表的数据，如图 2.33 所示。

工号	教师姓名	性别	工作时间	职称	学位	所在院系号
3504	马冬丽	女	1996/9/1	教授	博士	4101
3505	崔金伟	男	2008/7/1	助教	博士	4101
3506	王磊	男	2009/7/9	助教	硕士	4102
3507	王雪晴	女	2010/1/26	助教	硕士	4102
3501	李全伟	男	2000/9/7	讲师	硕士	4103
3502	秦亚军	男	1995/7/1	副教授	硕士	4103
3503	李丽花	女	1990/9/1	教授	学士	4103

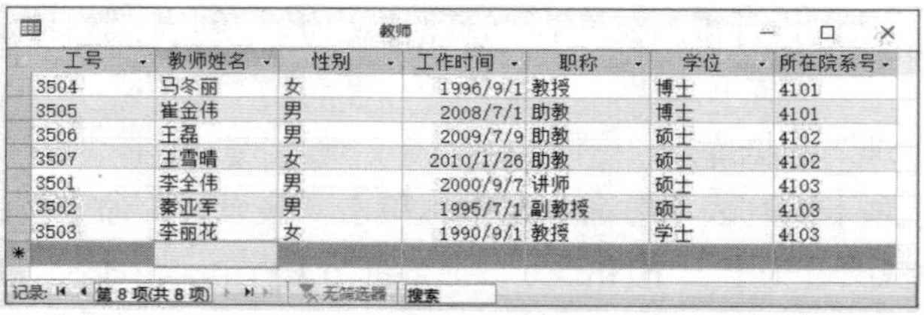

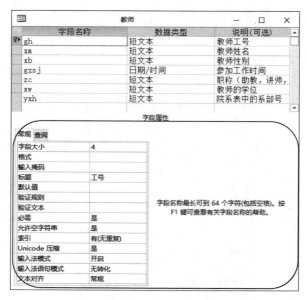

图 2.33　“教师”表

2．字段属性的设置

字段的属性决定了如何存储和显示字段中的记录数据。每种类型的字段都有一个特定的属性集，对于不同数据类型的字段，它所拥有的字段属性是不同的。

字段属性的设置

字段属性的设置是在设计视图中“字段属性”区完成的。图 2.34 所示为“教师”表中“gh”字段的“字段属性”区。

图 2.34　“gh”字段“字段属性”区

在"字段属性"区可以设置字段的各个属性，各属性的具体意义如下。

（1）字段大小

字段大小用于设置和存储字段中数据的最大长度或数值的取值范围，一般对文本和数值类型的字段有效。如果设置为短文本类型，要求输入的字符不能超过 255 个；如果设置为数值型，可以在"字段大小"下拉列表中做进一步选择，如整型、长整型、单精度型等。

（2）格式

格式属性用来指定短文本型、长文本型、数值型、日期/时间型、是/否型与自动编号型字段的数据格式。不同类型的字段，其格式选择也不同。

【例 2.5】设置"学生"表中出生日期字段的显示格式为"yy-mm-dd"的形式。

操作步骤如下。

① 打开素材文件夹中的"学籍管理"数据库，双击导航窗格中的"学生"表将其打开。

② 将"学生"表从数据表视图切换到设计视图。

③ 在表的设计视图中单击"csrq"字段，在"字段属性"区中单击"格式"文本框右边的下拉按钮，从下拉列表中选择"中日期"格式，如图 2.35 所示。

④ 操作完成后，单击 Access 2016 窗口左上角的快速访问工具栏的"保存"按钮保存修改。

（3）输入掩码

输入掩码属性用来控制用户输入字段数据时格式的设置项，可对数据输入做更多的控制以保证输入正确的数据。输入掩码属性主要用于文本型、日期/时间型、数值型和货币型字段。

设置输入掩码最简单的方法是使用 Access 2016 提供的"输入掩码向导"。Access 2016 不仅提供了预定义输入掩码模板，而且还允许用户自己定义输入掩码，常见的输入掩码如表 2.1 所示。

格式		中日期	
输入掩码			
标题		出生日期	
默认值			
验证规则			
验证文本			
必需		否	
索引		无	
输入法模式		关闭	
输入法语句模式		无转化	
文本对齐		常规	
显示日期选取器		为日期	

图 2.35　格式属性设置

表 2.1　常见的输入掩码

格式字符	说明
0	必须输入数字（0～9，必选项），不允许使用加号（＋）和减号（－）
9	可以输入数字或空格（非必选项），不允许使用加号和减号
#	可以输入数字或空格（非必选项），空白将转换为空格，允许使用加号和减号
L	必须输入字母（A～Z，必选项）
?	可以输入字母（A～Z，可选项）
A	必须输入字母或数字（必选项）
a	可以输入字母或数字（可选项）
&	必须输入任一字符或空格（必选项）
C	可以输入任一字符或空格（可选项）
<	使其后所有的英文字符转换为小写
>	使其后所有的英文字符转换为大写
!	使输入掩码从右到左显示，可以在输入掩码的任意位置显示，包含感叹号
\	使其后的字符以原样显示（例如，\A 显示为 A）
密码	将"输入掩码"属性设置为"密码"，以创建密码输入项文本框。文本框中输入的任何字符都按原字符保存，但显示为星号（＊）

【例2.6】设置"教师"表中参加工作时间的格式为"中日期"。

操作步骤如下。

① 打开"学籍管理"数据库，双击打开"教师"表，并切换到设计视图。

② 在表的设计视图中单击"gzsj"字段，在"字段属性"区中单击"输入掩码"文本框右边的按钮，打开图2.36所示的"输入掩码向导"对话框，从"输入掩码"列表框中选择"中日期"格式，单击"下一步"按钮。

③ 在图2.37所示的"输入掩码向导"对话框的"占位符"下拉列表中选择输入日期数据时的占位符（包含*、_、#、$、@、%等），Access 2016默认的占位符是下划线，一般不做修改。

图2.36 "输入掩码向导"对话框-1　　　　图2.37 "输入掩码向导"对话框-2

（4）标题

标题属性值是在显示表数据时，表第一行所显示的字符。

（5）默认值

为字段设置默认值后，再向数据表中增加记录时，Access 2016会自动为字段填入设定的默认值。

【例2.7】将"学生"表中"性别"字段的默认值设置为"男"。

操作步骤如下。

① 打开"学生"数据表，切换到设计视图。

② 在表的设计视图中单击"xb"字段，在"字段属性"区的"默认值"右边的文本框中输入"男"，如图2.38所示。

图2.38 默认值属性设置

（6）验证规则和验证文本

验证规则是指字段中数据的值域，验证文本是指当输入的数据不符合预设的规则时显示的出错信息提示。验证规则通常是一个表达式，可以直接在"验证规则"右边的文本框中输入表达式，也可以单击右边的匾按钮，打开"表达式生成器"对话框设置表达式。

【例2.8】设置"选课成绩"表中"cj"字段的有效性规则为"cj>=0 And cj<=100"，出错的提示信息为"成绩应该为0~100"。

操作步骤如下。

① 打开"选课成绩"表的设计视图。

② 在表的设计视图中单击"cj"字段，在"字段属性"区的"验证规则"右边的文本框中输入">=0 And <=100"，在"验证文本"右边的文本框中输入"成绩应该为0~100"，如图2.39所示；也可以单击右边的匾按钮，打开"表达式生成器"对话框进行设置，如图2.40所示。

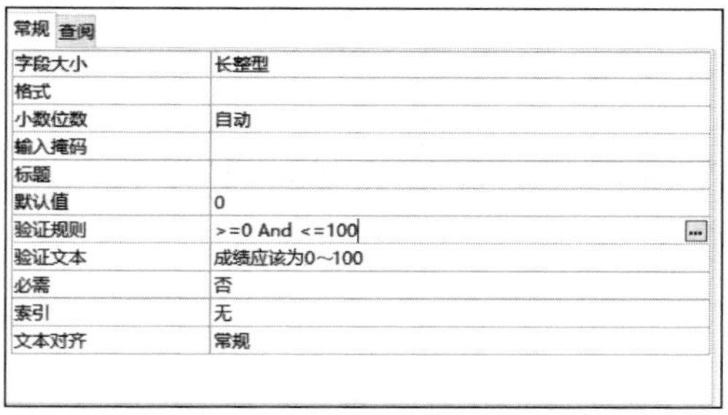

常规 查阅	
字段大小	长整型
格式	
小数位数	自动
输入掩码	
标题	
默认值	0
验证规则	>=0 And <=100
验证文本	成绩应该为0~100
必需	否
索引	无
文本对齐	常规

图 2.39　设置有效性规则

设置完成后，当输入的成绩小于0或大于100时，就会弹出图2.41所示的提示信息对话框。

图 2.40　"表达式生成器"对话框　　　　　图 2.41　提示信息对话框

（7）必需

必需属性指定该字段中是否必须有值。该属性取值只有"是"和"否"两项，默认为"否"。当设置为"是"时，表示必须在字段中输入数据，不允许本字段为空。

（8）允许空字符串

允许空字符串属性的取值只有"是"和"否"两项，当设置为"是"时，表示字段可以不填写任何字符。

（9）索引

索引用于提高对索引字段的查询速度及加快排序与分组的操作。使用索引字段属性可以设置单一字段或多个字段的索引，一般情况下，数据表中的记录顺序是由数据输入的先后顺序确定的，要加快数据的检索与查询速度，利用索引技术是比较有效的方法。

索引说明如下。

- "无"：表示本字段无索引。
- "有（有重复）"：表示本字段有索引，但允许表中该字段数据重复。
- "有（无重复）"：表示本字段有索引，但不允许表中该字段数据重复。
- 单字段索引名与字段名相同，是由 Access 自动定义的，不需要用户指定。

（10）Unicode 压缩

Unicode 压缩属性的取值只有"是"和"否"两项，主要用来对"短文本""长文本""超链接"类型的字段数据进行 Unicode 压缩。当设置为"是"时，该字段数据中的一个字符用 2 字节存储。

（11）输入法模式

输入法模式常用"开启"和"关闭"两个选项，若选择"开启"，则在表中输入数据时，一旦该字段获得焦点，将自动打开设定的输入法。

3．索引和主键

（1）索引

为了提高数据库的查询效率，我们通常需要对数据表中的某些字段进行索引，索引不改变数据表中记录的排列顺序，而是按照排序字段的顺序提取记录指针，生成索引文件。

索引和主键

在 Access 2016 中通常将频繁被查询的字段设置为索引，可以设置单字段索引，也可以设置多字段索引。需要注意的是，在 Access 2016 中，如果字段类型被设置为 OLE 对象型，则该字段不能建立索引。索引按照功能可分为以下几种类型。

- 唯一索引。被索引字段的值不能重复。一个表可以创建多个唯一索引。
- 主索引。同一个表可以创建多个唯一索引，其中一个可设置为主索引，主索引字段称为主键。一个数据表只能创建一个主索引。
- 普通索引。索引字段的值可以重复。一个表可以创建多个普通索引。

（2）创建字段索引

在 Access 2016 中建立索引的方法有两种，一种是通过表格设计视图下方的"字段属性"区建立索引，另外一种是通过 Access 2016 提供的索引设计器来建立索引。下面分别对两种方法做详细的介绍。

① 通过"字段属性"区创建索引

通过"字段属性"区创建索引的具体操作步骤如下。

- 打开"学籍管理"数据库，在导航窗格中双击打开"班级"表。
- 单击"视图"命令按钮打开表的设计视图，或者单击"视图"命令按钮下的小箭头，在弹出的菜单中选择"设计视图"打开表的设计视图。选择"班级名称"字段，在"字段属性"区设置"索引"项为"有（无重复）"，如图 2.42 所示。

② 通过索引设计器创建索引

通过索引设计器创建索引的具体步骤如下。

- 打开"班级"表设计视图。
- 单击"设计"选项卡中的"索引"命令按钮,打开索引设计器,如图 2.43 所示。
- 在"索引名称"中输入"班级名称",在"字段名称"中选择"bjmc",在"排序次序"中选择"升序",在"索引属性"区的"唯一索引"右侧选择"是",如图 2.44 所示。

图 2.42　索引设置

图 2.43　索引设计器

图 2.44　索引设置

- 关闭"索引"对话框,在设计视图的"字段属性"区的"索引"项中显示"有(无重复)"。

（3）主键

主键用来标识实体的唯一性,也称主关键字、主码,可以由数据表中一个或多个字段组成。在两个数据表的关系中,主键用来在一个表中引用来自另一个表中的特定记录。主键是一种唯一关键字,是数据表定义的一部分,并且它可以唯一确定表中的数据,或者可以唯一确定一个实体。一个表不能有多个主键,并且主键的数据记录不能包含空值。

在 Access 2016 中,建议每个数据表设计一个主键,设置主键的同时也创建了索引,建立主键是建立一种特殊的索引。一个数据表只能有一个主键,若数据表设置了主键,则表的记录存取依赖于主键,这样在执行查询时可以加快查询速度。

① 单字段主键。单字段主键是一个字段的值,可以保证表中每条记录的唯一性。创建单字段主键有以下两种方法。

- 打开表设计视图,选中要创建主键的字段,单击"设计"选项卡中的"工具"命令组中的"主键"命令按钮。
- 右键单击要创建主键的字段,在弹出的快捷菜单中选择"主键"命令。

② 多字段主键。设置一个字段作为主键,不能保证记录的唯一性时,可能需要将两个或者更多的字段组合指定为主键。例如在"选课成绩"表中,由于一个学生有多门课的成绩,一门课有多个学生的成绩,无论设置课程号还是学号作为主键都不能唯一地确定一个实体,此时需

要将"学号"和"课程号"一起作为主键。

下面以"选课成绩"表为例，介绍如何在 Access 2016 中定义多字段主键，具体操作步骤如下。

- 打开"选课成绩"表的设计视图。
- 按住 Ctrl 键，分别单击"xh"字段和"kch"字段，选中这两个字段后，单击"设计"选项卡"工具"命令组中的"主键"命令按钮，如图 2.45 所示。这样就为数据表定义了拥有两个字段的主键，完成后效果如图 2.46 所示，可以看到在"xh"和"kch"两个字段前都有代表主键的小钥匙的标识。

图 2.45 "主键"命令按钮   图 2.46 定义多字段主键

③ 自动编号型主键。一个数据表最多只能设计一个自动编号型字段，如果有此字段的话，可以设置为主键。一般情况下，在保存新建的数据表时，如果还没有设置主键，Access 2016 将询问是否要创建一个自动编号型主键，通常会选择"否"。

4. 表结构的编辑

在数据表的使用过程中，有时候需要对表的设计结构做一定的修改编辑。表结构的编辑主要有添加字段、删除字段、修改字段名称、字段的移动、字段属性的修改。下面分别做详细的介绍。

（1）添加、删除、重命名和移动字段的位置

① 添加字段。添加字段需要切换到数据表的设计视图中进行。单击最后一个字段下面的行，然后在字段列表的底端输入新的字段名。如果想要在某一字段前添加字段，则单击要插入新行的位置，在"设计"选项卡的"工具"命令组中单击"插入行"命令按钮，如图 2.47 所示，在当前字段之前就出现了一个空行，输入新字段名称和相应属性即可。

图 2.47 "插入行"命令按钮

② 删除字段。在数据表的设计视图中，选定待删除的字段行后，右键单击打出快捷菜单，在菜单中选择"删除行"命令，或者单击"设计"选项卡"工具"命令组中的"删除行"命令按钮，删除该字段。需要注意的是，在删除字段的同时也删除了该字段中的数据。

③ 重命名字段。修改字段名称，只需要将光标定位到待修改字段名称的单元格中，直接编辑即可。字段名称的修改不会影响该字段的数据，但需要注意的是，字段名称修改后，数据库中其他对象中用到该字段的名称，也应该做相应的修改。

④ 移动字段。在数据表的设计视图中，将鼠标指针移动到待移动的字段行的最左边，直接将其拖动到新的字段行，即可移动字段到新的位置。

（2）修改字段的属性。字段属性的修改操作，也需要切换到数据表的设计视图中进行。可以在设计视图的"字段属性"区根据需求进行——修改。需要注意的是，在修改字段的数据类

型时，可能会造成数据表中数据的丢失，因此在修改前，最好备份一下数据表。

5．表数据编辑

当数据发生变化时，需要对数据表数据进行编辑。数据表数据的编辑操作主要有添加、修改数据表记录和删除数据表记录，下面分别做详细介绍。

（1）向表中添加与修改记录

添加和修改记录是数据表的最常见操作。下面以向"课程"表中添加和修改记录为例介绍具体操作过程。

① 打开"学籍管理"数据库，双击导航窗格中的"课程"表。在打开的"课程"表的带*号的记录行的第一个字段开始输入所需数据，如图2.48所示。

② 在待输入数据的记录行的第一个单元格中输入"990808"、第二个单元格中输入"Python程序设计"、第三个单元格中输入"必修"、第四个单元格中输入"30"、第五个单元格中输入"2"，如图2.49所示。

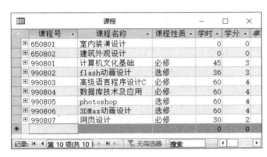

图2.48 "课程"表

图2.49 输入新记录

③ 如要修改已添加的记录，单击要修改的单元格，在单元格中修改记录即可。如将图2.49新输入的记录中的"课程性质"由"必修"修改为"选修"，修改完成后效果如图2.50所示。

（2）选定与删除记录

在操作数据库的数据时，选定与删除记录也是比较常见的操作。下面还是以选定与删除"课程"表中的记录为例介绍操作步骤，具体操作过程如下。

① 打开"学籍管理"数据库，双击导航窗格中的"课程"表。

② 将鼠标指针移动到表的最左侧的灰色区域，单击选定待删除记录，如图2.51所示。

图2.50 修改记录

图2.51 选定待删除记录

③ 在选定记录的行上单击鼠标右键，弹出图2.52所示的快捷菜单。

④ 在图2.52所示的快捷菜单中选择"删除记录"命令，会弹出图2.53所示的删除记录警示对话框，单击"是"按钮，即可完成选定记录的删除。

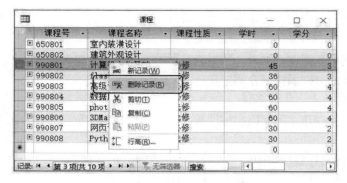

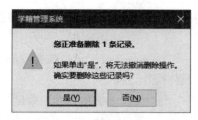

图 2.52　快捷菜单　　　　　　　　　　　图 2.53　删除记录警示对话框

2.6　数据表的关系

数据库通常包含多个数据表，通过在两个表公共字段建立连接，从而建立起数据表的关系。我们在数据库中查找信息时，可能存在一部分信息在一个表中、另外一部分信息在其他表中的情况，这时我们就需要给数据表建立关系，然后才可以进行多表查询。

数据表间的关系有 3 种类型，分别是"一对一"、"一对多"和"多对多"。在 Access 2016 中，一般都是在两个数据表之间直接建立"一对一"和"一对多"关系，而"多对多"关系则要通过"一对多"关系来实现。多数情况下，数据表之间的关系主要为"一对多"关系，我们将"一"端数据表称为父表，将"多"端数据表称为相关表（或子表）。

为了保证实体之间的完整性约束，我们在创建数据表间关系时，注意遵从"参照完整性"规则。

2.6.1　表之间关系的建立

通过 Access 2016 所提供的"数据库工具"选项卡中的"关系"命令按钮，可以方便快捷、可视化地建立表之间的关系，下面以在"学籍管理"数据库中创建"班级"表和"学生"表之间的关系为例，具体介绍数据表之间关系的建立过程。

2.6.1　表之间关系的建立

在这两个数据表中，它们有共同的字段"bjmc"，可以把"bjmc"字段作为关联字段。具体的关系建立过程如下。

① 打开"学籍管理"数据库，并用"bjmc"字段分别为两个数据表创建索引。其中"班级"表中的"bjmc"没有重复，故可以设置为主键。

② 切换到"数据库工具"选项卡，单击"关系"命令组中的"关系"命令按钮，打开"关系"窗口，在"关系工具"的"设计"选项卡中的"关系"命令组中单击"显示表"命令按钮，打开图 2.54 所示的"显示表"对话框。

③ 在"显示表"对话框中，将"班级"表和"学生"表添加到"关系"窗口中，完成后效果如图 2.55 所示。

④ 连接两个表中的关联词。需要将一个数据表的相关字段拖到另一个数据表中的相关字段的位置，此例是在"班级"表中的"bjmc"字段上单击，选中该字段，然后将其拖到"学生"表中的"bjmc"字段上面，Access 2016 将自动打开图 2.56 所示的"编辑关系"对话框。

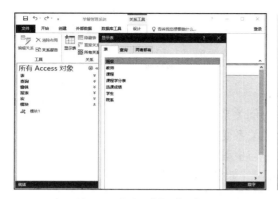

图 2.54　"显示表"对话框

图 2.55　添加表

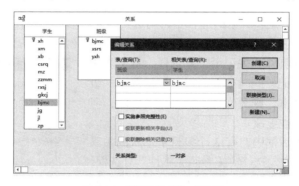

图 2.56　"编辑关系"对话框

⑤ 在图 2.56 所示的"编辑关系"对话框中，显示步骤④中通过鼠标拖动建立的两个表的参考关联字段，用户也可以重新选择关联字段。为了保证数据库的完整性，还可以在"编辑关系"对话框中勾选"实施参照完整性"复选框、"级联更新相关字段"复选框、"级联删除相关记录"复选框，完成后效果如图 2.57 所示。单击"创建"按钮，返回到"关系"窗口，完成后效果如图 2.58 所示。

图 2.57　勾选复选框

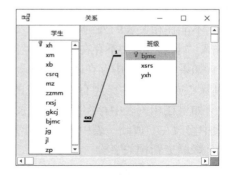

图 2.58　建立关系

⑥ 关闭"关系"窗口，保存数据库，完成数据表之间关系的创建。

若要删除已有的关系，先关闭所有已经打开的数据表，切换到数据库窗口，单击"关系"命令组中的"关系"命令按钮，在弹出的"关系"窗口中单击所要删除关系的关系连线（选中时，关系连线会变粗黑），然后按键盘上的 Delete 键删除。

若要编辑已有的关系，也需要先关闭所有已经打开的数据表，切换到数据库窗口，单击"关系"命令按钮，在弹出的"关系"窗口中双击要编辑关系的关系连线，在弹出的"编辑关系"对话框中对关系的选项进行设置。

2.6.2 数据库完整性设计

参照完整性，就是指在数据库中规范数据表之间关系的一些规则，其作用是保证数据库中表关系的完整性和拒绝能使表的关系变得无效的数据修改。参照完整性规则要求：不允许在子表的外键字段中输入一个父表中与主键不一致的值；如果某一记录有相关的记录存在子表中，那么不允许从父表中删除这个记录（如果勾选了"编辑关系"对话框中的"级联删除相关记录"复选框，会同时删除父表和子表的相关记录，保证数据的完整性）；如果在子表中存在和父表相匹配的记录，那么父表中相应主键的值不能修改。

如果在建立关系或者编辑关系的过程中，勾选了"实施参照完整性"复选框，则在输入数据时会按照"参照完整性规则"对输入的数据进行检查，不符合规则的会弹出消息提示对话框。

如果同时勾选了"级联删除相关记录"复选框，从父表删除记录时，子表的相关记录同时被删除；如果勾选了"级联更新相关字段"复选框，则允许更改父表连接字段，但子表的相关字段也同时被更改。

在"编辑关系"对话框中，有 3 个复选框形式的关系选项可以选择，但必须先勾选"实施参照完整性"复选框，下面的两个复选框才可用，如图 2.59 所示。这些选项的操作，其实就是在数据库中实施参照完整性。

图 2.59 "编辑关系"对话框

1．实施参照完整性

当满足下列全部条件时，可以设置参照完整性。

- 父表中的匹配字段是一个主键或者具有唯一约束。
- 相关联字段具有相同的数据类型。
- 两个表属于相同的数据库。

如果设置了参照完整性，则会有以下约束。

- 不能在相关表的外键字段中输入不存在于父表中的主键的值。例如，不能在"成绩"表中输入"学生"表中不存在学号的学生成绩。
- 如果在相关表中存在匹配的记录，则不能从父表中删除该记录。例如，不能从"学生"表中删除"成绩"表中已经有成绩信息的学生记录。
- 如果在相关表中存在匹配的记录，则不能在父表中更改主键的值。例如，不能在"学生"表中修改在"成绩"表中有成绩的学生学号。

2．级联更新相关字段

勾选"实施参照完整性"复选框后，如果勾选"级联更新相关字段"复选框，在更改父表中记录的主键时，会自动在所有相关子表的相关记录中，将与该主键相关联的字段更新为新值。

3．级联删除相关记录

勾选"实施参照完整性"复选框后，如果勾选"级联删除相关记录"复选框，则不管何时删除父表中的记录，都会自动删除相关子表中的相关记录。

2.6.3　关系的查看与编辑

当建立好数据表间的关系后，有时还要进行关系的查看、修改、隐藏、打印等操作，对关系的操作都可以通过"设计"选项卡中的"工具"和"关系"命令组中的命令按钮来完成，如图 2.60 所示。

图 2.60　"工具"和"关系"命令组

在图 2.60 所示的命令组中可以编辑关系、清除布局、查看关系报告，还可以进行显示表、隐藏表、查看直接关系和所有关系的操作。

在修改关系时，对已经存在的关系，单击连接线，连接线会变黑变粗，右键单击，从快捷菜单中选择"编辑关系"命令，或者双击关系连接线，系统会打开"编辑关系"对话框，从而进行关系的修改。

如果要删除已经建立的关系，可单击表间的连接线后按 Delete 键，或者右键单击，从弹出的快捷菜单中选择"删除"命令。若修改后的内容需要存储，注意保存。

2.7　数据表的常见操作

在 Access 2016 中数据表的常见操作主要有对数据表字段内容进行排序、从数据表中筛选数据、在数据表中查找数据、替换数据表中指定的数据、数据表外观设置等。下面分别对这些常见操作一一进行介绍。

2.7.1　排序

数据表的排序就是按照某个字段内容的值重新排列数据记录。在默认的情况下，Access 2016 按主键所在的字段进行记录排序，如果表中没有主键，则以输入数据的次序排列记录。在对数据检索和显示时，可按不同的顺序来排列记录。

在 Access 2016 中，对记录排序采用的规则如下。
- 英文字母按照字母顺序排列，不区分大小写。
- 中文字符按照拼音字母的顺序排列。
- 数字按照数值的大小排序。
- 日期/时间型数据按照日期的先后进行排序。
- 长文本型、超链接型和 OLE 对象型的字段不能排序。

1．单字段排序

单字段排序就是只对数据表中一个字段进行排序。其操作方法很简单，将鼠标指针移动到待排序的字段名称上，单击选定该列，然后使用"开始"选项卡"排序和筛选"命令组中的"升序"或"降序"命令按钮完成，如图 2.61 所示。

图 2.61　"排序和筛选"命令组

2．多字段排序

多字段排序，就是同时对两个或者两个以上的相邻字段排序，通过鼠标选中多个待排序的相邻字段后，在图 2.61 所示的"排序和筛选"命令组中，单击"升序"或者"降序"命令按钮后，即可对选中的多个字段进行排序。

3．保存排序顺序

对数据表进行单字段或多字段排序后，关闭数据表视图时，Access 2016 会提示是否要保存更改，单击"是"按钮即可保存。单击快速访问工具栏中的"保存"按钮，也可以保存排序后的数据表。

2.7.2 筛选

存放于数据表中的数据，有时需要有选择地进行查看。当要显示数据表或窗体中的某些而不是全部数据时，可使用筛选操作。Access 2016 提供了"选择筛选"、"按窗体筛选"以及"高级筛选/排序"3 种方法，下面分别做详细的介绍。

1．选择筛选

选择筛选是从数据表中筛选满足一定条件的数据。查找某一字段满足一定条件的数据，条件包括"等于""不等于""包含""不包含"等。执行选择筛选后，数据表视图只显示满足筛选条件的数据，不符合条件的数据隐藏。

【例 2.9】在"学生"表中筛选出性别为"男"的学生。

具体操作步骤如下。

① 打开"学籍管理"数据库，在导航窗格双击打开"学生"表。

② 将鼠标指针移动到"学生"表"性别"列标题上，鼠标指针变成向下的黑色箭头时，单击选定该列，再单击"排序和筛选"命令组中的"选择"命令按钮，弹出图 2.62 所示的下拉菜单，在弹出的下拉菜单中选择"等于'男'"命令。或者单击"排序和筛选"命令组中的"筛选器"命令按钮，在弹出的下拉菜单中按图 2.63 所示勾选"男"前面的复选框后，单击"确定"按钮。

2．按窗体筛选

如果需要依据多个条件进行筛选，可以使用 Access 2016 提供的"按窗体筛选"的方法，具体操作步骤如下。

① 打开"学籍管理"数据库，双击打开"学生"表。

② 单击"排序和筛选"命令组中的"高级"命令按钮，会弹出图 2.64 所示的下拉菜单。

图 2.62　选择筛选

图 2.63　筛选器下拉菜单

图 2.64　高级筛选下拉菜单

③ 选择"按窗体筛选"命令，在打开的"学生：按窗体筛选"窗口中按照图 2.65 所示进行设置。

图 2.65 "学生：按窗体筛选"窗口

④ 单击"排序和筛选"命令组中的"切换筛选"命令按钮，或者单击"排序和筛选"命令组中的"高级"命令按钮，在弹出的下拉菜单中选择"应用筛选/排序"命令完成筛选，筛选结果如图 2.66 所示。

图 2.66 筛选结果

3．高级筛选/排序

使用"高级筛选/排序"不仅可以筛选出满足条件的记录，还可以对筛选的结果进行排序。

【例 2.10】在"选课成绩"表中筛选所有分数大于等于 80 分的学生成绩，并按照"教师号"升序排序，当"教师号"相同时再按照"课程号"升序排序。

操作步骤如下。

① 打开"学籍管理"数据库，双击打开导航窗格中的"选课成绩"表。

② 单击"排序和筛选"命令组中的"高级"命令按钮，在弹出的下拉菜单中选择"高级筛选/排序"命令，打开图 2.67 所示的"选课成绩筛选 1"窗口。该筛选窗口上半部分显示要操作的表字段名称，下半部分是设计网格，用来设置排序字段、排序方式和排序条件。

③ 单击设计网格中的第一列"字段"行右侧的下拉按钮，从弹出的下拉列表中选择"cj"字段，用相同的方法在第二列、第三列选择"gh"和"kch"字段。

④ 在"cj"字段下的"条件"单元格输入条件">=80"，在"gh"和"kch"字段的"排序"单元格中选择"升序"，操作完成后的效果如图 2.68 所示。

图 2.67 "选课成绩筛选 1"窗口

图 2.68 高级筛选设置

⑤ 单击"排序和筛选"命令组中的"切换筛选"命令按钮，或者单击"排序和筛选"命令组中的"高级"命令按钮，在弹出的下拉菜单中选择"应用筛选/排序"命令完成筛选，筛选结果如图 2.69 所示。

图 2.69　筛选结果

2.7.3　查找与替换

当数据表数据量较大时，人工查找数据或者替换数据往往需要花费很多时间。此时，可以使用 Access 2016 提供的"查找"与"替换"功能，在图 2.70 所示的"查找和替换"对话框中进行操作。

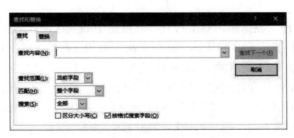

图 2.70　"查找和替换"对话框

1．数据的查找

查找的对象可以是字段中已有的内容，也可以是空值、空字符串等特殊值。

【例 2.11】在"教师"表中查找并且显示"学历"为"博士"的教师，操作步骤如下。

① 打开"学籍管理"数据库，双击打开导航窗格中的"教师"表。

② 在"学历"字段的任意行单击。

③ 在"开始"选项卡的"查找"命令组中，单击"查找"命令按钮，打开"查找和替换"对话框。

④ 在"查找"选项卡的"查找内容"文本框中输入查找内容"博士"，在"查找范围"下拉列表中选择"当前字段"，在"匹配"下拉列表中选择"整个字段"，如图 2.71 所示。

⑤ 单击"查找下一个"按钮，Access 2016 将顺序查找到第一个"学历"字段为"博士"的记录；重复单击"查找下一个"按钮，Access 2016 将逐一查找满足条件的记录。

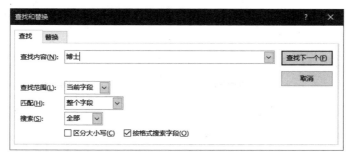

图 2.71　查找设置

2. 数据的替换

利用 Access 2016 所提供的替换功能，可以高效快捷地对数据表中的多个相同数据进行相同的修改操作。

【例 2.12】在"学生"表中查找政治面貌为"团员"的学生，并把"团员"替换成"党员"。操作步骤如下。

① 打开"学籍管理"数据库，在导航窗格中双击打开"学生"表。

② 在"政治面貌"字段列的任意单元格中单击。

③ 单击"开始"选项卡"查找"命令组中的"替换"命令按钮，打开"查找和替换"对话框。

④ 在"替换"选项卡"查找内容"后面的文本框中输入"团员"，在"替换为"后面的文本框中输入"党员"，在"查找范围"下拉列表中选择"当前字段"，在"匹配"下拉列表中选择"整个字段"，在"搜索"下拉列表中选择"全部"，如图 2.72 所示。

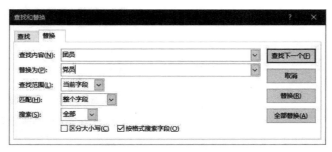

图 2.72　替换设置

⑤ 单击"全部替换"按钮，完成替换。

2.7.4　外观的设置

为了在查看数据时获得较好的显示效果，可以对数据表的外观进行一定的设置。数据表的外观设置主要有设置数据表行高和列宽、数据表字体的设置、隐藏或显示数据表字段、冻结列、移动列、数据表网格线调整、数据表背景色的设置等。下面对常用的外观设置做详细介绍。

1. 设置行高和列宽

拖动数据表行或者列的分隔线，能够手动设置行高和列宽。如果要精确地设置行高和列宽，可以右键单击行或者列，在图 2.73 所示的快捷菜单中，选择"行高"或者"字段宽度"命令，弹出"行高"或者"列宽"对话框，如图 2.74 所示，在对话框中输入精确的"行高"或"列宽"数值后，单击对话框中的"确定"按钮返回。

图 2.73　设置行高与列宽的命令

图 2.74　"行高"与"列宽"对话框

2．数据表格式的设置

数据表视图中的文本默认字体为宋体，颜色为黑色，字号为 11 号，单元格中的对齐方式为居左对齐。可以在图 2.75 所示的"文本格式"命令组中对数据表中的文本重新设置。此处可以设置字体的格式、字形、字号、对齐、颜色以及其他的一些特殊效果。

数据表网格线的默认颜色是灰色，背景色默认为白色。在操作数据表的过程中，如果感到默认风格过于单调，需要修改网格线样式或背景颜色，可以单击"文本格式"命令组右下角的对话框启动器按钮，弹出图 2.76 所示的"设置数据表格式"对话框，在该对话框中可以设置数据表的单元格效果、网格线显示方式、背景色、边框线等。

图 2.75　"文本格式"命令组

图 2.76　"设置数据表格式"对话框

3．隐藏和显示字段

当数据表中字段较多，影响查看某些字段的值时，可以借助 Access 2016 所提供的"隐藏字段"命令，隐藏一些目前不关心的字段。在需要时，通过"取消隐藏字段"命令，可以让隐藏的字段显示出来。

下面以"教师"表为例，介绍隐藏和显示数据表字段的操作步骤。

具体操作步骤如下。

① 打开"学籍管理"数据库，在导航窗格中双击打开"教师"表。

② 在"教师"表的"性别"字段上单击鼠标右键，弹出图 2.77 所示的快捷菜单。

图 2.77　快捷菜单

③ 选择"隐藏字段"命令，即可隐藏数据表的"性别"字段，"性别"字段被隐藏后的结果如图 2.78 所示，从图中可以看出"性别"字段从数据表中消失。

图 2.78　隐藏结果

④ 在"教师"数据表任意字段标题上单击鼠标右键。

⑤ 在弹出的快捷菜单中选择"取消隐藏字段"命令，如图 2.79 所示，弹出图 2.80 所示的"取消隐藏列"对话框，在该对话框中勾选"性别"复选框。

图 2.79　取消隐藏快捷菜单 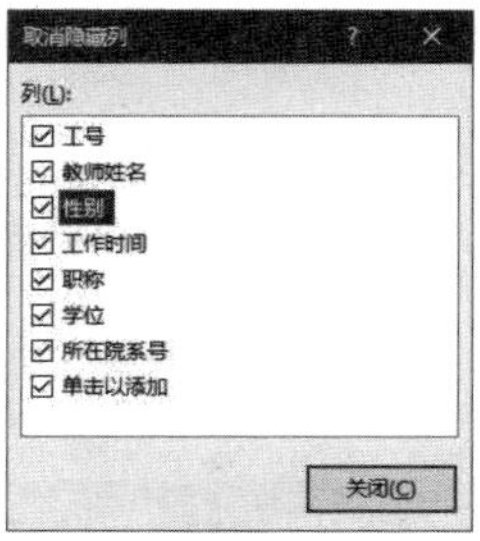　　　　图 2.80　"取消隐藏列"对话框

⑥ 单击"关闭"按钮，被隐藏的"性别"字段又显示出来了，如图 2.81 所示。

图 2.81　恢复隐藏字段的数据表

4. 冻结和取消冻结字段

当数据表中数据列数较多，超过数据表窗口宽度时，一般需要拖动数据表下方的水平滚动条进行数据的浏览。在水平滚动数据表时，有些字段会消失。如果要使某些字段始终在屏幕上保持可见，可以使用"冻结字段"命令，使冻结的列始终显示在数据表的左边并添加冻结线，未被冻结的列在数据表滚动时可能会消失。

下面以"学生"表为例，介绍如何冻结和取消冻结字段。

具体操作步骤如下。

① 打开"学籍管理"数据库，在导航窗格中双击打开"学生"表。

② 在"姓名"字段上单击鼠标右键，在弹出的快捷菜单中选择"冻结字段"命令，如图 2.82 所示。

图 2.82 "冻结字段"命令

"姓名"字段被冻结，在拖动数据表窗口下方的水平滚动条时，"姓名"字段一直显示在数据表窗口的左边，不会消失，结果如图 2.83 所示。

③ 在数据表的任意字段上单击鼠标右键，在弹出的快捷菜单中选择"取消冻结所有字段"命令，如图 2.84 所示，即取消冻结，"姓名"字段就会随着滚动条拖动而滚动。

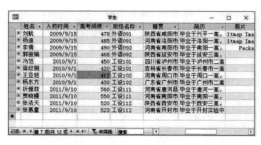

图 2.83 冻结结果

图 2.84 "取消冻结所有字段"命令

5. 移动列

如果需要对数据列进行换位，可以在数据表视图中打开相应的数据表，选定要移动的一列或者多列后，将选定的列拖动到新的位置。

2.8 数据库维护

数据库在使用一段时间之后，为了安全起见，一般需要进行维护，其中最重要的维护操作是数据库的备份与数据库的恢复。数据库的备份类似于 Windows 系统上文件的"另存为"操作，就是将数据库另存为一份新的文件，存储到磁盘中。当数据库遭到破坏，并且无法正常修复时，可以利用备份好的数据库文件对数据进行恢复。本节主要介绍数据库的备份和恢复以及数据库中数据的导出、导入操作。

2.8.1 数据库的备份和恢复

数据库的修复功能只能解决数据库的一般损坏问题，如果数据库遭到严重损坏，修复工具也无能为力。因此，为了保证数据库不因意外被损坏，最有效的方法是对数据库进行备份。当数据库因意外损坏无法修复时，可以使用备份副本还原 Access 数据库。

1．备份数据库

使用 Access 2016 提供的数据备份工具可以完成对数据库的备份工作。

【例 2.13】备份"学籍管理"数据库。

操作步骤如下。

① 打开"学籍管理"数据库。

② 选择"文件"选项卡，选择"另存为"命令，打开"另存为"界面，如图 2.85 所示。

③ 双击"备份数据库"，在打开的"另存为"对话框的"文件名"文本框中输入备份文件名，然后单击"保存"按钮，等待备份完成即可，如图 2.86 所示。

图 2.85 "另存为"界面　　　　　　　　图 2.86 "另存为"对话框

2．用备份副本还原 Access 数据库文件

当数据库系统受到破坏无法修复时，可以利用备份副本还原数据库。

【例 2.14】利用例 2.13 中的数据库备份文件"学籍管理_2020-10-12.accdb"恢复"学籍管理"数据库。

操作步骤如下。

① 启动 Access 2016，创建一个空数据库，然后单击图 2.87 所示的"外部数据"选项卡中的"Access"命令按钮。

② 在图 2.88 所示的"获取外部数据-Access 数据库"对话框中，单击"浏览"按钮，找

到待导入的 Access 文件。然后回到"获取外部数据-Access 数据库"对话框中，单击"确定"按钮。

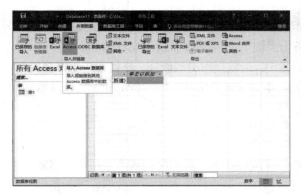

图 2.87　导入 Access 数据库

图 2.88　"获取外部数据-Access 数据库"对话框

③ 在弹出的图 2.89 所示的"导入对象"对话框中，单击"全选"按钮，选中所有备份的表。切换到"查询""窗体"等其他选项卡，可以选中其他对象。设置完成后，单击"确定"按钮。Access 2016 将选定的数据库对象导入新数据库中，并显示导入成功的对话框。

图 2.89　"导入对象"对话框

2.8.2　数据库的导入和导出

利用 Access 2016 的数据导入功能，可以将 Excel 文件、ODBC 数据库、文本文件、XML 文件、SharePoint 列表、HTML 文件、dBase 文件等非 Access 格式的外部数据文件导入 Access 数据库中。利用 Access 2016 的数据导出功能，可以将 Access 2016 中的数据导出成其他格式的文件，如 Excel 文件、Word 文档、文本文件、XML 文件、PDF 或 XPF 文件、HTML 文件、dBase 文件等。利用 Access 2016 数据库的导入和导出功能，能够实现 Access 和其他应用程序创建的数据交换，实现资源共享。本小节介绍常见文件格式的数据导入 Access 2016 的步骤以及将 Access 2016 中的数据导出为其他格式的文件的操作步骤。

1．数据的导入

Access 2016 的"外部数据"选项卡的"导入并链接"命令组，用来将外部数据导入 Access 2016 数据库中，如图 2.90 所示。下面通过例子介绍如何从 Excel 文件和文本文件中导入数据到 Access 2016 数据库。

图 2.90　"导入并链接"命令组

（1）从 Excel 导入数据

下面通过将 Excel 文件"c2 班成绩表"导入数据库"学籍管理.accdb"，说明导入数据的步骤。

① 打开数据库"学籍管理.accdb"。

② 在"导入并链接"命令组中单击"Excel"命令按钮，打开图 2.91 所示的"获取外部数据-Excel 电子表格"对话框。

③ 在"文件名"文本框中填写待导入的 Excel 文件的路径，或单击"浏览"按钮选择待导入的 Excel 文件的路径。

④ 指定数据在当前数据库中的存储方式和存储位置，Access 2016 一共提供了 3 种选项。

● 将源数据导入当前数据库的新表中。

● 向表中追加一份记录的副本：该选项会将 Excel 文件中的数据追加到指定 Access 表的尾部。如果指定的表名不存在，Access 将创建新表并追加数据。

● 通过创建链接表来链接到数据源：Access 并不保存数据源的数据内容，而是保存数据源的链接，而且通过 Access 无法更改源数据。

这里选择"将源数据导入当前数据库的新表中"，单击"确定"按钮。

⑤ 打开"导入数据表向导"对话框。由于 Excel 一般含有多个工作表，所以选择"显示工作表"，如图 2.92 所示。

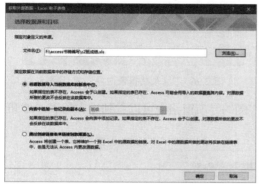

图 2.91　"获取外部数据-Excel 电子表格"对话框

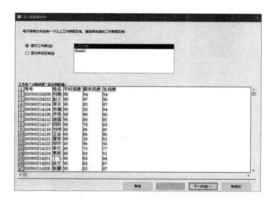

图 2.92　"导入数据表向导"对话框-1

选择需要导入的数据表，单击"下一步"按钮。

⑥ 指定第一行是否包括列标题。如果不勾选"第一行包含列标题"复选框，新生成的 Access 数据表第一行记录是 Excel 工作表的列标题。本例勾选该复选框，如图 2.93 所示。

预览后，单击"下一步"按钮。

⑦ 逐字段指定字段信息以及是否跳过某字段。字段信息包括字段的名称、数据类型以及是否为表的索引。本例中只保留前 5 列数据，字段信息使用默认值，如图 2.94 所示。

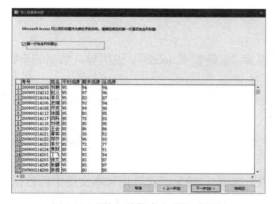

图 2.93　"导入数据表向导"对话框-2

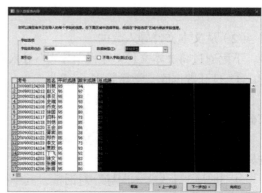

图 2.94　"导入数据表向导"对话框-3

预览后，单击"下一步"按钮。

⑧ 定义主键。向导提供了 3 种选择，即"让 Access 添加主键""我自己选择主键""不要主键"。本例选择"我自己选择主键"，并选择主键为"考号"，如图 2.95 所示，单击"下一步"按钮。

⑨ 指定表名。Access 将来自 Excel 工作表的数据存入表，表的名称指定为"c2 班成绩"，如图 2.96 所示。

 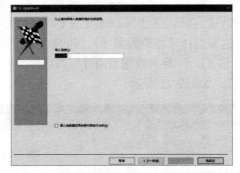

图 2.95 "导入数据表向导"对话框-4　　　　图 2.96 "导入数据表向导"对话框-5

⑩ 单击"完成"按钮，在 Access 2016 窗口左侧的导航窗格中可以看到导入的表"c2 班成绩"。双击打开该表，效果如图 2.97 所示。

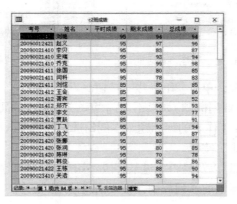

图 2.97 "c2 班成绩"表

（2）从文本文件导入数据

下面通过将文本文件"课程学分表"导入数据库"学籍管理.accdb"，说明导入数据的步骤。

① 打开数据库"学籍管理.accdb"。

② 在"导入并链接"命令组中单击"文本文件"命令按钮，打开图 2.98 所示的"获取外部数据-文本文件"对话框。

③ 在对话框的"文件名"文本框中填写待导入文本文件的路径，或单击"浏览"按钮指定待导入的文本文件路径。

④ 进入"导入文本向导"对话框，其中有两个选项，"带分隔符"指文本文件中的数据是含有多个列的，"固定宽度"指文件数据不分列，以后生成的 Access 表仅有一列。本例选择"带分隔符"，如图 2.99 所示，然后单击"下一步"按钮。

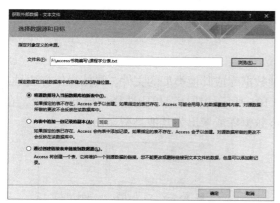

图 2.98 "获取外部数据-文本文件"对话框

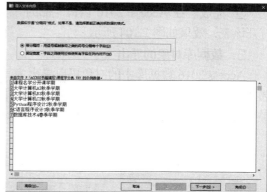

图 2.99 "导入文本向导"对话框-1

⑤ 指定字段分隔符。本例中的文本文件采用制表符分列，选择"制表符"，并勾选"第一行包含字段名称"复选框，如图 2.100 所示，然后单击"下一步"按钮。

⑥ 设置每个字段选项。本例使用默认值，如图 2.101 所示，单击"下一步"按钮。

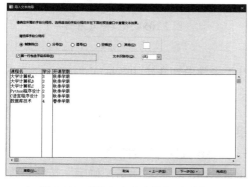

图 2.100 "导入文本向导"对话框-2

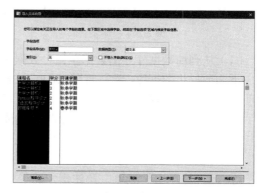

图 2.101 "导入文本向导"对话框-3

⑦ 指定是否添加主键。本例选择"我自己选择主键"，设置主键为"课程名"，如图 2.102 所示。

⑧ 指定导入数据表的名称。在"导入到表"下方文本框中输入"课程学分表"，如图 2.103 所示。

图 2.102 "导入文本向导"对话框-4

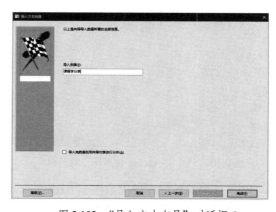

图 2.103 "导入文本向导"对话框-5

Access 2016 数据库和表的设计 第2章

⑨ 完成后在 Access 2016 窗口左侧的导航窗格中可以看到导入的表"课程学分表"。双击打开该表，效果如图 2.104 所示。

2．数据库对象的导出

Access 2016 数据库中的对象可以导出为其他数据库或其他类型的文件。具体操作方法是：选择某个对象的实例，单击鼠标右键，打开图 2.105 所示的快捷菜单中选择"导出"命令，在展开的级联菜单选择将该对象导出至其他 Access 数据库或导出为其他类型文档。

图 2.104 "课程学分表"

图 2.105 数据库对象的导出

（1）从当前数据库导出数据至另一数据库

下面通过将数据库"学籍管理.accdb"中的"学生"表导出到新建的数据库"student.accdb"，说明导出数据的步骤。

① 在 F 盘中新建"student.accdb"数据库。

② 打开"学籍管理.accdb"，在"学生"表上单击鼠标右键，在弹出的快捷菜单中选择"导出"→"Access"命令，弹出图 2.106 所示的"导出-Access 数据库"对话框。

③ 输入或单击"浏览"按钮指定路径"F:\student.accdb"，然后单击"确定"按钮，弹出图 2.107 所示的"导出"对话框。

④ 在"导出"对话框中可以设置新数据库中表的名称，以及导出的是表的结构还是表的结构和数据。设置完成后，单击"确定"按钮，导出操作即完成。可以到新数据库中查看导出的表。

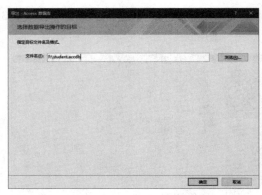

图 2.106 "导出-Access 数据库"对话框

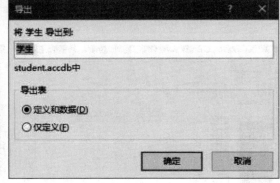

图 2.107 "导出"对话框

（2）从当前数据库导出数据至 Excel

下面通过将数据库"学籍管理.accdb"中的"选课成绩"表导出到新建 Excel 文件"选课成

绩.xlsx",说明导出数据的步骤。

① 打开"学籍管理.accdb"。

② 在导航窗格中的"选课成绩"表上单击鼠标右键,在弹出的快捷菜单中选择"导出"→"Excel"命令,弹出图2.108所示的"导出-Excel电子表格"对话框。

③ 输入或单击"浏览"按钮指定导出文件的保存路径和名称后,勾选"导出数据时包含格式和布局"复选框,单击"确定"按钮。

④ 导出成功后,双击打开"选课成绩.xlsx"文件,打开的效果如图2.109所示。

图2.108 "导出-Excel电子表格"对话框   图2.109 由数据库的"选课成绩"表导出的Excel文件

(3)从当前数据库导出数据至文本文件

下面通过将数据库"学籍管理.accdb"中的"教师"表导出到新建文本文件"教师.txt",说明导出数据的步骤。

① 打开"学籍管理.accdb",在导航窗格中的"教师"表上单击鼠标右键,在弹出的快捷菜单中选择"导出"→"文本文件"命令,弹出图2.110所示的"导出-文本文件"对话框。

指定导出文件的保存路径和名称后,单击"确定"按钮。

② 设置文本的导出细节。选择"带分隔符",如图2.111所示,单击"下一步"按钮。

图2.110 "导出-文本文件"对话框   图2.111 "导出文本向导"对话框-1

③ 选择分隔符类型。本例选择"逗号",如图2.112所示,然后单击"下一步"按钮。

④ 设置导出文本文件的路径和名称,单击"完成"按钮。导出成功后,在资源管理器中按照保存路径找到文本文件"教师.txt",打开后效果如图2.113所示。Access 2016对象的导出也

可以使用窗口功能区的各种导出按钮完成。其他数据库对象的导出方法和表的导出类似，不再赘述。

图 2.112 "导出文本向导"对话框-2

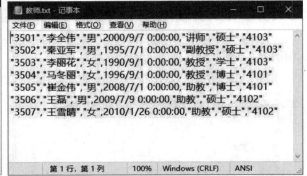

图 2.113 由数据库的"教师"表导出的文本文件

习题 2

一、单选题

1. Access 2016 是一种桌面型（　　　）数据库。

　　A. 关系　　　　　　B. 层次　　　　　　C. 网状　　　　　　D. 非关系

2. Access 2016 中设计视图包括两个区域：字段输入区和（　　　）。

　　A. 格式输入区　　　B. 数据输入区　　　C. 字段属性区　　　D. 页输入区

3. 在 Access 2016 数据库中，要修改字段的数据类型应该在（　　　）下设置。

　　A. 数据表视图　　　B. 设计视图　　　　C. 查询设计视图　　D. 页视图

4. 在 Access 2016 数据库中，自动创建主键的是（　　　）字段。

　　A. 自动编号型　　　B. 数值型　　　　　C. 日期/时间型　　　D. 货币型

5. 在 Access 2016 数据库中有两种数据类型——短文本型和（　　　）型，它们可以保存文本或者文本和数字组合的数据。

　　A. 是/否　　　　　　B. 长文本　　　　　C. 数值　　　　　　D. 日期/时间

6. 输入掩码是给字段输入数据时，设置的（　　　）。

　　A. 初值　　　　　　B. 当前值　　　　　C. 输出格式　　　　D. 输入格式

7. 在 Access 2016 表的设计视图下，不能对（　　　）进行修改。

　　A. 字段名称　　　　B. 表格中字体　　　C. 主键　　　　　　D. 列标题

8. 关于表的说法正确的是（　　　）。

　　A. 表是数据库

　　B. 表是记录的组合，每一条记录又可以划分成多个字段

　　C. 在表中可以直接显示图形记录

　　D. 在表中的数据不可以建立超级链接

9. 在 Access 2016 数据库中，数据表和数据库的关系是（　　　）。

　　A. 一个数据库可以包含多个表　　　　　B. 一个数据表只能含有两个数据库

　　C. 一个数据表可以包含多个数据库　　　D. 一个数据库只能包含一个数据表

10. 下面对数据表的叙述错误的是（　　　　）。

    A. 表是数据库的重要对象之一

    B. 表的设计视图的主要工作是设计表的结构

    C. 表的数据表视图只能用于显示数据

    D. 可以将其他数据库的表导入当前数据库中

11. 在数据表视图中，不可以（　　　　）。

    A. 设置表的主键　　B. 修改字段的名称　C. 删除一个字段　　D. 删除一条记录

12. 在下列数据类型中，可以设置"字段大小"属性的是（　　　　）。

    A. 长文本　　　　　　B. 短文本　　　　　　C. 日期/时间　　　　D. 货币

13. 下面关于主关键字的说法正确的是（　　　　）。

    A. 作为主关键字的字段，它的数据可以重复

    B. 主关键字字段中不许有重复值和空值

    C. 在每个表中，都必须设置主关键字

    D. 主关键字是一个字段

14. 在 Access 2016 表中，可以定义 3 种主关键字，它们是（　　　　）。

    A. 单字段、双字段和多字段　　　　　　B. 单字段、双字段和自动编号

    C. 单字段、多字段和自动编号　　　　　D. 双字段、多字段和自动编号

二、多选题

1. 在 Access 2016 窗口中，"外部数据"选项卡中包括（　　　　）命令组。

    A. 导入并链接　　B. 编辑　　　　　　C. 导出　　　　　　D. Web 链接列表

2. 在满足以下（　　　　）条件时才可以设置参照完整性。

    A. 父表中匹配字段是一个主键或者具有唯一约束

    B. 两个表属于同一个数据库

    C. 相关字段具有相同的数据类型和字段大小

    D. 父表中匹配字段不需要唯一约束

3. 超链接数据类型可以存放（　　　　）。

    A. OLE 对象　　　B. 显示文本　　　　　C. 地址　　　　　　D. 子地址

4. Access 2016 提供了几种方法进行数据筛选，分别是（　　　　）。

    A. 选择筛选　　　B. 按窗体筛选　　　　C. 高级筛选/排序　D. 按报表筛选

5. 能够导入 Access 2016 数据库中的文件类型有（　　　　）。

    A. Excel 文件　　　B. 文本文件　　　　　C. XML 文件　　　　D. Word 文档

三、操作题

1. 创建"职工信息管理"数据库，在数据库中按如下要求分别创建"部门"、"工资"和"职工" 3 个数据表，数据表的结构分别如表 2.2、表 2.3 和表 2.4 所示。

表 2.2　"部门"表逻辑结构

字段名	字段类型	字段大小
部门编号	短文本	3
部门名称	短文本	20
部门电话	短文本	20

表2.3 "工资"表逻辑结构

字段名	字段类型	字段大小	字段名	字段类型	字段大小
工号	短文本	4	代扣水电费	数值	单精度型
基本工资	数值	整型	实发工资	数值	单精度型
绩效工资	数值	整型	发放日期	日期/时间	

表2.4 "职工"表逻辑结构

字段名	字段类型	字段大小	字段名	字段类型	字段大小
工号	短文本	4	学历	短文本	10
姓名	短文本	4	职称	短文本	10
性别	查阅向导	1	婚否	是/否	
出生日期	日期/时间		部门编号	短文本	3
身高	数值	整型	照片	OLE 对象	
民族	短文本	8	简历	长文本	

2. 请输入记录。每个数据表至少输入 8 条记录，记录内容可自行定义。

3. 打开"职工信息管理"数据库，完成下列操作。

（1）建立主键和索引。

为"部门"和"职工"表分别建立主键，并根据需要为每个表建立不同的索引。

（2）根据需要，为数据表建立关联关系。

（3）编辑各数据表间的关系并实施参照完整性，要求当删除"职工"表中的某条记录时，"工资"表相关信息也自动删除。

（4）从"职工"表的"性别"字段筛选出所有性别为女的职工信息，要求用"选择"筛选、"按窗体筛选"和"高级筛选/排序"分别操作一遍。

（5）将"职工"表中的学历"硕士"替换为"硕士研究生"。

（6）将"工资"表的"基本工资"字段进行升序排列操作。

（7）将"职工"表先按照性别降序排列，性别相同的情况下按照职称降序排列，排序后查看结果。

（8）将"部门"表复制一份到此数据库中，表命名为"部门信息表2"。

（9）将"部门信息表2"中的"部门电话"字段重命名为"部门联系电话"。

（10）将"职工"表中的"婚否"字段隐藏。

（11）设置"职工"表的数据表格式，要求单元格效果为凸起，背景色设置为冷色系（颜色自选），网格线颜色设置为暖色系（颜色自选）。

本章主要介绍查询的创建和应用，Access 中的运算符、函数和表达式，以及通过表达式构建查询条件。用户可以通过查询向导创建简单查询，通过查询设计视图创建选择查询、参数查询、交叉表查询和操作查询。另外，Access 支持使用 SQL 创建查询以及操作数据表，因此本章最后介绍 SQL 及其应用。

学习目标

- 了解查询的主要功能和类型。
- 能根据查询需求，选择合适的查询类型创建查询，并能准确书写相应的表达式。
- 能使用 SQL 创建或修改查询。

3.1 查询概述

3.1 查询概述

用户使用数据库时，往往需要查找一些特定的信息。比如，读者可能需要查询图书馆里书名含某些关键词的图书、学生需要查询自己的选课成绩情况、教师需要查询哪些学生的课程需要重修。这时就需要建立查询，通过查询，数据库会根据用户需求搜索出相关信息。

查询是向数据库提出询问，数据库按指定要求从数据源提取并返回一个数据集合的过程。查询是 Access 数据库对象之一，其数据源可以是一个表，也可以是多个关联的表。查询的运行结果可以供用户查看，也可作为创建查询、窗体、报表的数据源。

3.1.1 一个查询的例子

【例 3.1】查询所有既是汉族又是团员的学生信息。

从形式上看，大多数 Access 查询运行结果与数据表几乎完全相同，如图 3.1 所示。但是，查询结果并不是表记录的副本，而是基于查询需求的数据重组，此内容并不会被物理保存。每次运行查询，Access 会从当前数据源中将满足查询要求的数据提取显示，这个结果是动态的。如果数据源的数据改变，查询要求不变，查询结果可能不同。

学号	姓名	性别	民族	政治面貌
201301003	宋媛媛	女	汉族	团员
201302002	李玉英	女	汉族	团员
201302004	徐大伟	男	汉族	团员
201303002	王晓伟	女	汉族	团员
201303003	刘天骄	女	汉族	团员
201303007	李新冉	女	汉族	团员

图 3.1 汉族团员学生信息查询结果

在例 3.1 查询运行结果窗口中，用户可以进行的操作如下。

（1）修改数据。比如修改学生姓名，修改的姓名会被直接保存到数据源表中。

（2）查看记录。利用窗口底部的记录导航栏，可以方便地查看第一项、前一项、下一项和最后一项查询结果记录。

（3）创建新记录。将本窗口输入数据保存至数据源，可以只是源表一行记录的部分数据。

（4）在查询结果中搜索。

3.1.2 查询的主要功能

查询的主要功能如下。

（1）选择若干字段显示。用户可以选择需要显示的数据列。

（2）排序记录。用户可以指定排序字段，改变记录的排列顺序。

（3）选择满足条件的记录显示。定义查询时指定查询结果需要满足的条件，条件通常以表达式的形式保存在查询中。如果对查询结果进行表达式验证，表达式的返回值一定为 True。

（4）对数据进行统计与计算，例如统计学生的平均成绩、不同性别员工的人数等。查询中还可以建立计算字段，比如"学生"表中有学生的出生日期，查询中可以建立"年龄"字段，"年龄"是计算字段。

（5）修改源数据。Access 支持直接在查询结果窗口中修改数据。另一种修改数据的方法是创建"操作查询"，对符合条件的源数据进行增加、删除和修改。

（6）建立新表。查询的结果是一个动态记录集，没有存储在物理设备中，如果要将此结果存储，可以使用"生成表查询"，将查询结果保存在一张新表中。

（7）为其他数据库对象提供数据源。在创建报表、窗体、查询时，其数据源可以是查询，使用方法和表一样。

3.1.3 查询的类型

根据操作数据的方式及查询结果，Access 中的查询可以分为选择查询、交叉表查询、操作查询和 SQL 查询。

1．选择查询

选择查询是最基本、最常见的查询类型。它能够从数据源中选择若干字段、若干记录显示，并支持排序、参数查询和汇总查询。数据源可以是一个数据表、多个相关数据表和其他查询。

2．交叉表查询

交叉表查询基于表或查询的数据进行分组，分组数据作为行标题和列标题，行与列的交叉位置显示数据分组后的统计值。

3．操作查询

操作查询能够按照指定条件在执行查询时对源表数据进行编辑，包括追加查询、生成表查询、更新查询和删除查询。

4．SQL 查询

SQL 查询是使用 SQL 编写代码实现的查询。在 Access 中，用户通常使用 SQL 命令完成对数据的查询、更新等操作。SQL 查询还支持传递查询、数据定义查询、联合查询等更高级的查询操作。

3.1.4　查询的视图模式

视图模式指 Access 对象的显示方式。不同的视图模式对应不同的应用目的，查询的视图模式包括设计视图、数据表视图和 SQL 视图。

1．设计视图

设计视图是查询的设计器，通过该视图可以设计、编辑除 SQL 查询之外的任何类型的查询。

2．数据表视图

数据表视图是查询的数据浏览器，通过该视图可以查看查询的运行结果。

3．SQL 视图

SQL 视图是查询的 SQL 代码编辑窗口，显示该查询对应的 SQL 语句，或是新建查询时直接在其中编辑 SQL 语句。该视图模式主要用于 SQL 查询的编辑。

当打开或运行查询后，可以单击"查询工具"选项卡中的"视图"命令按钮，如图 3.2 所示，切换查询的视图模式。

图 3.2　切换查询的视图模式

3.2　使用向导创建查询

Access 2016 为查询的创建提供了两种方法：一是使用查询向导，二是使用查询设计器。本节介绍使用向导创建查询，可以创建的查询有选择查询、交叉表查询、查找重复项查询和查找不匹配项查询。查询向导的数据源可以是表或者查询。查询向导能实现的功能有限，当查询向导无法满足查询需求时，需要使用查询设计器或 SQL 命令。

3.2　使用向导创建查询

3.2.1　使用"简单查询向导"创建选择查询

选择查询也叫简单查询，是数据库中最基本的，也是用得最多的查询。其他种类的查询绝大多数都以选择查询为基础，然后进行相应的设置。

使用向导创建选择查询的方法是，单击"创建"选项卡中的"查询向导"命令按钮，打开图 3.3 所示的对话框，选择"简单查询向导"。

单击"确定"按钮后，进入向导，可以开始选择查询的创建。

【例 3.2】利用向导创建查询，输出学生的"学号""姓名""性别""院系名称"4 个字段的信息。该查询以"学生院系查询-简单查询向导"为名保存。

图 3.3　"新建查询"对话框

根据题目要求，查询需要从"学生"表和"院系"表中选择部分数据进行显示，操作步骤如下。

（1）单击"查询向导"命令按钮，在弹出的对话框中选择"简单查询向导"。

（2）进入向导的第一步，设置查询中显示的字段，如图 3.4 所示。

图 3.4 简单查询向导-字段选择

因为查询数据分布在两个表中，先选择"表/查询"中的"表：学生"，添加"学号"、"姓名"和"性别"3个字段；再选择"表/查询"中的"表：院系"，添加"院系名称"字段。此操作的前提是数据库中保存有"学生"表和"院系"表的关系。字段选择完毕后，单击"下一步"按钮。

（3）进入向导的第二步，指定查询标题和查询的打开方式，如图3.5所示。

"请为查询指定标题"设置为"学生院系查询-简单查询向导"。"打开查询查看信息"和"修改查询设计"选项分别用于显示查询运行结果和查询设计器，用户可以在查询设计器中进一步修改查询。

此处选择"打开查询查看信息"，单击"完成"按钮，该查询被保存至数据库，同时查询以数据表视图打开，可以看到图3.6所示的查询运行结果。

图 3.5 简单查询向导-设置查询标题

图 3.6 "学生院系查询-简单查询向导"查询运行结果

✒ 注意

创建查询并保存后，Access窗口左侧的导航窗格中就会出现已经创建的查询名称，双击查询名称能够进入该查询的数据表视图；右击查询名称，选择"打开"命令，进入查询的数据表视图，选择"设计视图"，进入该查询的查询设计器。

3.2.2 使用"交叉表查询向导"创建查询

利用交叉表查询向导能创建图3.7所示的交叉表查询，操作步骤如下。

（1）选择"交叉表查询向导"。

（2）进入向导的第一步，选择查询的数据源"学生"表，单击"下一步"按钮。

（3）进入向导的第二步，选择"政治面貌"作为行标题，单击"下一步"按钮。

（4）进入向导的第三步，选择"性别"作为列标题，单击"下一步"按钮。

（5）进入向导的第四步，选择"学号"字段和"计数"函数，取消勾选"是，包括各行小计"复选框，如图3.8所示，单击"下一步"按钮。

（6）设置查询名称为"学生统计_交叉表"，选择"查看查询"，单击"完成"按钮。

图3.7　交叉表查询

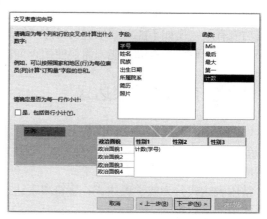

图3.8　查询向导中设置行列交叉点

3.2.3 使用"查找重复项查询向导"和"查找不匹配项查询向导"

利用"查找重复项查询向导"，可以在表或查询中将字段值相同的记录集中在一起显示，属于排序操作。

利用"查找不匹配项查询向导"，能够在两个相关表中查询内容不匹配的数据。

【例3.3】利用"查找不匹配项查询向导"，将没有选课的学生基本信息（"学号""姓名""性别"）显示出来，以"没有选课的学生信息-查询向导"为名保存。

创建该查询的前提是，数据库中的"学生"表和"成绩"表存在关系，部分学生在"学生"表中有注册信息，但没有相关的成绩信息。操作步骤如下。

（1）选择"查找不匹配项查询向导"。

（2）进入向导的第一步，选择"学生"表，单击"下一步"按钮。

（3）进入向导的第二步，选择"成绩"表，单击"下一步"按钮。

（4）进入向导的第三步，选择两个表的匹配字段"学号"，如图3.9所示，单击"下一步"按钮。

（5）进入向导的第四步，设置显示字段为"学号""姓名""性别"，单击"下一步"按钮。

（6）进入向导的第五步，设置查询名称为"没有选课的学生信息-查询向导"，选择"查看结果"，单击"完成"按钮。查询运行结果如图3.10所示。

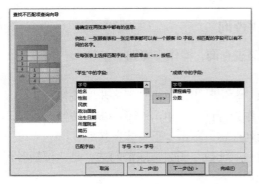

图 3.9　设置匹配字段

图 3.10　查询运行结果

利用查询向导，能实现基本的查询需求，而且操作简单，按照向导的提示进行设置即可。但其功能有限，比如不能对结果进行排序、筛选，分组统计不够灵活，不能进行新字段的定义等。为了实现更多的查询功能，需要使用查询设计器。

3.3　查询中的表达式

设计查询时，可能需要提供数据筛选条件，或者新字段的计算方法，因此需要掌握 Access 中各类表达式的书写。表达式是指由运算符、操作数和函数构成的表示各种运算关系的式子。

3.3　查询中的表达式

常用表达式分为数学表达式、字符串表达式、关系表达式、逻辑表达式，此分类的依据是表达式中的运算符。

3.3.1　运算符

1．算术运算符

算术运算符的操作数是数值型数据，如果是字段的话，字段类型为数值型。常用的算术运算符如表 3.1 所示。

表 3.1　常用的算术运算符

运算符	运算关系	表达式实例	运算结果
+	加法	4+3	7
−	减法	4−3	1
*	乘法	2*50	100
/	除法	11/2	5.5
\	整除	11\2	5
^	指数运算	5^2	25
Mod	取模运算（求余）	18 Mod 5	3
	取负	−a（设 a=−8）	8

在表 3.1 所列的 8 个运算符当中，取负运算符 "−" 只需要一个操作数，称为单目运算符，其他的运算符都需要两个操作数，称为双目运算符。各运算符含义与数学中基本相同。

需要重点说明的问题如下。

（1）注意 "/" 与 "\" 的区别，"/" 为浮点数除法运算符，执行标准的除法运算，运算结果为浮点数。"\"为整除运算符，执行整除运算，运算结果为整数。整除时的操作数一般为整数，当遇到非整数时，首先要对小数部分进行四舍五入取整，然后再进行整除运算。例如：

```
25\4.6          '先将4.6四舍五入为5，再进行计算，结果为5
```

（2）"Mod"是取模运算，用于求两数相除的余数。运算结果的符号取决于左操作数的符号。例如：

```
14 Mod 3        '结果为2
-14 Mod 3       '结果为-2
```

（3）优先级是指当一个表达式中存在多个运算符时，各运算符的执行顺序。算术运算符的优先顺序为：指数运算→取负→乘法和除法→整除→取模运算→加法和减法。

优先级相同时，按照从左到右的顺序执行运算。可以用括号改变运算时的优先顺序，括号内的运算总是优先于括号外的运算。

2．连接运算符

连接运算符用于将两个文本型数据进行连接，形成一个新的字符串。用于字符串连接运算的运算符有两个："&"和"+"。

"&"运算符用来强制两个表达式进行字符串连接。对于非文本型数据，先将其转换为文本型，再进行连接运算。"+"运算符具备加法和连接两种运算功能。连接运算最常用的是"&"运算符。

例如，要将"学生"表的"班级名称"和"姓名"字段合成一个字段，将两个文本型字段连接即可，表达式可以写为：[班级名称] & [姓名]。

3．关系运算符

关系运算符又称比较运算符，用于对两个类型相同的数据进行比较运算。其比较的结果是逻辑值 True 或者 False。常用的关系运算符如表 3.2 所示。

表3.2　常用的关系运算符

运算符	运算关系	表达式实例	运算结果
=	等于	1=2	False
<>	不等于	1<>2	True
>	大于	a>b	False
<	小于	a<b	True
>=	大于或等于	ab>=ac	False
<=	小于或等于	ab<=ac	True

说明如下。

（1）数值比较：同数学比较运算。

（2）日期比较：较早的日期小于较晚的日期。

（3）文本（字符串）比较：如果比较的是单个字符，则比较两个字符的 ASCII 值。如果不是单个字符，按字符的 ASCII 值将两个字符串从左到右逐个比较。

【例3.4】建立表示以下条件的关系表达式。

（1）"成绩"表中的"成绩"字段值在60（不含60）以下。

（2）"学生"表的"入学时间"在2008年9月1日（含2008年9月1日）以后。

（3）"学生"表的"政治面貌"为"团员"。

分析如下。

（1）数值比较：[成绩]<60。

（2）日期比较：[入学时间]>=#2008-9-1#。

（3）文本比较：[政治面貌]= "团员"。

说明如下。

- 字段名必须用"["和"]"括起来。
- 表达式中的字段名指表结构中的字段名称，而不是字段标题。
- 日期型数据必须在日期前后加"#"，与数学表达式相区别。
- 文本型数据必须加双引号。
- 所有符号均以英文状态录入。

4．逻辑运算符

逻辑运算符又称布尔运算符，对逻辑型数据进行运算。逻辑表达式通常用于表示复杂的关系。常用的逻辑运算符如表 3.3 所示。

表 3.3　常用的逻辑运算符

运算符	运算关系	表达式实例	运算结果
Not	非	Not (1 > 0)	值为 False。由真变假或由假变真，即进行取反操作
And	与	(4 > 5) And (3 < 4)	值为 False，两个表达式的值均为 True，结果才为 True，否则为 False
Or	或	(4 > 5) Or (3 < 4)	值为 True，两个表达式中只要有一个值为 True，结果就为 True，只有两个表达式的值均为 False，结果才为 False

【例 3.5】建立表示以下条件的逻辑表达式。

（1）"学生"表中"政治面貌"为"党员"或"团员"。

（2）"成绩"表中"成绩"值区间为 70～90。

分析如下。

（1）[政治面貌]= "党员"和[政治面貌]= "团员"两个条件要求有一个成立即可，是"或"的关系，所以表达式为：

[政治面貌]= "党员" Or [政治面貌]= "团员"

（2）[成绩]>=70 和[成绩]<=90 两个条件要求同时成立，是"与"的关系，所以表达式为：

[成绩]>=70 And [成绩]<=90

5．特殊运算符

常用的特殊运算符如表 3.4 所示。

表 3.4　常用的特殊运算符

运算符	功能说明
In	用于指定匹配列表，只要有一个列表值与查询值一致，则表达式返回值为 True
Between	用于指定数值或字符范围，查询值在范围内则表达式返回值为 True
Is Null	如果字段值为 Null（空值），表达式返回值为 True
Is Not Null	如果字段值不是 Null（空值），表达式返回值为 True

【例3.6】建立表示以下条件的表达式。

（1）"学生"表中"政治面貌"为"党员"或"预备党员"。

（2）"成绩"表中"成绩"值区间为70～90。

（3）"学生"表中"简历"为空值。

分析如下。

（1）表达式为：

```
[政治面貌]= "党员"Or [政治面貌]= " 预备党员"
```

也可以使用 In 运算符：

```
[政治面貌] In (" 党员"," 预备党员")
```

（2）采用 Between 运算符的表达式：

```
[成绩] Between 70 And 90
```

除了表示数值区间，Between 也可以用来表示字符区间，比如[test]字段值为"A"～"M"，表达式为：

```
[test] Between "A" And "M"
```

（3）表达式为：`[简历] Is Null`

6．Like 运算符

Like 运算符也是一种特殊运算符，用来比较两个字符串的模式是否匹配，即判断一个字符串是否符合某一模式，Like 表达式中可以使用的通配符如表 3.5 所示。

表3.5　Like 表达式中可以使用的通配符

通配符	含义	表达式实例	可匹配字符串
*	可匹配任意多个字符	M*	Max、Money
?	可匹配任何单个字符	M?	Me、My
#	可匹配单个数字字符	123#	1234、1236
[charlist]	可匹配列表中的任何单个字符	[b-f]	b、c、d、e、f
[!charlist]	不允许匹配列表中的任何单个字符	[!b-f]	除b、c、d、e、f以外的字符

【例3.7】建立表示以下条件的表达式。

（1）"学生"表中姓"张"的学生。

（2）"学生"表中姓名有 3 个字，而且最后一个字是"丽"的学生。

（3）"学生"表中"学号"的尾数为"01"的学生。

（4）"学生"表中"学号"的尾数为"01"～"05"的学生。

分析如下。

（1）学生的"姓名"字段的值以"张"开头，但姓名的长度不确定，所以"张"后应该跟"*"通配符。表达式如下：

```
[姓名] Like "张*"
```

（2）学生的"姓名"长度为 3，最后一个字是"丽"，所以需要使用 2 个"?"通配符代替前面两个未知字符。表达式如下：

```
[姓名] Like "??丽"
```

（3）学生"学号"尾部数字确定，学号长度固定，所以既可以使用"*"又可以使用"?"通配符来代替学号前面的未知字符，由于学号由数字组成，所以还可以使用"#"通配符。表达式如下：

```
[学号] Like "*01"
```

或：

```
[学号] Like "?????????01"
```

说明：10个"?"代表学号的前10位字符。

或：

```
[学号] Like "##########01"
```

说明：10个"#"代表学号的前10位数字。

（4）学生的"学号"尾部数字是一个区间，所以使用"[ ]"通配符。表达式如下：

```
[学号] Like "*0[1-5] "
```

说明：Like运算符及通配符常用于模糊查询。

3.3.2 函数

函数是一种特定的运算，在程序中要使用函数时，只要给出函数名和相应的参数，就能得到相应的函数值。Access提供了数百个标准函数，如聚合函数、数值函数、字符串函数、日期/时间函数、类型转换函数等。用户也可以通过VBA建立用户自定义函数。函数的使用格式为：

```
函数名（[参数表]）
```

说明如下。

（1）参数表中的参数可以有一个或者多个（函数本身的要求），多个参数之间以逗号进行分隔。

（2）方括号表示可选部分。对于没有参数的函数，只需书写函数名，括号可以省略。

（3）调用函数时，参数可以是常量、变量、表达式，也可以是函数。

函数能够为用户进行数据处理提供有效的方法，提高查询的效率。下面简单介绍常用标准函数及其功能。

1. 聚合函数

聚合函数在聚合表达式中使用，用以计算数值型字段的各种统计值。常用的聚合函数如表3.6所示。

表3.6 常用的聚合函数

函数名	功能
Avg(字段名)	计算指定字段中的一组值的算术平均值
Sum(字段名)	计算指定字段中的一组值的总和
Count(字段名)	计算指定字段中的一组值的个数，与字段记录的数值无关
Max(字段名)	计算指定字段中的一组值的最大值
Min(字段名)	计算指定字段中的一组值的最小值

注意，在使用聚合函数时，如果未对记录进行分组，则计算该字段所有值的统计值。

【例3.8】建立表示以下条件的表达式。

（1）计算"成绩"表中每个学生的平均成绩。

（2）统计"成绩"表中每门课程的最高分。

分析如下。

（1）"成绩"表的主要结构是(学号,课程号,成绩)，表中的每行记录的是某个学生的某门课程的成绩，所以统计每个学生的平均成绩时，必须先将学号一致的记录分在同一组，然后在组内计算所有"成绩"字段的平均值。按照学号分组后，相应的表达式如下：

```
Avg([成绩])
```

注意，如果分组不同，即使表达式一样，计算结果也是不同的。如果本例按照课程号分组，表达式不变，统计的则是每门课程的平均成绩。

（2）根据上一题的分析，需要先按课程号分组，然后写表达式，如下：

```
Max([成绩])
```

2．数值函数

数值函数主要用于进行数值运算和数值处理，如取整、取数据的符号、求三角函数、求对数等，常用的数值函数如表3.7所示。

表3.7 常用的数值函数

函数名	功能	示例
Abs(x)	求 x 的绝对值	Abs(-3.3)结果为 3.3
Int(x)	取不大于 x 的最大整数	Int(3.6)结果为 3 Int(-3.6)结果为-4
Fix(x)	取 x 的整数部分	Fix(3.6)结果为 3 Fix(-3.6)结果为-3
Round(x,n)	对 x 进行四舍五入，保留 n 位小数	Round(3.1415926,2)结果为 3.14
Sgn(x)	判断 x 的符号，若 x>0，返回值为 1；若 x<0，返回值为-1；若 x=0，返回值为 0	Sgn(6)结果为 1 Sgn(-6)结果为-1
Sqr(x)	求 x 的平方根	Sqr(25)结果为 5
Exp(x)	求以 e 为底的指数（e^x）	Exp(1)结果为 2.718
Log(x)	求 x 的自然对数（Ln x）	Log(10)结果为 2.303

注意，和聚合函数不同，数值函数的计算对象是一个数据，而不是一组数据。所以如果数值函数的参数是某一字段，则计算结果和该字段值的数量一样多。

【例3.9】建立表示以下查询条件的表达式。

（1）将"学生费用"表中的书本费抹去角和分。

（2）将"学生费用"表中的书本费四舍五入到角。

分析如下。

（1）抹去角和分相当于取整操作，对于正整数来说，Int()和 Fix()的计算结果一样。所以相应的表达式为：

```
Fix([书本费])  或者是 Int([书本费])
```

（2）四舍五入函数是 Round()，所以相应的表达式为：

```
Round([书本费],1)
```

说明：Round()函数的第二个参数不写则使用默认值0，即四舍五入到个位。

3. 字符串函数

字符串函数用于处理字符串，比如取字符串的长度、取子串、去除空串等。该函数可以处理文本型字段值。常用的字符串函数如表3.8所示。

表3.8 常用的字符串函数

函数名	功能	示例
Len(s)	求字符串 s 的长度（字符数）	Len("人数 1234") 结果为 6
Left(s, n)	截取字符串 s 左端的 n 个字符，生成子串	Left("ABC123",4) 结果为"ABC1"
Right(s, n)	截取字符串 s 右端的 n 个字符，生成子串	Right("ABC123",4) 结果为"C123"
Mid(s, m, n)	从字符串 s 的第 m 个字符位置开始，取出 n 个字符	Mid("ABC123",2,3) 结果为"BC1"
LTrim(s)	删除字符串 s 左端的空格	LTrim(" ABC") 结果为"ABC"
RTrim(s)	删除字符串 s 右端的空格	RTrim("ABC ") 结果为"ABC"
Trim(s)	删除字符串 s 两端的空格	Trim(" 123 ") 结果为"123"

【例 3.10】建立表示以下条件的表达式。

（1）返回"学生"表中所有学生所属的年级。

（2）去除"学生"表中"姓名"字段值的首尾空格。

（3）"课程"表中"课程名称"从第五个字到第六个字是"设计"的所有课程。

表达式如下：

```
Left([学号],4)
Trim([姓名])
Mid([课程名],5,2)="设计"
```

如果采用 Like 运算符和通配符，该第 3 题的表达式还可以写成：

```
[课程名] Like "????设计*"
```

4. 日期/时间函数

常用的日期/时间函数如表3.9所示。

表3.9 常用的日期/时间函数

函数名	功能	示例
Date()	返回当前系统日期	无
Time()	返回当前系统时间	无
Year(D)	返回日期中的年份数	Year(#2012-1-1#)结果为 2012
Hour(D)	返回时间中的小时数	Hour(#13:01:01#)结果为 13
DateAdd(S1,x, D)	返回添加指定时间间隔的日期，参数 S1 可以是"yyyy""q""m""d"，分别表示年份数、季度数、月数、天数	DateAdd("yyyy",2,#2012-1-1#)结果为#2014-1-1# DateAdd("q",2,#2012-1-1#)结果为#2012-7-1# DateAdd("m",2,#2012-1-1#)结果为#2012-3-1# DateAdd("d",2,#2012-1-1#)结果为#2012-1-3#

【例 3.11】建立表示以下条件的表达式。

（1）返回"学生"表中入学时间不满 1 年的学生。

（2）计算每个学生的生日，表示成"X 月 X 日"。

分析如下。

（1）如果学生的入学时间加上一年后的日期大于系统日期，可以推断学生入学未满一年，所以表达式可以写成：

```
DateAdd("yyyy",1,[入学时间])>Date()
```

请思考，还有没有其他计算方法？

（2）通过函数可以取得一个日期的年月日数字，然后将数字和"月""日"汉字做字符串连接，所以表达式可以写成：

```
Month([出生日期]) & "月" & Day([出生日期]) & "日"
```

5．类型转换函数

由于运算符使用规则、函数规则以及其他运算需要，有时需要对数据进行类型转换。常用的类型转换函数如表 3.10 所示。

表 3.10　常用的类型转换函数

函数名	功能	示例
Asc(x)	将字符转换为相应的 ASCII 值	Asc("A")结果为65
Chr(x)	将 ASCII 值转换为相应的字符	Chr(97)结果为"a"
Str(x)	将数值转换成对应的字符串	Str(123.45)结果为" 123.45"
Val(x)	将字符串 x 转换成对应的数值	Val("-123.45")结果为-123.45
CDate(x)	将 x 的值强制转换为 Date 类型	CDate("2012-1-1")结果为#2012-1-1#

Access 的内置函数很多，可以根据需要，通过表达式生成器的提示及帮助文档选择能满足需求的函数。

3.4 使用设计视图创建查询

查询设计视图又称查询设计器，能够提供完善的查询设置，在 Access 允许范围内能最大限度满足用户的查询需求。查询设计视图如图 3.11 所示，通过"创建"→"查询设计"命令打开。

查询设计视图分上下两个区域，上半部分区域用来设置数据源，在灰色部分单击鼠标右键并选择"显示表"命令，可以选择数据库中存在的表或查询作为数据源；下半部分区域用来根据数据源定制查询，具体说明如下。

（1）字段：指定查询中需要使用的字段，也可以是表达式。在数据源的列表中双击或拖动，能完成字段的添加；表达式则需要书写。查询运行时，前者直接显示相应字段的值，后者显示表达式的计算结果。

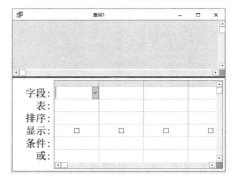

图 3.11　查询设计视图

（2）表：对应第一行字段，用来指定字段的来源。如果是通过鼠标操作方式选择字段，该值由系统自动填写。

（3）排序：对应第一行字段，指定查询结果是否按字段值进行升序或降序的排列。如果没有排序要求，该行不进行任何设置。

（4）显示：指定对应字段是否显示。

（5）条件：指定查询的条件，只有满足条件的数据才会在查询结果中显示。一般书写为条件表达式形式。如果该行有多个表达式，表示多个条件为"与"逻辑关系。

（6）或：指定条件表达式，与上一行条件构成完整的"或"查询条件。如果没有"或"条件，该行无须填写。

以下使用查询设计视图进行查询的创建。

【例 3.12】创建图 3.12 所示的学生院系信息查询。

分析如下。

（1）显示字段：学号、姓名、性别、院系名称。

（2）数据来源："学生"表。

操作步骤如下。

（1）单击"创建"选项卡中的"查询设计"命令按钮，打开查询设计器。按照提示选择"学生"表和"院系"表作为数据源，操作完成后查询设计器的上半部分如图 3.13 所示。如果关闭了"显示表"对话框，可以在"设计"选项卡中单击"显示表"命令按钮将其重新打开。如果"学生"表和"院系"表没有创建关系，表之间没有连线，建议在数据库关系中完成表间关系的创建并保存后，再创建查询。

（2）拖动或双击数据源中的字段名，将"学号""姓名""性别""院系名称"字段添加至查询设计器下半部分的"字段"行。同时，字段所在的表名会自动列出，"显示"行的复选框自动勾选。

查询创建完成，结果如图 3.13 所示。

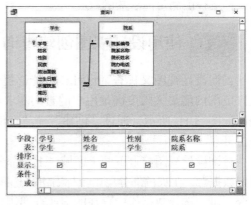

图 3.12　学生院系信息查询　　　　　　　图 3.13　例 3.12 查询设计器

查询创建完成后，单击选项卡"设计"中的"运行"命令按钮，或者将视图模式修改为数据表视图，就能看到查询的运行结果。检查结果无误后，保存该查询，命名为"学生院系信息查询"，并关闭查询窗口。

【例 3.13】创建图 3.14 所示的学生年级查询，年级是学号的前 4 位数字。

题目分析如下。

（1）显示字段：学号、姓名、性别和年级。"年级"字段值由表达式计算获得，取学号的前 4 位数字。需要使用表达式 Left([学号],4)。

（2）数据来源："学生"表。

操作步骤如下。

（1）打开查询设计器，添加数据源"学生"表。

（2）双击添加字段：学号、姓名、性别。

（3）在"性别"列的右侧书写表达式。右击单元格空白处，在弹出的快捷菜单中选择"生成器"命令，打开的"表达式生成器"对话框如图 3.15 所示。在表达式编写位置输入"年级:Left([学号],4)"，然后单击"确定"按钮。注意，表达式中的所有符号采用英文符号。

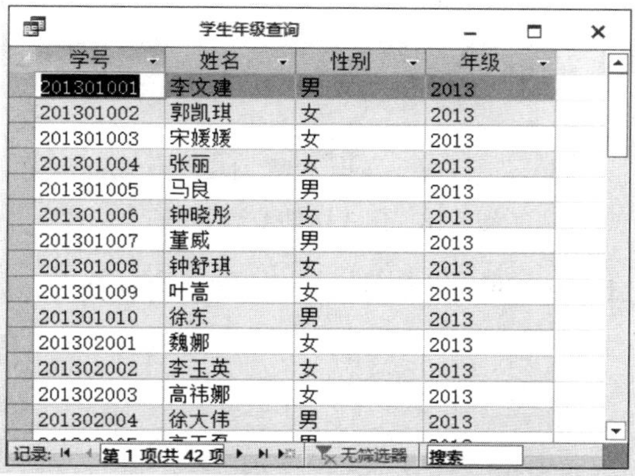

图 3.14　学生年级查询 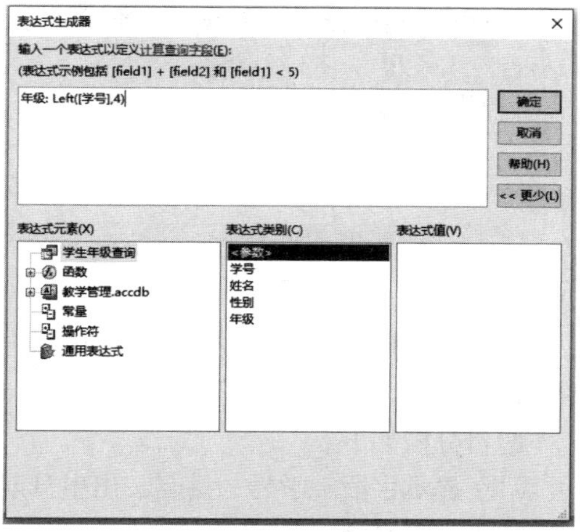　　　　　　　　图 3.15　"表达式生成器"对话框

查询创建完成后，查询设计器如图 3.16 所示。运行该查询并确认结果无误，保存查询，命名为"学生年级查询"，并关闭查询窗口。

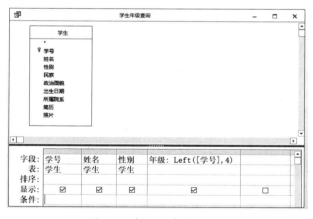

图 3.16　例 3.13 查询设计器

【例 3.14】创建图 3.17 所示的汉族女学生信息查询。

题目分析如下。

（1）显示字段：学号、姓名、性别、民族和政治面貌。

（2）数据来源："学生"表。

（3）查询条件：汉族，性别女。条件表达式：[性别]= "女"And [民族]= "汉族"。

操作步骤如下。

（1）打开查询设计器，添加数据源"学生"表。

（2）添加字段：学号、姓名、性别、民族和政治面貌。

（3）在"条件"行相关列中输入查询条件。因为此处查询条件为等值比较，所以直接在字段下方输入比较值，如图 3.18 所示。查询创建完成后，运行该查询并确认结果无误，保存查询，命名为"汉族女学生信息查询"，并关闭查询窗口。

图 3.17　汉族女学生信息查询

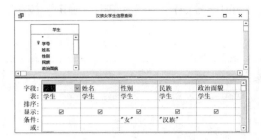

图 3.18　例 3.14 查询设计器

【例 3.15】创建一个出生日期为 1996 年 2 月 1 日—1996 年 8 月 31 日的学生信息查询，如图 3.19 所示。

题目分析如下。

（1）显示字段：学号、姓名、出生日期。

（2）数据来源："学生"表。

（3）查询条件：出生日期为 1996 年 2 月 1 日—1996 年 8 月 31 日。

操作步骤如下。

（1）打开查询设计器，添加数据源"学生"表。

（2）添加字段：学号、姓名、出生日期。

（3）在"条件"行"出生日期"列输入表达式，如图 3.20 所示。查询创建完成后，运行该查询并确认结果无误，保存查询，命名为"1996 年 2 月—8 月出生的学生查询"，并关闭查询窗口。

图 3.19　1996 年 2 月—8 月出生的学生查询

图 3.20　例 3.15 查询设计器

【例 3.16】创建一个学生信息参数查询，运行时在"输入参数值"对话框中输入学生姓名，比如"张丽"，查询该学生的学号、姓名、性别和政治面貌。查询运行时的对话框和查询结果如图 3.21 所示。

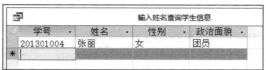

图 3.21 学生信息参数查询

题目分析如下。

（1）显示字段：学号、姓名、性别和政治面貌。

（2）数据来源："学生"表。

（3）查询条件：查询运行时用户输入的学生姓名。Access 将输入姓名作为条件进行查询。

操作步骤如下。

（1）打开查询设计器，添加数据源"学生"表。

（2）添加字段：学号、姓名、性别和政治面貌。

（3）设置查询参数：单击"设计"选项卡中的"参数"命令按钮，打开"查询参数"对话框，在参数列的第一个空白行，输入参数名"请输入学生姓名"，数据类型选择"短文本"，如图 3.22 所示，然后关闭该对话框。

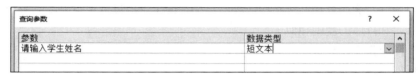

图 3.22 "查询参数"对话框

（4）在查询设计器的"条件"行"姓名"列，输入参数"[请输入学生姓名]"，表示的查询条件实际为[姓名]=[请输入学生姓名]，如图 3.23 所示。查询创建完成后，运行该查询，输入需查询的学生姓名，单击"确定"按钮，查看并确认结果无误，保存查询，命名为"输入姓名查询学生信息"，并关闭查询窗口。

图 3.23 例 3.16 查询设计器

【例 3.17】统计男生、女生人数，结果如图 3.24 所示。

题目分析如下。

（1）显示字段：性别和该性别学生人数。第二个字段是统计字段。

（2）数据来源："学生"表。

（3）分组统计要求：不同性别的学生人数。

操作步骤如下。

（1）打开查询设计器，添加数据源"学生"表。

（2）添加字段：性别和学号之计数。

（3）设置分组：单击"设计"选项卡中的"汇总"命令按钮，查询设计器的下半部分会新增"总计"行，用来设置分组和统计，如图3.25所示。查询创建完成后，运行该查询并确认结果无误，保存查询，命名为"男生女生人数查询"，关闭查询窗口。

图 3.24 男生女生人数查询

图 3.25 例 3.17 查询设计器

查询设计器的"总计"行中，内容通过下拉列表设置。"Group By"用来指定分组字段，其余用来做分组统计，比如求和、求平均值等。一个查询也可以设置多重分组，分组的顺序从左到右由高到低，和排序的规则相似。

【例 3.18】创建图 3.26 所示的交叉表查询。

题目分析如下。

（1）显示字段：民族、政治面貌和学生人数。民族是行标题，政治面貌是列标题，学生人数是交叉点的数据。

（2）数据来源："学生"表。

（3）交叉表设置：行——民族，列——政治面貌，值——人数。

操作步骤如下。

（1）打开查询设计器，添加数据源"学生"表。

（2）添加字段：民族、政治面貌、学号。

（3）交叉表设置：单击"设计"选项卡中的"交叉表"命令按钮，查询设计器中新增"总计"行和"交叉表"行，用来设置分组、统计和交叉表行列，如图3.27所示。查询创建完成后，运行该查询并确认结果无误，保存查询，命名为"交叉查询"，并关闭查询窗口。

图 3.26 交叉表查询

图 3.27 例 3.18 查询设计器

3.5 创建操作查询

Access 2016 操作查询在查询的基础上增加了操作数据的功能。根据查询结果进行的操作包括生成新表、在已经存在的表中追加新记录、更新数据表中相关数据（列）、删除数据表中相关数据（行）。

3.5.1 生成表查询

生成表查询根据查询结果生成一个新的数据表，需要先建立查询然后设置查询结果将要存放的表的名称。查询运行后，查询结果会被系统存入指定表中。

【例 3.19】创建将所属院系为"01"的学生信息归档的生成表查询。

题目分析如下。

（1）显示字段："学生"表各字段。

（2）数据来源："学生"表。

（3）查询条件：所属院系为"01"。条件表达式：[所属院系]= "01"。

（4）根据查询结果生成新表。

操作步骤如下。

（1）打开查询设计器，添加数据源"学生"表。

（2）添加所有字段。在"字段"行通过下拉列表选择"学生.*"。

（3）设置选择条件：增加"所属院系"字段，在"条件"行"所属院系"列输入""01""，并取消"所属院系"列的显示，如图 3.28 所示。

此时可以运行查询，检查查询结果是否准确，如果准确再设置生成表查询。

（4）设置生成表查询：单击"设计"选项卡中的"生成表"命令按钮，打开图 3.29 所示的对话框，输入生成表的名称"学生归档表"，单击"确定"按钮。

图 3.28 "学生信息归档"查询设计器

图 3.29 "生成表"对话框

运行该查询，系统弹出图 3.30 所示的消息对话框。

图 3.30 例 3.19 查询运行结果消息对话框

此时单击"是"按钮，Access 将创建新表，并向新表中粘贴数据。注意，查询运行后不会出现查询结果浏览窗口，而是将查询结果直接粘贴至新表，需要打开表查看数据。保存查询并关闭查询窗口。其中，查询命名为"学生信息归档"，查询图标为 ⬚! 。

3.5.2 追加查询

追加查询将查询结果追加到一个已经存在的表的尾部。根据数据库范式规则，查询结果的结构和被追加的表的结构需一致。

【例 3.20】例 3.19 中生成了"学生归档表"，现查询所属院系为"02"的学生信息，将其追加到"学生归档表"尾部。

题目分析如下。

（1）显示字段："学生"表各字段。

（2）数据来源："学生"表。

（3）查询条件：所属院系为"02"。

（4）根据查询结果追加记录。

操作步骤如下。

（1）打开查询设计器，添加数据源"学生"表。

（2）添加"学生"表的所有字段。

（3）设置查询条件：[所属院系]= "02"，如图 3.31 所示。

（4）设置追加查询：单击"设计"选项卡中的"追加"命令按钮，打开图 3.32 所示的对话框，将查询结果追加到"学生归档表"。

图 3.31 "追加查询"查询设计器-1

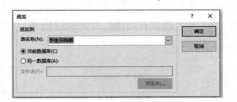

图 3.32 "追加"对话框

单击"确定"按钮，删除查询设计器的"追加到"行"所属院系"列中的内容，如图 3.33 所示。

查询创建完成。运行查询，显示图 3.34 所示的消息对话框。

图 3.33 "追加查询"查询设计器-2

图 3.34 例 3.20 查询运行结果消息对话框

单击"是"按钮，查询结果被追加到指定表中，可以打开"学生归档表"查看数据是否正常追加。保存查询并关闭查询窗口。其中，查询命名为"追加查询"，查询图标为 ➕❗。

3.5.3 更新查询

更新查询能根据查询条件，选择满足条件的记录，按照更新规则更新字段值。如果没有更新条件，更新查询会更新所有记录的字段值。

【例 3.21】在"学生归档表"中增加新字段"备注"，内容是"已审核"。

分析如下。

（1）字段：备注。

（2）数据来源："学生归档表"。

（3）查询条件：所有记录。

（4）更新要求：[备注]= "已审核"。

操作步骤如下。

（1）为"学生归档表"添加新字段"备注"，字段类型是"短文本"。

（2）打开查询设计器，添加数据源"学生归档表"。

（3）添加字段：备注。

（4）设置更新查询：单击"设计"选项卡中的"更新"命令按钮，在"更新到"行"备注"列输入"已审核"，如图 3.35 所示。

运行该查询，系统弹出图 3.36 所示的消息对话框。

图 3.35 "更新查询"设计器

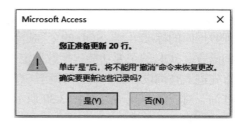

图 3.36 例 3.21 查询运行结果消息对话框

单击"是"按钮，"学生归档表"数据更新。保存查询并关闭查询窗口。其中，查询命名为"更新查询"，查询图标为 ✏❗。

3.5.4 删除查询

删除查询用来删除表中满足查询条件的记录。

【例 3.22】删除"学生归档表"中所属院系是"02"的记录。

题目分析如下。

（1）字段：所属院系。

（2）数据来源："学生归档表"。

（3）查询条件：[所属院系]= "02"。

（4）设置删除查询。

操作步骤如下。

（1）打开查询设计器，添加数据源"学生归档表"。

（2）添加字段：所属院系。

（3）设置查询条件：[所属院系]= "02"。

（4）设置删除查询：单击"设计"选项卡中的"删除"命令按钮，查询设计器如图 3.37 所示。

运行该查询，系统弹出图 3.38 所示的消息对话框。

图 3.37 "删除查询"查询设计器

图 3.38 例 3.22 查询运行结果消息对话框

单击"是"按钮，"学生归档表"的部分数据被删除，保存查询并关闭查询窗口。其中，查询命名为"删除查询"，查询图标为✖。

3.6 创建 SQL 查询

Access 2016 中的查询最终会被翻译成 SQL 命令执行。SQL 是用于访问和处理数据库的标准语言。SQL 的全称是 Structured Query Language，即结构化查询语言。SQL 的主要功能包括数据定义、操作和维护。

首先进入查询设计器，然后切换至 SQL 视图，就可以进行 SQL 命令的编辑。例如，"学生年级查询"对应的 SQL 命令如图 3.39 所示。

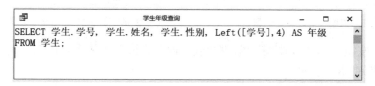

图 3.39 查询的 SQL 命令

3.6.1 SQL 语句简介

SQL 包括 6 个部分：数据查询语言、数据操作语言、事务处理语言、数据控制语言、数据定义语言和指针控制语言。其中的数据定义语言（Data Definition Language，DDL）、数据操作语言（Data Manipulation Language，DML）和数据控制语言（Data Control Language，DCL）是3 种主要的应用语句。

DDL 用来建立数据库和表，例如 CREATE、DROP、ALTER 等语句。

DML 用来增加、修改、删除和查询数据库中的数据，例如 INSERT（插入）、UPDATE（修改）、DELETE（删除）、SELECT（查询）语句。

DCL 用来控制数据库组件的存取许可、存取权限等，例如 GRANT、REVOKE、COMMIT、ROLLBACK 等语句。

3.6.2 数据查询语句

数据查询语句即 SELECT 语句，基本语法格式如下：

```
SELECT select_list
FROM table_source
[ WHERE search_condition ]
[ GROUP BY group_by_expression]
[ HAVING search_condition]
[ ORDER BY order_expression [ ASC | DESC ] ]
```

说明如下。

（1）SELECT 语句的核心是 SELECT select_list FROM table_source。其中，select_list 指字段名表，是查询需要显示的字段名的集合，各字段名中间使用逗号分隔，字段可以直接来源于表或查询，或者是一个表达式；table_source 指查询的数据来源——表或查询。

- 例如，从"学生"表中选择学生的学号、姓名、性别、班级名称显示，对应的 SQL 命令是：

```
SELECT 学号,姓名,性别,班级名称 FROM 学生
```

如果要显示表或查询中的所有字段，字段名表可以用"*"表示。例如，选择"学生"表的所有字段进行显示，对应的 SQL 命令是：

```
SELECT * FROM 学生
```

- 如果查询数据源是多个相关表，那么在 FROM 子句中应指明表连接的类型。例如"学生"表和"选课成绩"表之间的关系是内连接（INNER JOIN），查询学生信息和选课信息时，可以使用的 SQL 命令是：

```
SELECT 学生.学号, 学生.姓名, 学生.班级名称, 选课成绩.课程号, 选课成绩.开课学期 FROM 学生 INNER
JOIN 选课成绩 ON 学生.学号 =选课成绩.学号
```

- 对多张表进行连接操作时，例如从"学生"表中选择学生的姓名，从"课程"表中选择课程名，从"选课成绩"表中选择姓名和课程名称对应的学生成绩，可以使用的 SQL 命令是：

```
SELECT 学生.姓名, 课程.课程名, 选课成绩.成绩
FROM 学生 INNER JOIN (课程 INNER JOIN 选课成绩 ON 课程.课程号 = 选课成绩.课程号) ON 学生.学号 =
选课成绩.学号
```

（2）WHERE 子句用来设置查询的条件，search_condition 指条件表达式，可以进行筛选或表连接操作。

- 例如，从"学生"表中选择所有女生的学号、姓名、性别、班级名称显示，可以使用的 SQL 命令是：

```
SELECT 学号, 姓名, 性别, 班级名称
FROM 学生
WHERE 性别="女"
```

- 例如，从"选课成绩"表中选择所有成绩为 70～90 分的数据显示，可以使用的 SQL 命令是：

```
SELECT  *
FROM 选课成绩
WHERE (成绩 Between 70 And 90)
```

- WHERE 子句也能实现连接操作。例如，从"学生"表中选择学生的学号、姓名、班级名称，从"选课成绩"表中选择对应学生的选课的课程号和开课日期显示，SQL 命令可以是：

```
SELECT 学生.学号, 学生.姓名, 学生.班级名称, 选课成绩.课程号, 选课成绩.开课学期 FROM 学生, 选课成绩
WHERE 学生.学号 =选课成绩.学号
```

- 含复杂条件的筛选，例如查询性别为女并且成绩大于等于 80 分的学生学号、姓名、性别、课程号和成绩，可以使用 SQL 命令：

```
SELECT 学生.学号, 学生.姓名, 学生.性别, 选课成绩.课程号, 选课成绩.成绩
FROM 学生 INNER JOIN 选课成绩 ON 学生.学号 = 选课成绩.学号
WHERE (((学生.性别)="女") AND ((选课成绩.成绩)>=80))
```

- WHERE 子句内部还可以嵌套 SELECT 语句，例如查询"选课成绩"表中没有的学生信息，可以使用的 SQL 命令是：

```
SELECT 学号, 姓名, 性别, 班级名称
FROM 学生
WHERE (学号 Not In (SELECT 学号 FROM 选课成绩))
```

（3）GROUP BY 子句用来设置查询的分组依据。例如，统计每个学生的选课门数的 SQL 命令是：

```
SELECT 学号, Count(课程号) AS 选课门数
FROM 选课成绩
GROUP BY 学号
```

说明："Count(课程号) AS 选课门数"是一个表达式字段，字段名为"选课门数"，"Count(课程号)"是在分组内统计课程号出现次数的表达式。

例如，统计每个学生在每个学期的选课门数的 SQL 命令是：

```
SELECT 学号, 开课学期, Count(课程号) AS 选课门数
FROM 选课成绩
GROUP BY 学号, 开课学期
```

说明：GROUP BY 子句中包含两个字段名，按照先后顺序，数据先按照学号分组，学号一致时按照开课学期分组。

（4）HAVING 子句用来指定查询分组后的统计值需满足的条件。例如，显示学生选课门数低于 2 门的学生选课门数统计信息，可以使用的 SQL 命令是：

```
SELECT 学号, Count(课程号) AS 选课门数
FROM 选课成绩
GROUP BY 学号
HAVING Count(课程号)<2
```

（5）ORDER BY 子句用来指定查询结果的排序，可以添加 ASC 或 DESC 关键字。ASC 表示升序，为默认值，DESC 为降序。ORDER BY 不能对 OLE 对象、附件等类型的数据进行排

序。例如，查询按照出生日期升序排列的学生基本信息，可以使用的 SQL 命令是：

```
SELECT  *
FROM 学生
ORDER BY 学生.出生日期  ASC
```

说明：ASC 表示升序。

3.6.3 数据操作语句

数据操作语句用于增加、修改、删除数据库中的数据，其操作对象是表的记录。

1．INSERT 语句用来向表中插入记录。语法如下：

```
INSERT INTO table_name [rowset_function] VALUES  expression
```

例如，在"学生"表中插入学号为"201200010001"、姓名为"张一"的一条记录，可以使用 SQL 命令：

```
INSERT INTO 学生 (学号,姓名) VALUES ("201200010001","张一")
```

说明：插入的字段值与字段名必须一一对应，并且符合数据表的结构定义。

2．UPDATE 语句用来修改表中的记录。语法如下：

```
UPDATE table_name
SET <update clause> [, <update clause> ...n ]
[WHERE search_condition]
```

例如，将"学生"表中民族不是汉族的信息全部改为"少数民族"，可以使用 SQL 命令：

```
UPDATE 学生
SET 民族="少数民族"
WHERE 民族<>"汉族"
```

3．DELETE 语句用来删除表中的记录。语法如下：

```
DELETE FROM table_name WHERE search_condition
```

例如，删除"学生"表中所有性别为女的学生的记录，可以使用 SQL 命令：

```
DELETE FROM 学生 WHERE 性别="女"
```

3.6.4 数据定义语句

数据定义语句用来建立数据库，建立和修改表的结构。

1．CREATE 语句用来创建数据库或表。创建表的语法格式如下：

```
CREATE TABLE table_name (column_definition)
```

例如，创建"学生成绩"表(学号,课程号,成绩)，可以使用 SQL 命令：

```
CREATE TABLE 学生成绩(学号 text (12),课程号 text (6),成绩 single )
```

说明：text 指明字段的数据类型为文本型，single 指明字段的数据类型为单精度型。

2．DROP 语句用来删除表。语法格式如下：

```
DROP TABLE table_name
```

例如，删除前面创建的"学生成绩"表，可以使用 SQL 命令：

```
DROP TABLE 学生成绩
```

3．ALTER 语句用来修改表的结构，包括增加（ADD）、删除（DROP）字段，修改字段属性。

（1）增加字段的语法格式如下：

```
ALTER TABLE table_name ADD column_definition
```

例如，为新创建的"学生成绩"表(学号,课程号,成绩)增加"备注"列（文本型，字段长度20），可以使用 SQL 命令：

```
ALTER TABLE 学生成绩 ADD 备注 text(20)
```

（2）删除字段的语法格式如下：

```
ALTER TABLE table_name DROP column_name
```

例如，删除"备注"列的 SQL 命令是：

```
ALTER TABLE 学生成绩 DROP 备注
```

（3）修改字段的语法格式如下：

```
ALTER TABLE table_name
ALTER COLUMN column_name  type_name
```

例如，修改"备注"列字段的类型为日期/时间类型的 SQL 命令是：

```
ALTER TABLE 学生成绩
ALTER COLUMN 备注 date
```

说明：SQL 语句的功能强大、语法复杂，这里仅介绍了最基本的语法规则，如有需要可以查询 Access 帮助信息；尽管通过查询的 SQL 视图可以编辑数据定义语句和数据控制语句，但该方法较少使用；最常用的 SQL 语句是 SELECT 语句。

本章介绍了 Access 2016 查询的创建以及使用。查询一般用于检索数据提取信息，有时也会用于操作数据。查询可以使用向导或设计器来创建。使用向导创建查询比较方便、快捷，但缺乏灵活性和适应性，推荐使用查询设计器。

习题 3

一、单选题

1. 创建"追加查询"的数据来源是（　　）。
   A. 表或查询　　　　B. 一个表　　　　C. 多个表　　　　D. 查询

2. 查询向导不能创建的查询类型是（　　）。
   A. 选择查询　　　　　　　　　　B. 交叉表查询
   C. 查找不匹配项查询　　　　　　D. 参数查询

3. 下列关于查询的说法中，错误的是（　　）。
   A. 在同一个数据库中，查询和数据表不能同名
   B. 查询结果随数据源中数据的变化而变化
   C. 查询的数据来源只能是表
   D. 查询结果可作为查询、窗体、报表等对象的数据来源

4. 在查询条件中使用通配符"[]"，其含义是（　　）。
   A. 错误的使用方法　　　　　　　B. 通配不在括号内的任意字符
   C. 通配任意长度的字符　　　　　D. 通配方括号内任何单个字符

5. 在 SQL 的 SELECT 语句中，用于实现选择运算的子句是（　　）。
   A. FOR　　　　　B. IF　　　　　C. WHILE　　　　D. WHERE

6. 要查找成绩大于等于 80 分且成绩小于等于 90 分的学生，正确的条件表达式是（　　）。

    A. 成绩 Between 80 And 90   B. 成绩 Between 80 To 90

    C. 成绩 Between 79 And 91   D. 成绩 Between 79 To 91

7. "学生"表中有"学号""姓名""性别""入学成绩"等字段。执行如下 SQL 命令后的结果是（　　）。

```
SELECT Avg(入学成绩) FROM 学生 GROUP BY 性别
```

    A. 计算并显示所有学生的平均入学成绩

    B. 计算并显示所有学生的性别和平均入学成绩

    C. 按性别顺序计算并显示所有学生的平均入学成绩

    D. 按性别分组计算并显示不同性别学生的平均入学成绩

8. 假设"公司"表中有"编号""名称""法人"等字段，查找公司名称中有"网络"二字的公司信息，正确的命令是（　　）。

    A. SELECT * FROM 公司 FOR 名称 = " *网络* "

    B. SELECT * FROM 公司 FOR 名称 Like "*网络*"

    C. SELECT * FROM 公司 WHERE 名称="*网络*"

    D. SELECT * FROM 公司 WHERE 名称 Like"*网络*"

9. 利用对话框提示用户输入查询条件，这样的查询属于（　　）。

    A. 选择查询   B. 参数查询   C. 操作查询   D. SQL 查询

10. 已知"借阅"表中有"借阅编号""借书证号""借阅图书馆藏编号"等字段，每个读者有一次借书行为就生成一条记录，要求按"借书证号"统计出每位读者的借阅次数，下列 SQL 语句正确的是（　　）。

    A. SELECT 借书证号,Count(借书证号)FROM 借阅表

    B. SELECT 借书证号,Count(借书证号)FROM 借阅表 GROUP BY 借书证号

    C. SELECT 借书证号,Sum(借书证号)FROM 借阅表

    D. SELECT 借书证号,Sum(借书证号)FROM 借阅表 ORDER BY 借书证号

11. 用于获得字符串 s 最左边的 4 个字符的表达式是（　　）。

    A. Left(s,4)   B. Left(s,1,4)   C. Leftstr(s,4)   D. Leftstr(s,0,4)

12. 下列关于 SQL 语句的说法中，错误的是（　　）。

    A. INSERT 语句可以向数据表中追加新的数据记录

    B. UPDATE 语句用来修改数据表中已经存在的记录

    C. DELETE 语句用来删除数据表中的记录

    D. CREATE 语句用来建立表结构并追加新记录

13. 下列有关查询的描述错误的是（　　）。

    A. 使用设计器建立的查询，可以查看相应的 SQL 语句，不能修改

    B. 参数查询只能通过设计器创建

    C. 交叉表查询会对数据进行两次分组

    D. 选择查询可以对数据进行分组统计

14. 查询"图书表"中"图书编号"不是 0～4 开头的记录，下列表达式错误的是（　　）。

    A. [图书编号] Like " [!0-4]* "

  B. [图书编号] Like " [5-9]* "

  C. left([图书编号],1) Like " [5-9] "

  D. [图书编号]　Not　Between 0 And 4

15. 查询至少有 3 名职工的部门的职工工资总额，下列 SQL 语句正确的是（ ）。

  A. SELECT 部门号,Count(*),Sum(工资) FROM 职工 HAVING Count(*)>=3

  B. SELECT 部门号,Count(*),Sum(工资) FROM 职工 GROUP BY 部门号 HAVING
    Count(*)>=3

  C. SELECT 部门号,Count(*),Sum(工资) FROM 职工 GROUP BY 部门号 SET Count(*)>=3

  D. SELECT 部门号,Count(*),Sum(工资) FROM 职工 GROUP BY 部门号 WHERE
    Count(*)>=3

二、填空题

1. 对某字段的数值求和，应该使用_____函数。

2. 运算符 Is Null 用于判断一个字段值是否为_____。

3. 查询不但可以查找满足条件的数据，还可以_____数据。

4. 查询结果可以作为_____的数据源。

5. 用 SQL 语句实现查询"图书表"中的所有记录，应该使用的 SELECT 语句是_____。

6. 如果要求在执行查询时通过输入的学号查询学生信息，可以采用_____查询。

7. 查询出生日期在 1993 年以前的学生数据，查询条件中的表达式应写为_____。

8. 要求查询统计"学生"表中的男生、女生人数，应使用分组查询，分组字段为_____，
统计字段为_____。

9. 要求建立通过输入学生姓名查询学生信息的参数查询，第一步要定义参数名称，例如定
义为 name_key，则查询条件中的表达式应写为_____。

10. 操作查询包括_____。

三、操作题

  打开"职工信息管理"数据库，按照题目要求建立查询，查询的名称为操作题的小题编号。

1. 建立职工基本信息查询，要求显示职工的"工号""姓名""性别""职称" 4 个字段的
信息。

2. 建立查询，显示职工的"部门名称""姓名""性别""发放日期""基本工资" 5 个字段
的信息。

3. 建立查询，查找没有职工信息的部门的"编号""名称""电话" 3 个字段的信息。

4. 建立图 3.40 所示的交叉表查询。

图 3.40　操作题 4 的查询结果

5. 建立查询，显示职工的"部门名称""姓名""生日"3 个字段的信息。其中"生日"字段的形式如"1 月 1 日"。

6. 建立查询，显示部门是"生产部"的"职工姓名"和"性别"。

7. 建立查询，显示学历是"本科"或者职称是"初级"的职工的"工号""姓名""学历""职称"。

8. 建立查询，显示基本工资高于 2000 元并且性别是"男"的职工的"部门名称""姓名""性别""学历""职称""发放日期""基本工资"。

9. 建立查询，显示出生日期在 1980 年 1 月 1 日前的职工的"部门名称""姓名""出生日期"。

10. 建立查询，显示出生日期的月份在 4～6 月的职工的"部门名称""姓名""出生日期"。

11. 建立查询，显示民族是少数民族的职工的"部门名称""姓名""民族"。

12. 建立参数查询，当用户输入"初""中""高"时分别显示职称是"初级""中级""高级"的职工的"工号""姓名""学历""职称"。

13. 建立查询，显示职工的"部门编号""部门名称""性别""工号""姓名"，显示内容按照"部门编号"升序排列，部门编号一致时按照"性别"排列。

14. 建立查询，统计各个部门的职工人数，显示"部门名称"和"职工人数"两个字段。

15. 建立查询，统计各个部门不同性别的职工的人数。

16. 建立查询，显示累计实发工资的金额超过 1 万的职工的"姓名"和"部门名称"。

17. 建立查询，显示每个部门的最高实发工资金额。

18. 建立生成表查询，将是少数民族的职工的"工号""姓名""性别""职称"存入新表"少数民族职工基本信息"。

19. 建立追加查询，将不是少数民族的并且是高级职称的职工的"工号""姓名""性别""职称"存入新表"非少数民族职工基本信息"。

20. 建立更新查询，将所有少数民族的职工的各个月份的基本工资追加 100 元。

21. 建立 SQL 查询，显示性别为"男"的职工的"工号""姓名""性别""职称""部门编号"。

22. 建立 SQL 查询，显示性别为"女"的职工的"工号""姓名""性别""职称""部门名称"。

23. 建立 SQL 查询，显示职称是"高级"并且学历是"硕士"的职工的"工号""姓名""性别""职称""学历""部门编号"。

24. 建立 SQL 查询，显示职工的"工号""姓名""性别""职称""部门名称"，显示内容按照"部门编号"升序排列。

25. 建立 SQL 查询，显示职工的"部门名称""工号""姓名""工资发放日期""实发工资"。

第4章 窗体

窗体是一种 Access 数据库对象，是用户和 Access 数据库系统之间的重要接口。本章将介绍窗体的基础知识，包括窗体的概念、窗体的视图、窗体的创建方法和窗体的外观优化操作。

学习目标
- 了解窗体的概念和视图。
- 掌握创建窗体的常用方法。
- 掌握常用控件的用法和使用"窗体设计"工具自定义窗体的方法。
- 熟悉窗体的外观优化操作。

4.1 窗体概述

作为一种非常重要的数据库对象，与数据表相比，窗体本身不能存储数据，但是它能提供友好的输入、输出界面，使用户可以方便地输入数据、编辑数据、查询表中的数据，从而提高数据库的使用效率。利用窗体也可以将整个应用程序组织起来，形成一个完整的应用程序系统。一个 Access 数据库应用程序开发完成后，基本上所有的操作都是在窗体界面中进行的。

4.1.1 窗体的概念

窗体有多种形式，用户可以根据不同的目的设计不同的窗体。窗体中的信息主要有两类：一类是设计窗体时附加的提示信息，如说明性文字或图形元素，这类信息一般与数据表中的数据无关，不随记录的变化而变化，属于
"静态信息"；另一类是所处理的数据表或查询的记录，这类信息与所处理的数据表或查询中的数据密切相关，随着每条记录的改变而改变，属于"动态信息"。

图 4.1 所示为"学生"窗体。其中，每个字段左边的标签文本，如"学号""姓名"等是不变的，即"静态信息"；而"200900312101""刘航"等是第一条记录对应的学生的"学号"字段和"姓名"字段的具体值，这些信息会随着记录的改变而改变，即"动态信息"。

虽然窗体本身不能存储数据，但它却提供了更加灵活的数据输入方式和多样的数据显示方式。用户还可以定义窗体的外观，使其更美观、更易使用。

4.1.2 窗体的视图

窗体的视图是窗体在不同功能和应用范围下呈现的外观表现形式。在 Access 2016 中，窗体主要有窗体视图、布局视图和设计视图 3 种视图。通常

4.1.1 窗体的概念

4.1.2 窗体的视图

我们根据任务的不同选择不同的视图。可以通过"开始"选项卡中的"视图"命令按钮实现不同视图的切换，如图 4.2 所示。

图 4.1 "学生"窗体

图 4.2 视图切换

1．窗体视图

窗体视图是运行窗体时显示数据的窗口，用于查看在设计视图中所建立窗体的运行结果。

2．布局视图

布局视图是用于修改窗体的最直观的视图，在 Access 中可用于对窗体进行几乎所有需要的更改。在布局视图中，窗体实际正在运行。因此，在布局视图中看到的外观与在窗体视图中的外观非常相似，不同的是可以在此视图中对窗体设计进行更改。

3．设计视图

设计视图是用于创建、修改窗体的视图。设计视图提供了更详细的窗体结构，可以显示窗体的页眉、主体和页脚部分。在设计视图中，窗体并没有运行。在设计视图中可以进行以下操作。

- 向窗体添加更多类型的控件，如绑定对象框架、分页符和图表。
- 在文本框中编辑文本框控件来源，而不使用属性表。
- 调整窗体各部分（如窗体页眉或主体部分）的大小。
- 更改某些无法在布局视图中更改的窗体属性。

4.2 创建窗体的方法简介

4.2 创建窗体的方法简介

"创建"选项卡的"窗体"命令组提供了 6 个创建窗体的命令按钮，它们分别是"窗体"、"窗体设计"、"空白窗体"、"窗体向导"、"导航"和"其他窗体"。"导航"和"其他窗体"包含一个下拉列表，其中提供了创建窗体的更详细的布局或格式。"窗体"命令组如图 4.3 所示。

图 4.3 "窗体"命令组

下面介绍"窗体"命令组中的 6 个命令按钮。

1．"窗体"命令按钮

快速创建窗体的命令按钮。选好数据源后，只需单击此命令按钮便可以创建窗体。使用该命令按钮创建窗体时,数据源的所有字段都放置在窗体上,系统自动布局各个字段。

2."窗体设计"命令按钮

在窗体设计窗口中自定义窗体,是最实用的创建窗体的方法。这种方法将在第 4.6 节详细介绍。

3."空白窗体"命令按钮

使用该命令按钮可以创建一个空白窗体并在布局视图中打开,操作起来非常便捷。尤其在计划只在窗体上放置很少的几个字段时,比较适合使用。

4."窗体向导"命令按钮

一种辅助用户创建窗体的工具。在创建过程中,向导通过一组对话框逐步、直观地显示一些提示信息,提示用户选择有关数据源、字段、布局和格式等,Access 2016 会根据用户的选择自动创建对应的窗体。

5."导航"命令按钮

用于创建具有导航按钮(即 Web 形式)的窗体。如果需要将数据库发布到 Web,则需要创建导航窗体。Access 2016 提供了 6 种不同的布局格式,单击"导航"命令按钮右侧的下拉按钮即可进行选择。不同布局格式的窗体的创建方法是相同的。导航窗体实例在第 9 章的实例中详细介绍。

6."其他窗体"命令按钮

使用此命令按钮可以创建 4 种不同的窗体。

- 多个项目:使用"窗体"命令按钮创建的窗体一次只能显示一条记录,而使用"多个项目"创建的窗体一次可以显示多条记录。多个项目窗体也称为连续窗体。
- 数据表:生成类似数据表形式的窗体。
- 分割窗体:可以同时提供数据的两种视图,即窗体视图和数据表视图。这两种视图连接到同一数据源,并且总是保持同步。如果在窗体的一个部分中选择了一个字段,则会在窗体的另一部分中选择相同的字段。可以在任一部分中添加、编辑或删除数据(只要数据源可更新并允许这些操作)。
- 模式对话框:生成的窗体总是保持在系统的最前面,用户在未关闭该窗体之前,不能操作其他窗体。

综上所述,创建窗体的方法十分丰富。在实际应用中,需要根据具体情况选择合适的方法来创建窗体。

4.3 使用"窗体"工具创建窗体

"窗体"工具是最简单的创建窗体的工具,由系统根据用户选择的表或查询自动创建一个窗体。在建成的窗体中,表或查询的每一个字段都显示在一个独立的行上,并且左边带有一个标签。使用这种方法创建的窗体每次只能显示一条记录。

【例 4.1】在"学籍管理"数据库中,使用"窗体"工具创建"窗体工具-学生"窗体。

操作步骤如下。

① 打开"学籍管理"数据库窗口,在左侧的导航窗格中,选择"学生"表作为窗体的数据源,在"创建"选项卡的"窗体"命令组中单击"窗体"命令按钮,系统即自动创建窗体,并

以布局视图显示。

② 单击"保存"按钮，在弹出的"另存为"对话框中，输入窗体的名称"窗体工具-学生"，单击"确定"按钮。创建的窗体如图 4.4 所示。

使用"窗体"工具创建窗体虽然简单，但是所使用的数据源只能有一个，即表或查询，并且会将该数据源的所有字段导入，其外观格式也是系统默认的。因此，用户可以在创建完成后，切换到布局视图或设计视图，删除一些不需要的字段，调整布局。

图 4.4 "窗体工具-学生"窗体

4.4 使用"窗体向导"工具创建窗体

"窗体"工具往往不能完全满足用户的需求。可使用"窗体向导"工具，在一组对话框的提示下选择字段、布局和格式等，从而创建较为丰富的窗体。

4.4 使用"窗体向导"工具创建窗体

使用"窗体向导"工具创建窗体时，其数据源可以是一个表或查询，也可以是多个表或查询。

【例 4.2】在"学籍管理"数据库中，基于"教师"查询，创建"窗体向导-教师"窗体。操作步骤如下。

① 打开"学籍管理"数据库窗口，在"创建"选项卡的"窗体"命令组中单击"窗体向导"命令按钮，打开"窗体向导"的第一个对话框。在左侧的"表/查询"下拉列表中选择"查询: 教师查询"（之前创建好的查询），这时左侧的"可用字段"列表框中将列出所有可用字段，用户可以根据需要选择字段，这里选择了"gh""xm""xb""gzsj""zc"和"yxh"字段，如图 4.5 所示。

② 单击"下一步"按钮，打开"窗体向导"的第二个对话框，如图 4.6 所示。用户可以根据需要选择窗体的布局。这里选择"纵栏表"。

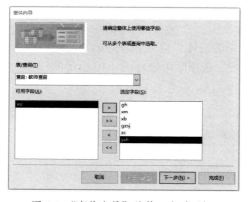

图 4.5 "窗体向导"的第一个对话框

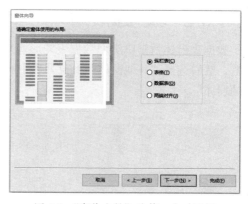

图 4.6 "窗体向导"的第二个对话框

③ 单击"下一步"按钮，打开"窗体向导"的第三个对话框，如图 4.7 所示。在"请为窗体指定标题"文本框中输入窗体名称"窗体向导-教师"。如果需要在使用向导完成窗体创建后打开窗体查看或输入数据，则应该选择"打开窗体查看或输入信息"；如果需要在设计视图中对

窗体进行设计和修改，则应该选择"修改窗体设计"。这里选择前者。

④ 单击"完成"按钮，窗体创建成功，如图4.8所示。

图 4.7　窗体向导的第三个对话框

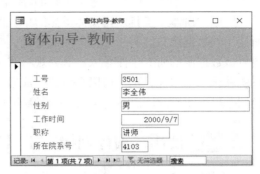

图 4.8　"窗体向导-教师"窗体

使用向导创建窗体，可以基于一个数据源，也可以基于多个数据源。例如要创建一个查看学生成绩的窗体，姓名来自"学生"表，课程名来自"课程"表，成绩来自"选课成绩"表。选择字段时，需要注意在图4.5所示的对话框的"表/查询"下拉列表中多次重新选择数据源，然后再添加相关字段。

4.5　使用"其他窗体"工具创建窗体

4.5.1　创建多个项目窗体

"多个项目"就是在窗体中显示多条记录的一种窗体布局形式。

首先在左边的导航窗格中选择数据源，然后选择"其他窗体"下拉列表中的"多个项目"选项即可创建图4.9所示的"多个项目-选课成绩"窗体。

4.5.2　创建数据表窗体

数据表窗体就是以类似数据表的形式来显示数据的窗体。首先在左边的导航窗格中选择数据源，然后选择"其他窗体"下拉列表中的"数据表"选项即可创建图4.10所示的"学生高考成绩窗体"。

图 4.9　"多个项目-选课成绩"窗体

图 4.10　"学生高考成绩窗体"

4.5.3 创建分割窗体

4.5.3 创建分割窗体

分割窗体可以同时提供数据的两种视图：窗体视图和数据表视图。这两种视图连接到同一数据源，并且总是保持同步。窗体的上半部分显示单一记录，窗体的下半部分显示多条记录。分割窗体使用户浏览记录更加方便，既可以宏观上浏览多条记录，又可以微观上具体地浏览某一条记录。

【例 4.3】以"学生"表为数据源，创建分割窗体。

操作步骤如下。

① 在"学籍管理"数据库的导航窗格中，选择"学生"表作为数据源，单击"其他窗体"命令按钮，选择"分割窗体"选项，窗体创建完成。

② 单击"保存"按钮，在"另存为"对话框中输入窗体的名字"分割窗体-学生"，单击"确定"按钮，即可得到图 4.11 所示的窗体。窗体的上半部分显示一条具体记录，窗体的下半部分显示所有的记录。

③ 单击窗体下半部分导航栏中的"下一条记录"按钮 ▶，则上半部分显示的记录同时更新，显示下一条记录的详细信息，如图 4.12 所示。

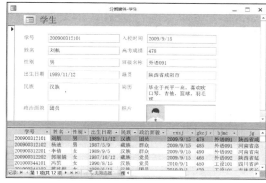

图 4.11　"分割窗体-学生"窗体　　　　　图 4.12　显示下一条记录明细

分割窗体适用于数据表中记录很多，同时又需要浏览某一条记录明细的情况。

4.5.4 创建模式对话框窗体

在图形用户界面中，对话框是一种特殊的窗体，用来向用户展示信息，或者在需要的时候获得用户的输入响应。

对话框可以分为模式对话框和非模式对话框两种。模式对话框是指用户只能在当前的窗体中进行操作，在该窗体没有关闭之前不能切换到其他的窗体。非模式对话框是指当前所操作的窗体可以切换。

一般情况下，用于确认信息和进行一般操作的对话框属于模式对话框。

【例 4.4】在"学籍管理"数据库中，创建图 4.13 所示的模式对话框。

操作步骤如下。

① 选择"创建"→"窗体"→"其他窗体"→"模式对话框"命令，打开图 4.14 所示的模式对话框窗体创建界面，窗体中自动添加了"确定"和"取消"两个按钮。

图 4.13　登录模式对话框

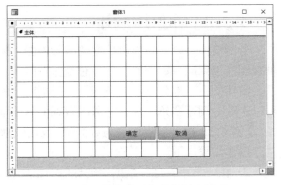

图 4.14　模式对话框窗体创建界面

② 使用"窗体设计工具"→"设计"选项卡"控件"命令组中的"文本框"控件，或者单击"工具"命令组中的"添加现有字段"命令按钮，根据需要，添加未绑定型控件或绑定型控件，如图 4.15 所示。

③ 鼠标右键单击窗体，选择"属性"命令，进行窗体的相关属性设置，这部分将在 4.6 节详细介绍，如图 4.16 所示。

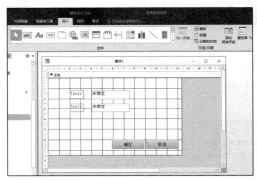

图 4.15　添加控件

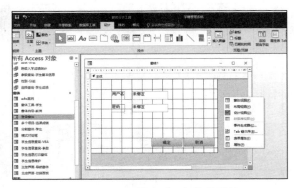

图 4.16　设置模式对话框窗体属性

④ 分别设置"确定"和"取消"两个按钮的单击事件过程，如图 4.17 所示，鼠标右键单击"确定"按钮，打开属性表，设置单击事件过程，具体内容在第 7 章详细讲解。

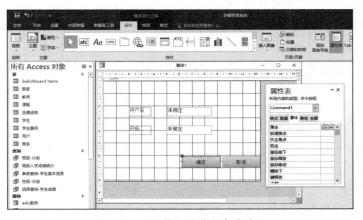

图 4.17　设置按钮的单击事件过程

⑤ 单击快速访问工具栏中的"保存"按钮，在弹出的对话框中输入窗体的名称"登录 模式对话框"并保存，切换到窗体视图，得到图 4.13 所示的模式对话框。

4.6 使用"窗体设计"工具自定义窗体

在实际的应用中，前面介绍的几种创建窗体的方法往往只能满足一般的需求，不能满足复杂窗体的创建需求。如果需要设计出功能更丰富、更个性化的窗体，就必须在窗体设计视图中自定义窗体，或者先使用向导或其他方法快速创建窗体，然后在设计视图中进行修改。

4.6.1 窗体的设计视图

打开"学籍管理"数据库，在"创建"选项卡的"窗体"命令组中单击"窗体设计"命令按钮，新建一个窗体并以设计视图打开，同时，Access 功能区中增加"窗体设计工具"上下文命令选项卡，如图 4.18 所示。

4.6.1 窗体的设计视图

1. 窗体设计视图组成

图 4.18 中圆角矩形围起来的区域即窗体设计视图区域，用户可以在这里添加需要的控件，布置窗体界面。默认情况下，设计视图中只显示主体节。

窗体完整的设计视图由多个部分组成，按照从上到下的顺序，窗体由窗体页眉、页面页眉、主体、页面页脚和窗体页脚 5 个部分组成。每一个部分称为一个"节"，完整的窗体设计视图如图 4.19 所示。

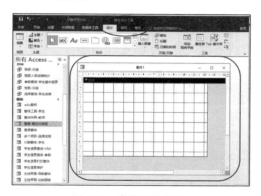

图 4.18 窗体设计视图

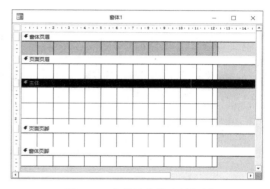

图 4.19 完整的窗体设计视图

设计视图中各个节之间的分界横条被称为节选择器，单击它可以选择相应的节，上下拖动它可以调整节的高度。窗体左上角的小方块是窗体选择器按钮，双击它可以打开窗体的属性表。

各部分的作用如下。

- 窗体页眉。窗体页眉位于窗体顶部，一般用于设置窗体的标题或使用说明等。记录改变，其显示的内容不变。在打印窗体时，窗体页眉的内容只出现在第一页的顶部。
- 页面页眉。页面页眉一般用来设置窗体在打印时的页眉信息，例如每一页都要显示的标题等。
- 主体。主体是窗体的主要组成部分，其组成元素是 Access 提供的各种控件，用于显示、输入、修改或查找信息。

- 页面页脚。页面页脚一般用来设置窗体在打印时的页脚信息，例如日期或页码等。
- 窗体页脚。窗体页脚位于窗体底部，一般用于放置命令按钮或说明信息。记录改变，其显示的内容不变。打印时，窗体页脚的内容仅出现在主体节最后一条记录之后。

> **✎ 注意**
> 主体对每个窗体来说都是必需的，其余 4 个部分可根据需要添加。使用"窗体设计"工具创建窗体时，默认只有主体节。添加其他节的方法是在主体节上右键单击，在弹出的快捷菜单中选择"窗体页眉/页脚"或"页面页眉/页脚"命令。

2．"窗体设计工具"上下文命令选项卡

窗体设计视图打开后，Access 功能区中增加"窗体设计工具"上下文命令选项卡，该选项卡由"设计"、"排列"和"格式" 3 个子选项卡组成。

"设计"选项卡中包含"视图"、"主题"、"控件"、"页眉/页脚"和"工具" 5 个命令组，主要提供窗体的设计工具，如图 4.20 所示。

图 4.20 "设计"选项卡

"排列"选项卡包括"表"、"行和列"、"合并/拆分"、"移动"、"位置"和"调整大小和排序" 6 个命令组，主要对控件的大小、位置和对齐方式进行调整，如图 4.21 所示。

图 4.21 "排列"选项卡

"格式"选项卡包括"所选内容"、"字体"、"数字"、"背景"和"控件格式" 5 个命令组，用来设置控件的各种格式，如图 4.22 所示。

图 4.22 "格式"选项卡

（1）"设计"选项卡

"设计"选项卡的 5 个命令组及其功能如下。

① "视图"命令组。单击"视图"命令按钮，弹出的下拉菜单中提供了不同的视图，可以

根据需要在不同视图之间切换，如图 4.23 所示。

②"主题"命令组。要为 Access 数据库创建专业外观，需要使用搭配协调的颜色和一致的字体。"主题"命令组中包括"主题"、"颜色"和"字体"3 个命令按钮，单击每个命令按钮都可以进一步打开相应的下拉列表，如图 4.24 所示。在实际的应用中，用户在列表中选择需要的命令即可。例如，在"主题"下拉列表中选择某一主题后，所选主题立即被应用，系统的外观发生改变。可以使用同样的方法来设置系统的颜色和字体。

图 4.23 "视图"命令按钮

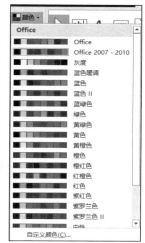

图 4.24 "主题"、"颜色"和"字体"命令按钮

③"控件"命令组。该命令组提供了用于设计窗体的各种控件对象。受限于控件的大小，窗口缩小的情况下，"控件"命令组列表框只显示部分控件，如图 4.25 所示。单击"控件"命令组下拉按钮可打开控件列表框，显示出所有控件。当把鼠标指针移动到控件图标上时，将显示该类控件的名称。

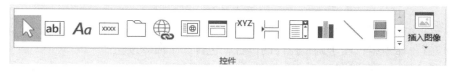

图 4.25 "控件"命令组

④"页眉/页脚"命令组。该命令组用于设计或美化窗体页眉/页脚或者页面页眉/页脚。各工具的功能简介如表 4.1 所示。

表 4.1 "页眉/页脚"命令组各工具功能简介

工具图标	名称	功能
	徽标	美化窗体工具，用于给窗体添加徽标
	标题	给窗体添加标题
	日期和时间	在窗体中插入日期和时间

⑤"工具"命令组。该命令组提供了一些其他工具,各工具的功能简介如表4.2所示。

表4.2 "工具"命令组各工具功能简介

工具图标	名称	功能
	添加现有字段	显示相关表的字段列表,用于向窗体增加字段
	属性表	显示窗体或窗体中某个对象的属性表
	Tab 键次序	设置窗体上各控件获得焦点的 Tab 键次序
	新窗口中的子窗体	在新窗体中添加子窗体
	查看代码	打开当前窗体的 VBA 代码窗口
	将窗体的宏转换为 Visual Basic 代码	将窗体的宏转变为 Visual Basic 代码

(2)"排列"选项卡

"排列"选项卡中前5个命令组介绍如下。

①"表"命令组:包括"网格线"、"堆积"和"表格"3个工具,各工具的功能简介如表4.3所示。

表4.3 "表"命令组各工具功能简介

工具图标	名称	功能
	网格线	用于设置窗体中数据表网格线的显示形式,共有垂直、水平等6种形式。另外,还可以设置线条的颜色、粗细和样式
	堆积	创建一个类似于纸质表单的布局,其中标签位于每个字段的左侧
	表格	创建一个类似于电子表格的布局,其中标签位于顶部,数据位于标签下面的列中

②"行和列"命令组:用于插入行或列,和 Word 中行/列的插入类似。

③"合并/拆分"命令组:类似于 Word 中单元格的合并或拆分,用于对选定控件进行合并或拆分。

④"移动"命令组:用于实现在窗体不同节中快速移动某些控件。

⑤"位置"命令组:用于调整控件的位置,包含3个命令按钮。

* 控件边距:调整控件内文本与控件边界之间的距离。
* 控件填充:调整一组控件在窗体中的布局。
* 定位:调整某控件在窗体中的位置。

(3)"格式"选项卡

"格式"选项卡包含5个命令组,介绍如下。

① 所选内容:用于选择窗体的某节、窗体中的某个控件或全选。

② 字体:用于设置选定控件文本的字体、字号、颜色、是否加粗、是否倾斜等,或者用于设置文本的对齐方式。

③ 数字:通过下拉列表选择数据的类型和格式。对于数值型数据,还可以设置货币格式、百分比格式或者小数位数等。

④ 背景：用于给窗体设置背景图片。

⑤ 控件格式：用于给选定控件快速设置样式、更改形状、设置条件格式或设置填充等。

4.6.2　常用控件

控件是窗体上用于显示数据、执行操作、装饰窗体的对象。在窗体中添加的每一个对象都是控件。

Access 中常用的控件有文本框、标签、选项组、切换按钮、选项按钮、复选框、组合框、列表框、按钮、图像、未绑定对象框、绑定对象框、子窗体/子报表、插入分页符、选项卡控件、直线和矩形等，这些控件都放置在"设计"选项卡的"控件"命令组中，如图 4.25 所示。

常用控件及其设置介绍如下。

（1）文本框

文本框用来显示、输入或编辑窗体的基础数据源数据，接收用户输入的数据，也可以用来显示计算结果。

（2）标签

标签用来在窗体上显示一些文本信息，如窗体标题、控件标题或说明信息等。标签没有数据源，不能与数据表的字段相结合。当从一条记录转移到另一条记录时，标签的内容不会变化。可以创建独立的标签，也可以将标签附加到其他控件上，大多数控件在添加时会在其前面自动添加一个标签。例如，当创建一个文本框时，就会附带一个标签来显示文本框的标题。

（3）复选框、选项按钮与切换按钮

复选框、选项按钮和切换按钮 3 种控件的功能类似，都可以用来表示两种状态之一，例如，是/否、真/假或开/关，也可以用来显示表或查询中"是"或"否"的值。

对于复选框或选项按钮，选中为"是"，不选为"否"；对于切换按钮，按下为"是"，未按下为"否"。

（4）选项组

一个选项组由一个组框架及一组复选框、选项按钮或切换按钮组成。选项组可以方便用户选择一组值中的某一个，适用于二选一或多选一。

（5）列表框

列表框能够将一些内容以列表的形式列出，供用户选择。

（6）组合框

组合框兼有列表框和文本框的功能。该控件可以像文本框一样在其中输入值，也可以单击控件的下拉按钮显示一个列表，并从该列表中选择一项。

（7）按钮

按钮用于创建命令按钮，在窗体上单击命令按钮可以执行某个操作。例如，可以创建一个命令按钮来打开一个窗体，或者执行某个事件。

Access 提供了命令按钮向导，通过该向导可以方便地创建多种不同类型的命令按钮。

（8）图像

图像控件用于在窗体或报表上显示图片。图片一旦添加到窗体或报表中，便不能在 Access 中修改或编辑。

（9）未绑定对象框

未绑定对象框用于在窗体或报表中显示非结合的 OLE 对象，如 Word 文档等。其内容不随当前记录的改变而改变。

（10）绑定对象框

绑定对象框用于在窗体或报表中显示数据表中字段类型为 OLE 对象的内容，如"学生"表中的"照片"字段。当前记录改变时，该对象的内容会变化，内容为不同记录的 OLE 对象字段值。

（11）插入分页符

分页符可以使窗体或报表在打印时形成新的一页。使用插入分页符时，应该尽量把分页符放在其他控件的上面或下面，不要放在中间，以避免把同一个控件的数据分在不同的页中。

（12）选项卡控件

选项卡控件用于创建一个多页的选项卡窗体或选项卡对话框，这样可以在有限的空间内显示更多的内容或实现更多的功能，同时还可以避免在不同窗口之间切换的麻烦。选项卡控件上可以放置其他控件，也可以放置创建好的窗体。

（13）子窗体/子报表

子窗体/子报表用于在当前窗体或报表中显示其他窗体或报表的数据。

（14）直线、矩形

直线和矩形一般用于突出显示重要信息或美化窗体。

（15）超链接

超链接控件可以将超链接添加到窗体。此超链接可以包含指向 Internet、本地 Intranet 或本地驱动器上的 URL。

（16）Web 浏览器控件

使用 Web 浏览器控件可以直接在窗体内显示网页的内容。例如，可以使用 Web 浏览器控件来显示表中存储的地图。

（17）导航控件

使用导航控件可轻松导航到数据库中的不同窗体和报表。导航控件提供一个界面，与在网站上看到的类似，包含用于导航的选项卡。

（18）图表

使用图表控件在窗体上添加图表。单击此命令按钮，然后将控件放置在窗体上，启动图表向导，该向导将引导用户完成创建新图表所需的步骤。

（19）附件

使用附件控件将其绑定到基础数据中的附件字段。例如，可以使用此控件显示图片或附加其他文件。在窗体视图中，此控件显示"管理附件"对话框，可在其中附加、删除和查看存储在基础字段中的多个附件文件。

（20）控件向导

控件向导的功能是：当用户从"控件"命令组中选择控件并添加到窗体中后，系统将自动弹出控件向导对话框，指导用户设置控件的常用属性。

在"控件"列表框中选择"使用控件向导"命令，使其图标处于凹陷状态，控件向导即被激活。如果不需要控件向导，再次选择该命令，使其图标恢复平滑状态，控件向导即被关闭。

（21）ActiveX 控件

使用"ActiveX 控件"命令打开一个对话框，其中包含系统上安装的所有 ActiveX 控件。

可以选择其中一个控件，然后单击"确定"按钮将控件添加到窗体。

4.6.3 控件的基本类型

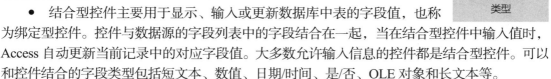

根据控件的用途及其与数据源的关系，控件的类型可分为结合型、非结合型与计算型。

- 结合型控件主要用于显示、输入或更新数据库中表的字段值，也称为绑定型控件。控件与数据源的字段列表中的字段结合在一起，当在结合型控件中输入值时，Access 自动更新当前记录中的对应字段值。大多数允许输入信息的控件都是结合型控件。可以和控件结合的字段类型包括短文本、数值、日期/时间、是/否、OLE 对象和长文本等。

- 非结合型控件与数据源无关，也称为未绑定型控件。当在非结合型控件中输入值时，可以保留输入的值，但是它们不会更新表的字段值。非结合型控件可以用于显示文本、线条和图像。

- 计算型控件以表达式作为数据源，表达式可以使用窗体数据源的字段值，也可以使用窗体中其他控件的数据。

在设计窗体的过程中，Access 2016 提供了两种方法将控件与字段结合起来。第一种方法是用户可以将表的一个或多个字段直接拖放到窗体主体节的适当位置，系统将自动创建合适类型的控件，并将该控件与字段结合。第二种方法是如果事先已经创建了未绑定型控件，并且想将它绑定到某字段，则可以先将窗体的"记录源"属性值设置为对应的表或查询，然后将控件的"控件来源"属性值设置为对应的字段。

4.6.4 属性和事件

1．窗体和控件的属性

在 Access 中，窗体、控件或其他数据库对象都有自己的属性。属性决定了窗体及控件的外观和结构。属性的名称及功能一般是 Access 事先定义好的，用户可以通过属性表修改属性的值。

选定窗体或控件并单击"窗体设计工具"→"设计"选项卡中的"属性表"命令按钮，或者在窗体或控件上右键单击，在打开的快捷菜单中选择"属性"命令，即可打开"属性表"窗格。图 4.26 所示为命令按钮的属性表。

"属性表"窗格包含 5 个选项卡，分别是"格式"、"数据"、"事件"、"其他"和"全部"。前 3 个是主要属性组，最后一个是把前 4 个属性组的项目集中到一起显示。

（1）格式属性

"格式"选项卡用于设置控件的格式，如位置、宽度、高度、图片、是否可见等特性。格式属性如图 4.26 所示。通常，格式属性都有一个默认的初始值，而数据、事件和其他属性一般没有默认值。

（2）数据属性

"数据"选项卡用于指定 Access 如何对该对象使用数据。例如，在某窗体的"属性表"窗格的"记录源"属性中指定窗体所使用的表或查询，另外还可以指定筛选和排序依据等。数据属性如图 4.27 所示。

（3）事件属性

Access 中允许为对象的事件指定命令或编写代码。常见的事件有"单击""双击""失去焦点"等。单击某事件右侧的  按钮，在打开的窗口中可以使用"宏生成器"、"表达式生成器"或"代码生成器"调用宏或编写代码，使得事件发生后执行一定的操作、完成一定的任务。事件属性如图 4.28 所示。

图 4.26　格式属性

图 4.27　数据属性

图 4.28　事件属性

（4）其他属性

"其他"选项卡用于设置控件的其他附加信息。

> ✏️ **注意**
>
> 　有些属性的设置可以直接在设计视图中通过可视化的设计界面完成，并不一定非要通过"属性表"窗格来完成。

2．窗体和控件的事件

　在 Access 中，不同类型的对象可以响应的事件有所不同，但总体来说，Access 中的事件有窗口事件、鼠标事件、键盘事件、操作事件、焦点事件等。

4.6.5　控件的用法

　前面对控件已经有了初步的了解，接下来我们要考虑的是在窗体中如何使用控件。

4.6.5　控件的用法

1．控件的添加

　如果是结合型控件，用户可以将一个或多个字段拖放到主体节的适当位置上，Access 会自动地为该字段结合适当的控件。操作步骤是：单击"窗体设计工具"→"设计"选项卡中的"添加现有字段"命令按钮，系统将打开当前窗体数据源的"字段列表"窗格，用户可以从字段列表中选择某个或某些字段，拖放到窗体设计视图的主体节中。此时，Access 自动地为每个字段创建一个结合型控件，并在该控件前自动添加一个标签控件。这种方法比较方便、实用，如图 4.29 所示。

用户也可以选择所需控件，然后在窗体主体节的适当位置按住鼠标左键绘制合适大小的控件，释放鼠标左键后，该控件就会显示在窗体中。然而，使用这种方法创建的控件没有和表中特定的字段建立联系。如果需要，可以在控件的属性表中进行设置，以建立其和字段的联系。非结合型控件、计算型控件经常使用该方法创建。图 4.30 所示为在窗体界面上绘制一个标签控件。

2．控件的选择

选择窗体上的控件有多种方法。选择单个控件时只需单击该控件；对于多个连续的控件，可以按住鼠标左键拖出矩形框，释放鼠标左键后，被矩形框圈住的连续控件被选中；对于多个不连续的控件，可以按住 Shift 键或 Ctrl 键，然后单击各个控件将它们同时选中。

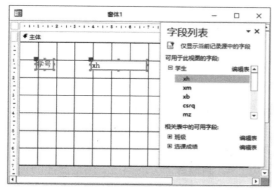

图 4.29　拖动字段到窗体

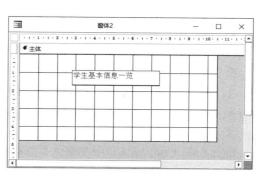

图 4.30　绘制标签控件

3．控件的删除

若要删除窗体上已有的控件，必须切换到设计视图。首先选中待删除的控件，然后按 Delete 键或单击"开始"选项卡中的"删除"命令按钮，被选定的控件就被删除了。

4．控件大小及间距的调整

在设计视图中，单击选中某控件，其边框上会出现调整大小的控制点，当鼠标指针变为方向箭头时，拖动控制点调整控制的大小直到满意为止。

对于一组同类控件，如需调整大小至一致，可同时选中这些控件，然后选择"排列"→"大小/空格"→"大小"栏中的命令来调整。如果需要调整控件之间的间距，则可选择"排列"→"大小/空格"→"间距"栏中的命令来调整。"大小/空格"下拉列表如图 4.31 所示。

5．控件的移动

如果只需要移动单个控件，可单击选中该控件，然后将鼠标指针移动到控件左上角的灰色小方块上，按住鼠标左键拖动控件到合适的位置。也可以在选中控件后，使用键盘上的方向键移动控件。

如果需要将一组控件整体移动，先选定这一组控件，通过鼠标或键盘上的方向键进行移动即可。

6．控件的对齐调整

如果需要设置一组控件的对齐方式，可以先选中这组控件，然后选择"排列"→"对齐"下拉列表中的选项来设置。控件对齐方式如图 4.32 所示。

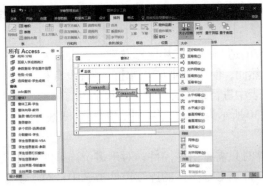

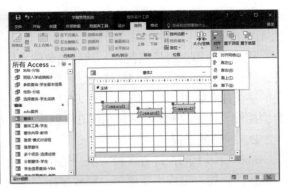

图 4.31 "大小/空格" 下拉列表   图 4.32 控件对齐方式

4.6.6 使用控件自定义窗体实例

1．标签和文本框的使用

（1）创建一个带有页眉和页脚的空白窗体

操作步骤如下。

① 单击"创建"选项卡"窗体"命令组中的"空白窗体"命令按钮，创建一个空白窗体并在布局视图中打开，切换到设计视图。

② 鼠标右键单击窗体的主体部分，然后选择"窗体页眉/页脚"命令向窗体添加页眉和页脚，如图 4.33 所示，窗体页眉和窗体页脚都被添加进来，调整各部分的高度，调整窗体的宽度。

（2）向窗体页眉添加标题

标签是最简单的 Access 控件。默认情况下，标签是未绑定和静态的，除非通过 Access 宏或 VBA 代码更改"标题"属性的值。

可以通过标签控件在窗体页眉部分添加标题。例如，给空白窗体添加标题"学生简况"，具体操作步骤如下。

① 单击"窗体设计工具"→"设计"选项卡"控件"命令组中的"标签"命令按钮。将鼠标指针移动到窗体页眉区域，鼠标指针会变为标签命令按钮和十字准线的符号，十字准线的中心点决定控件左上角的位置。

② 按住鼠标左键，将十字准线拖动到标签右下角的位置，标签绘制完成。在标签框内输入文字"学生简况"，如图 4.34 所示。

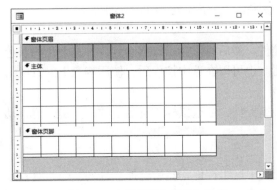
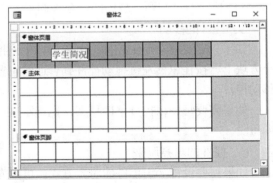

图 4.33 向窗体添加页眉和页脚   图 4.34 添加标题

③ 调整标题标签的大小和位置。把鼠标指针移到标签左上角的灰色小方块上，按住鼠标左键拖动，可以移动标签；把鼠标指针移到标签周围的黄色控制点上，按住鼠标左键拖动，可以改变标签的大小。

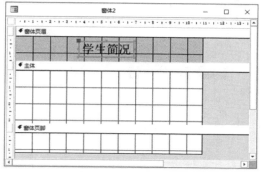

④ 选中标签，利用"窗体设计工具"→"格式"选项卡"字体"命令组中的工具，可以对标题的字体、字号等各种字体样式进行设置。如将标题字体格式设置为宋体、字号为 20 号、黑色粗体，文本居中对齐，如图 4.35 所示。

图 4.35 设置标题的字体格式

（3）创建绑定型文本框控件

绑定型文本框和数据表中的字段结合在一起，当在文本框中输入数据时，Access 将自动更新当前记录中的字段。前面介绍了两种将控件与表字段结合起来的方法，下面分别通过实例说明。

例4.5

【例 4.5】利用"学生"表中的数据，创建图 4.36 所示的窗体，便于浏览学生的基本情况。

在该实例中，窗体中显示的是"学生"表中的数据，因此"学生"表是数据源。如何实现控件与表字段的绑定呢？打开"学籍管理"数据库的"字段列表"窗格，把相关字段拖动到窗体的主体节的适当位置即可。

操作步骤如下。

① 以设计视图模式打开"学生简况"窗体。单击"窗体设计工具"→"设计"选项卡"工具"命令组中的"添加现有字段"命令按钮，打开"字段列表"窗格，单击展开"学生"表，显示各个字段，如图 4.37 所示。

图 4.36 "学生简况"窗体

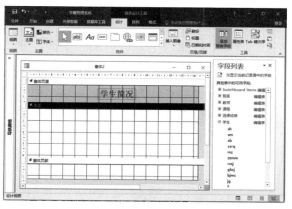

图 4.37 "字段列表"窗格

② 选择"xh"字段，按住鼠标左键将其拖放到窗体主体节的合适位置。使用同样的方法将"xm"、"xb"、"csrq"、"mz"和"jg"字段也拖放到窗体主体节中，Access 会根据各字段的数据类型和默认的属性设置，为字段创建合适的控件并设置某些属性。在这里，Access 为各字段创建了结合型文本框，并在文本框前添加了一个标签，显示字段标题，如图 4.38 所示。

③ 将字段拖动到窗体的主体节后，控件可能摆放得不整齐，利用"控件的用法"部分介绍的方法，调整控件的大小，以及控件之间的对齐方式。

④ 按住键盘上的 Ctrl 键，选择主体节的所有控件，单击"窗体设计工具"→"格式"选

项卡"字体"命令组中的"字体颜色"命令按钮，将字体颜色设置为黑色，如图 4.39 所示。

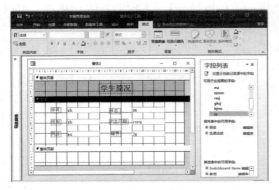

图 4.38　向窗体中添加相关字段

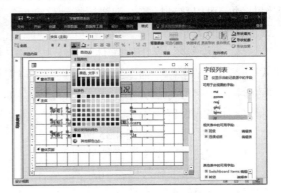

图 4.39　设置控件字体颜色

⑤ 单击"保存"按钮，在打开的"另存为"对话框中输入窗体的名称"学生简况"，单击"确定"按钮。切换到窗体视图，即可得到图 4.36 所示的窗体，通过窗体底部的记录浏览按钮可以分条浏览学生的基本信息。窗体创建工作完成。

【例 4.6】通过设置未绑定控件的数据源的方法，创建图 4.40 所示的"数据源绑定-班级"窗体。

操作步骤如下。

① 创建空白窗体。选择"创建"选项卡，单击"窗体"命令组中的"窗体设计"命令按钮，系统将创建一个窗体并以设计视图的模式将其打开。

② 添加窗体页眉节和窗体页脚节。在窗体上右键单击，在打开的快捷菜单中选择"窗体页眉/页脚"命令。

③ 创建窗体的标题。从"控件"命令组中选择标签控件，在窗体页眉适当位置拖动绘制标签，并输入文字"班级简介"，使用"开始"选项卡的"文本格式"命令组，或者打开标签的属性表的"格式"选项卡，设置标签字体、字号、前景色等，如图 4.41 所示。

图 4.40　"数据源绑定-班级"窗体

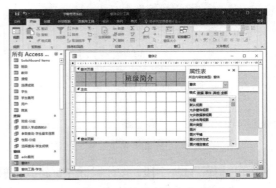

图 4.41　使用标签控件创建窗体的标题

④ 添加未绑定的文本框控件。从"控件"命令组中选择文本框控件，在窗体主体节绘制 3 个未绑定的文本框控件，把它们的标题分别修改为"班级名称:"、"班级人数:"和"院系号:"，并调整它们的大小和位置，如图 4.42 所示。

⑤ 设置窗体和控件的数据源。在窗体属性表的"数据"选项卡中，设置"记录源"为"班

级"表。在第一个未绑定文本框属性表的"数据"选项卡中，设置控件来源为"bjmc"字段，如图 4.43 所示。用同样的方法设置另外两个文本框控件。

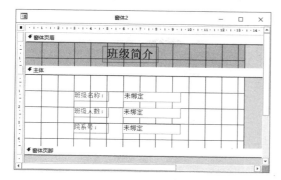

图 4.42　添加未绑定的文本框控件　　　　　图 4.43　设置窗体和控件的数据源

⑥ 单击"保存"按钮，在弹出的"另存为"对话框中输入窗体的名称"数据源绑定-班级"，并切换到窗体视图模式，即可得到图 4.40 所示的窗体。

（4）计算型文本框的使用

【例 4.7】基于"学籍管理"数据库中的"学生费用"表（见图 4.44），创建一个图 4.45 所示的窗体，显示学生各项费用情况，计算并显示费用余额。

例 4.7

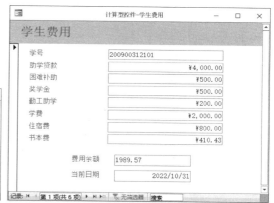

图 4.44　"学生费用"表　　　　　图 4.45　"计算型控件-学生费用"窗体

分析：和前面例子不同，本例中用于显示费用余额和当前日期的两个文本框属于计算型控件，其内容是通过计算得到的。

操作步骤如下。

① 创建基本窗体。使用"窗体向导"工具选择"学生费用"表的所有字段，创建"学生费用"窗体，创建完成后得到的窗体如图 4.46 所示。

② 添加计算控件。切换到窗体的设计视图，在窗体主体节的底部添加两个文本框，并将其前面的标题分别改为"费用余额"和"当前日期"。第一个文本框将显示通过计算得到的某学生当前的费用余额，在其中输入"=[zxdk]+[knbz]+[jxj]+[qgzx]−[xf]−[zsf]−[sbf]"。第二个文本框用于显示系统当前日期，可以使用 Date()函数获得，在其中输入"=Date()"，如图 4.47 所示。

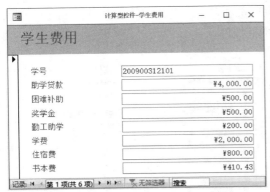

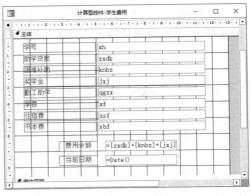

图 4.46　添加"学生费用"表中相关字段后的窗体

图 4.47　添加计算控件

为了使窗体界面整齐、计算结果突出，可以使用工具箱中的矩形控件，在外围画一个矩形框。为了使窗体更美观，再对窗体中的控件的大小、相对位置等进行调整。

③ 单击"保存"按钮，在弹出的"另存为"对话框中输入窗体的名称"计算型控件-学生费用"。切换到窗体视图，即可以得到图 4.45 所示的窗体。

2．添加按钮

默认情况下，系统会自动在窗体底部添加一个记录导航栏，如果用户希望自定义记录浏览按钮，则可以利用"控件"命令组中的按钮控件制作。

【例 4.8】对例 4.6 中创建的窗体进行修改，添加一组按钮用于浏览信息，如图 4.48 所示。

操作步骤如下。

① 打开例 4.6 中创建的窗体，将窗体另存为"按钮-信息浏览"窗体，并切换到设计视图。在"控件"命令组中选择"使用控件向导"命令，激活控件向导。选择按钮控件，在窗体页脚的合适位置绘制一个按钮，同时系统自动弹出"命令按钮向导"的第一个对话框，在"类别"列表框中选择"记录导航"，在"操作"列表框中选择"转至第一项记录"，如图 4.49 所示。

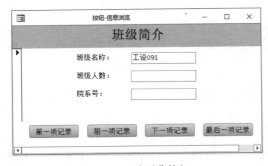

图 4.48　记录浏览按钮

图 4.49　"命令按钮向导"的第一个对话框

② 单击"下一步"按钮，打开"命令按钮向导"的第二个对话框，如图 4.50 所示，这里选择"文本"，内容为"第一项记录"。

③ 单击"下一步"按钮，打开"命令按钮向导"的第三个对话框，如图 4.51 所示，此处可以修改按钮的名称。本例不做修改，使用默认名称。

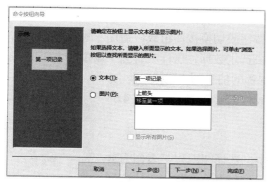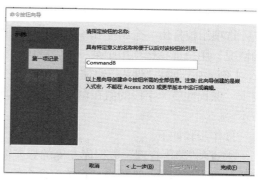

图 4.50　"命令按钮向导"的第二个对话框　　　　图 4.51　"命令按钮向导"的第三个对话框

④ 单击"完成"按钮，第一个按钮添加成功。用同样的方法，添加其他几个记录浏览按钮，使用"排列"选项卡中的"大小/空格"和"对齐"来调整这组控件的大小、对齐方式和间距等。命令按钮制作完成的效果如图 4.52 所示。

⑤ 取消系统自动添加的记录导航栏。在窗体上右键单击打开其属性表，在"格式"选项卡中，设置"导航按钮"属性值为"否"，如图 4.53 所示。

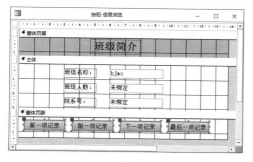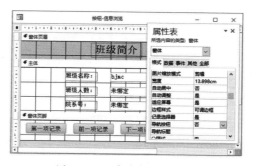

图 4.52　命令按钮制作完成的效果　　　　图 4.53　取消系统自动添加的记录导航栏

⑥ 保存窗体，切换到窗体视图，即可得到图 4.48 所示的窗体，可以使用按钮来浏览记录。

3．复选框、选项按钮、切换按钮及选项组的使用

（1）复选框、选项按钮和切换按钮

在大多数情况下，复选框是表示"是/否"值的最佳控件。在窗体或报表中添加"是/否"字段时创建的默认控件类型即复选框。此外，"控件"命令组中还有选项按钮和切换按钮，它们三者的功能类似，只是外观有所不同，如图 4.54 所示。

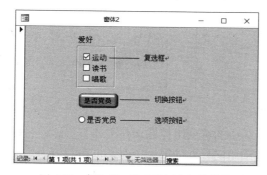

图 4.54　复选框、选项按钮和切换按钮

（2）创建选项组控件

选项组控件由一个组框和一组复选框、选项按钮或切换按钮组成，适用于二选一或多选一的情况，用户选择选项组中某一项，就可以为字段选定数据，这样就省去了烦琐的人工输入。

【例4.9】创建"课程"窗体，用于录入各门课程的信息到"课程"表中。要求"课程性质"字段的值在窗体中通过选项组控件来实现录入，如图4.55所示。

例4.9

操作步骤如下。

① 在"学籍管理"数据库左侧的导航窗格中，选择"课程"表作为数据源，单击"创建"选项卡"窗体"命令组中的"窗体"命令按钮，快速创建"课程"窗体，并以布局视图显示，如图4.56所示。

图4.55 "课程"窗体

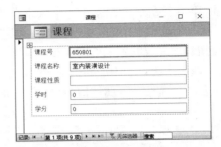

图4.56 快速创建"课程"窗体

② 在窗体的布局视图模式下，选中整个布局，然后在控件上右键单击，在打开的快捷菜单中选择"布局"→"删除布局"，这样就可以单独地操作各个控件了，如图4.57所示。

③ 删除标签"课程性质"及其后面的文本框，选择"控件"命令组中的"使用控件向导"命令，如图4.58所示。

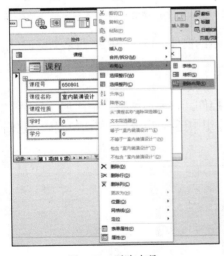

图4.57 删除布局

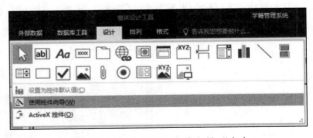

图4.58 选择"使用控件向导"命令

④ 选择"控件"命令组中的选项组控件，在主体节"课程名称"文本框下面绘制选项组Frame44，并在弹出的"选项组向导"的第一个对话框中"请为每个选项指定标签"处分别输入"必修""选修"，如图4.59所示。

⑤ 单击"下一步"按钮，在弹出的对话框中，设置默认选项为"必修"，如图 4.60 所示。

图 4.59　添加选项组并设置标签

图 4.60　设置默认选项

⑥ 单击"下一步"按钮，在弹出的对话框中，给两个选项分别赋值 1 和 2，如图 4.61 所示。

⑦ 单击"下一步"按钮，在弹出的对话框中，选择"在此字段中保存该值"，并在右边下拉列表中选择"kcxz"字段，如图 4.62 所示。

图 4.61　设置选项的值

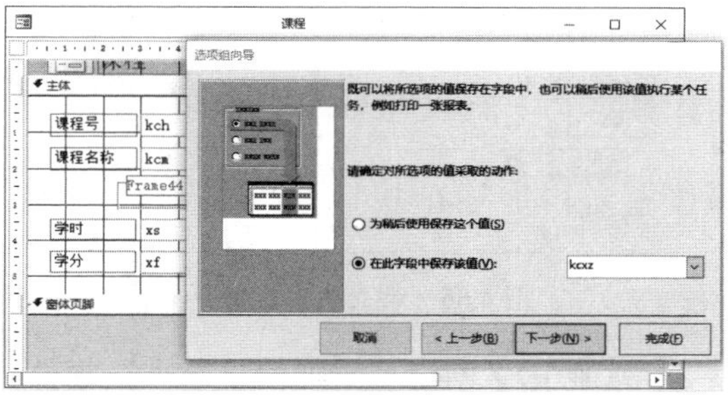

图 4.62　绑定选项组和表字段

⑧ 单击"下一步"按钮，在弹出的对话框中，选择选项组内控件的类型和样式，这里选择控件类型"选项按钮"，样式为"蚀刻"，如图 4.63 所示。

⑨ 单击"下一步"按钮，在弹出的对话框中，设置选项组的标题为"课程性质"，如图 4.64 所示。

图 4.63　设置选项组控件类型和样式

图 4.64　设置选项组标题

⑩ 单击"完成"按钮，并设置选项组标题及其内部标签的颜色为黑色，调整控件的位置，使其工整美观；将窗体页眉里的标题修改为"课程信息录入"，窗体创建完成。可以在此窗体中录入各门课程的信息，单击窗体底部记录导航栏中的"下一条记录"按钮，可以逐条录入记录，并存储在"课程"表中。其中"kcxz"字段的值不需要输入，在选项组中选取即可，如图 4.65

所示。切换到窗体视图，即可得到图 4.55 所示的窗体。

4. 组合框和列表框的使用

如果窗体中输入的某项数据总是取自一个表或查询中的记录的数据，而且数据是固定内容的某一组值，可以使用组合框或列表框来完成。这样既可以保证数据的正确性，又可以提高数据的录入速度。例如在输入教师基本信息时，职称的取值通常为"教授""副教授""讲师""助教"，若将这些值放在组合框或列表框中，用户在输入数据时只需单击就可以完成输入，这样既可以提高录入的速度，又可以减少错误。

组合框和列表框既有相同之处，也有不同之处。列表框可以包含一行或几行数据，用户只能从列表框中选择，不能输入新值。组合框既可以从固定的选项中选择，又可以输入文本，兼有列表框和文本框的功能，如图 4.66 所示，左边是列表框控件，右边是组合框控件。

图 4.65　录入课程信息

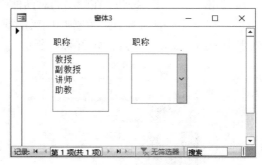

图 4.66　列表框和组合框

【例 4.10】创建"教师信息录入"窗体，用于教师基本信息的录入，要求"职称"字段的值在窗体中通过组合框控件来实现录入，如图 4.67 所示。

操作步骤如下。

① 利用前面所讲知识，初步创建"教师信息录入"窗体，并创建与数据源"教师"表之间的连接，如图 4.68 所示。

例 4.10

图 4.67　"教师信息录入"窗体

图 4.68　初步创建"教师信息录入"窗体

② 切换到窗体的设计视图模式，在"控件"命令组中选择"使用控件向导"命令，然后单击"组合框"命令按钮，在"工作时间"及对应的文本框下面绘制一个组合框，在弹出的"组合框向导"的第一个对话框中选择"自行键入所需的值"，如图 4.69 所示。

③ 单击"下一步"按钮，在弹出的对话框中，设置列数为 1 列，在"第 1 列"下面分别输入"教授""副教授""讲师""助教"等值，如图 4.70 所示。

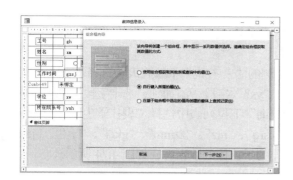

图 4.69 "组合框向导"的第一个对话框

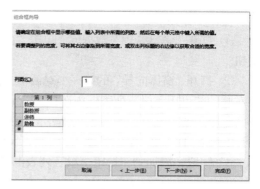

图 4.70 "组合框向导"的第二个对话框

④ 单击"下一步"按钮，在弹出的对话框中，选择"将该数值保存在这个字段中"，同时选择字段"zc"，如图 4.71 所示。

⑤ 单击"下一步"按钮，在弹出的对话框中，为组合框指定标签"职称"，如图 4.72 所示。

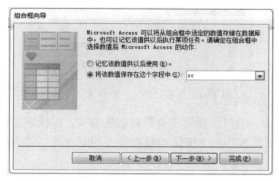

图 4.71 "组合框向导"的第三个对话框

图 4.72 "组合框向导"的第四个对话框

⑥ 单击"完成"按钮，组合框创建完成。在窗体中调整组合框的大小、位置、前景色，同时调整主体节中控件的相对位置，使其排列整齐，"教师信息录入"窗体创建完成。切换到窗体视图模式，即可得到图 4.67 所示的窗体，我们可以在其中进行教师基本信息录入。在录入教师的职称时，可以从下拉列表中选择，也可以输入。

列表框的创建和组合框类似，不再赘述。

5．创建主/子窗体

窗体中的窗体被称为子窗体，包含子窗体的窗体称为主窗体。主窗体和子窗体主要用于显示具有一对多关系的表或查询中的数据。在这类窗体中，主窗体和子窗体彼此链接，主窗体与子窗体的信息保持同步更新，即当主窗体中的记录发生变化时，子窗体中的记录同步发生变化。

创建主/子窗体

主窗体可以包含多个子窗体，还可以嵌套子窗体，最多可以嵌套 7 层子窗体。

创建主/子窗体，可以使用"窗体向导"工具，也可以使用子窗体/子报表控件，还可以将已有的窗体作为子窗体添加到另一个窗体中，下面分别进行介绍。

（1）使用"窗体向导"创建主/子窗体

【例 4.11】在"学籍管理"数据库中，基于"班级"表和"学生"表，使用"窗体向导"创建"向导-主子窗体-班级学生"窗体。

操作步骤如下。

① 打开"学籍管理"数据库,单击"创建"选项卡"窗体"命令组中的"窗体向导"命令按钮。

② 打开"窗体向导"的第一个对话框,在左侧的"表/查询"下拉列表中选择"表:班级",在左侧的"可用字段"列表框中选择"bjmc"和"yxh"字段,添加到"选定字段"列表框中,作为主窗体的数据源,如图 4.73 所示。在"表/查询"下拉列表中选择"表:学生",在左侧的"可用字段"列表框中选择"xh"、"xm"、"xb"、"csrq"、"mz"、"zzmm"、"gkcj"、"学生. bjmc"和"jl"字段,添加到"选定字段"列表框中,作为子窗体的数据源,如图 4.74 所示。

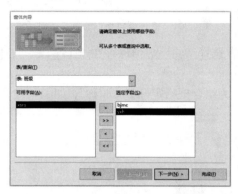
图 4.73　选择"班级"表中相关字段

图 4.74　选择"学生"表中相关字段

③ 单击"下一步"按钮,在弹出的对话框中,用户需要确定查看数据的方式,即确定主窗体和子窗体。这里选择"通过 班级",即"班级"表作为主窗体的数据源,同时选择"带有子窗体的窗体"选项,如图 4.75 所示。

④ 单击"下一步"按钮,屏幕显示确定子窗体使用布局的对话框,有"表格"和"数据表"两种布局,这里选择"数据表"。

⑤ 单击"下一步"按钮,屏幕显示指定窗体标题的对话框。在该对话框中,输入主窗体的名称"向导-主子窗体-班级学生",输入子窗体的名称"学生"。

⑥ 单击"完成"按钮,生成图 4.76 所示的主/子窗体。

图 4.75　确定数据查看方式

图 4.76　"向导-主子窗体-班级学生"窗体

（2）使用子窗体/子报表控件创建主/子窗体

【例 4.12】使用"控件"命令组中的子窗体/子报表控件重做例 4.11。

分析：在 Access 2016 中，如果之前已经在"班级"表和"学生"表之间建立了"一对多"关系（见图 4.77），那么当选择"班级"表后，单击"创建"选项卡中的"窗体"命令按钮，将自动创建主/子窗体。保存窗体并命名为"自动创建主子窗体-班级学生"，窗体如图 4.78 所示。

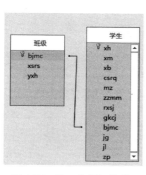

图 4.77 "一对多"关系

图 4.78 "自动创建主子窗体-班级学生"窗体

一般情况下，使用子窗体/子报表控件创建主/子窗体的步骤如下。

① 创建主窗体。在导航窗格中选择"班级"表，在"创建"选项卡的"窗体"命令组中单击"窗体"命令按钮，快速创建"班级"窗体。

② 切换到设计视图，删除"xsrs"字段，并通过鼠标调整窗体主体节的大小，选择"控件"命令组中的子窗体/子报表控件，在窗体主体节合适位置绘制子窗体控件，Access 将同时自动打开"子窗体向导"的第一个对话框，如图 4.79 所示。

③ 选择用于创建子窗体或子报表的数据来源为"使用现有的表和查询"，单击"下一步"按钮。

④ 在打开的"子窗体向导"的第二个对话框中，"表/查询"选择"表：学生"，添加全部字段，如图 4.80 所示，然后单击"下一步"按钮。

图 4.79 "子窗体向导"的第一个对话框

图 4.80 添加"学生"表的全部字段

⑤ 在打开的"子窗体向导"的第三个对话框中，设置主/子窗体字段链接方式为"从列表中选择"，并选择"对班级中的每个记录用 bjmc 显示学生"，如图 4.81 所示，然后单击"下一步"按钮。

⑥ 在打开的"子窗体向导"的第四个对话框中，输入子窗体的名称"学生子窗体"，单击"完成"按钮，如图 4.82 所示。

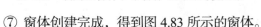

图 4.81　确定主窗体和子窗体之间的链接关系　　　　图 4.82　输入子窗体的名称

⑦ 窗体创建完成，得到图 4.83 所示的窗体。

（3）将已有的窗体作为子窗体

这种方法与第二种方法不同的是，在绘制子窗体控件后自动弹出的对话框（见图 4.79）中，选择用于作为子窗体或子报表的数据来源时，选择"使用现有的窗体"选项，并在下面的列表框中选择事先创建好的准备用作子窗体的窗体。

6．创建选项卡窗体

当一个窗体中需要显示的内容较多且无法在一个页面全部显示时，可以对信息分类，使用选项卡控件进行分页显示。查看信息时，用户只需要单击选项卡上相应的标签，即可进行页面切换。

图 4.83　"控件-主子窗体-班级学生"窗体

创建选项卡窗体

【例 4.13】创建一个图 4.84 所示的"选项卡-教师学生"窗体，此窗体包括教师信息统计和学生信息统计，使用选项卡控件分别显示这两部分的相关信息。

分析：教师信息和学生信息分别放在两个选项卡中进行显示。

操作步骤如下。

① 打开窗体设计视图，在页眉节合适位置绘制标签，并把标题改为"师生信息统计"。选择"控件"命令组中的选项卡控件，在主体节放置选项卡，拖动鼠标绘制一个大的矩形，如图 4.85 所示。

图 4.84　"选项卡-教师学生"窗体

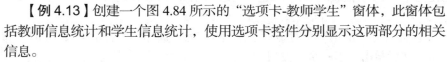
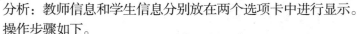

图 4.85　添加选项卡控件

② 在"页 2"选项卡上右键单击，打开"页 2"的"属性表"窗格，将其标题改为"教师信息统计"，如图 4.86 所示。用同样方法将"页 3"的标题改为"学生信息统计"。

> **📝 注意**
>
> 如果还需要添加新的一页，可以直接右键单击选项卡，选择"插入页"命令。

③ 在"教师信息统计"选项卡控件上添加一个列表框控件，用来显示教师基本信息，具体步骤如下。

● 选择"教师信息统计"选项卡，单击"控件"命令组中的"列表框"命令按钮，在窗体主体节的合适位置添加列表框控件，同时自动弹出"列表框向导"的第一个对话框，如图 4.87 所示。在该对话框中，选择"使用列表框获取其他表或查询中的值"选项。

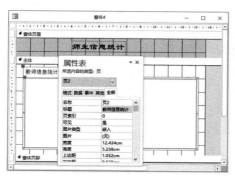 

图 4.86　更改选项卡标题　　　　　图 4.87　"列表框向导"的第一个对话框

● 单击"下一步"按钮，弹出"列表框向导"的第二个对话框，在"请选择为列表框提供数值的表或查询"列表框中，选择"表：教师"，如图 4.88 所示，然后单击"下一步"按钮。

图 4.88　"列表框向导"第二个对话框

● 将"教师"表中的所有字段都添加到"选定字段"列表框中，如图 4.89 所示。
● 设置列表框中数据排序的字段，同时设置排序方式，如图 4.90 所示。
● 拖动列的分界线，调整列表框的列宽，如图 4.91 所示。
● 给列表框指定标签，单击"完成"按钮，如图 4.92 所示。

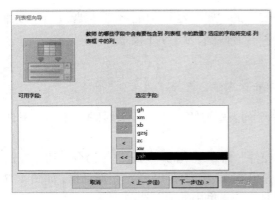

图 4.89　选择要添加到列表框中的字段

图 4.90　记录排序设置

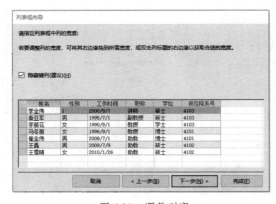

图 4.91　调整列宽

图 4.92　指定列表框标签

- "教师信息统计"选项卡的创建完成。
④ 用同样的方法创建"学生信息统计"选项卡。
⑤ 保存窗体并命名为"选项卡-教师学生"，切换到窗体视图查看，即可得到图 4.84 所示的窗体。

4.7 优化窗体的外观

一个设计合理的窗体，不仅要在功能上满足用户的需求，还应该注重界面的美观性。美观的窗体可以使用户赏心悦目，有利于提高工作效率。为了进一步优化窗体的外观，可以对窗体的背景颜色和背景图片进行设置，也可以对控件的背景色、前景色和字体字形等方面进行设置。在 Access 2016 中，可以应用系统内置的主题为所有窗体设置统一的外观风格，也可以在单个窗体的属性表中进行个性设置。

4.7.1 应用主题

"主题"工具从整体上来设计系统的外观，使所有窗体具有同一风格和色调。具体来说，"主题"工具提供统一的设计元素和配色方案，为数据库系统的所有窗体提供一套完整的格式集合。利用"主题"工具，可以快速地创建具有专业水准、精美的数据库系统。

"窗体设计工具"→"设计"选项卡的"主题"命令组中包括"主题"、"颜色"和"字体"

3个工具。"主题"工具提供了多套主题让用户选择。

【例4.14】打开"学籍管理"数据库，应用系统提供的主题。

操作步骤如下。

① 在"学籍管理"数据库中，以布局视图模式打开某窗体，如"窗体工具-学生"窗体。

② 在"设计"选项卡的"主题"命令组中，展开"主题"下拉列表，在其中选择希望使用的主题。

③ 可以发现，页眉的背景颜色、标题文字等格式发生改变。

4.7.2　设置窗体的格式属性

窗体创建完成后，如果对系统的默认格式不满意，可以在设计视图中重新打开窗体，通过窗体的"属性表"窗格来设置其格式属性。

【例4.15】打开"学生简况"窗体的"属性表"窗格，对其格式属性进行设置。

操作步骤如下。

打开"学生简况"窗体的"属性表"窗格，选择"格式"选项卡，设置"高度""背景色""可以扩大""可以缩小"等属性，如图4.93所示。

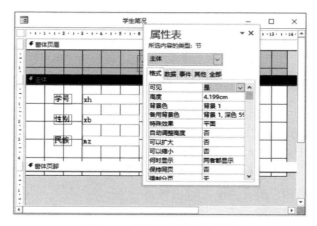

图4.93　设置窗体的格式属性

4.7.3　在窗体中添加图片

图片可以装饰和美化窗体。可以为窗体添加背景图片或徽标。徽标是一种图片文件，通常把徽标添加到软件的登录窗体中。

在窗体中添加图片有两种方法：第一种方法是先在窗体合适的位置添加图像控件，然后在图像控件的属性表中设置"图片"属性为选定的图片文件；第二种方法是在窗体的属性表中设置其"图片"属性为选定的图片。第一种方法一般用于给窗体设置徽标，第二种方法一般用于给窗体设置背景图片。

【例4.16】给"学籍管理"数据库中的"登录"窗体设置徽标。

操作步骤如下。

① 以设计视图模式打开窗体。

② 在"设计"选项卡的"控件"命令组中，单击"插入图像"命令按钮，在展开的下拉列

表中选择"浏览"选项，弹出"插入图片"对话框。在对话框中选择要使用的图片，单击"确定"按钮，如图 4.94 所示。

③ 在窗体页眉中，绘制一个大小合适的矩形，选定的图片就作为徽标插入所绘制的矩形中了，如图 4.95 所示。

图 4.94 "插入图片"对话框

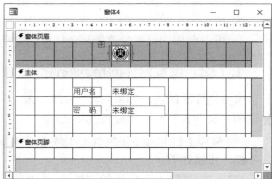

图 4.95 在窗体页眉插入徽标

一般徽标应使用 BMP 图像，这样占用的空间会比较小。另外，插入徽标也可以使用"设计"选项卡的"页眉/页脚"命令组中的"徽标"工具来完成。

习题 4

一、选择题

1. 下面关于窗体的作用叙述错误的是（　　　）。
   A. 可以接收用户输入的数据或命令
   B. 可以编辑、显示数据库中的数据
   C. 可以构造方便、美观的输入/输出界面
   D. 可以直接存储数据

2. 不属于 Access 窗体的视图的是（　　　）。
   A. 设计视图　　　　B. 窗体视图　　　　C. 版面视图　　　　D. 数据表视图

3. 要修改数据表中的数据，可在（　　　）中进行。
   A. 报表　　　　　　B. 窗体视图　　　　C. 表的设计视图　　D. 窗体的设计视图

4. Access 的窗体由多个部分组成，每个部分称为一个（　　　）。
   A. 控件　　　　　　B. 子窗体　　　　　C. 节　　　　　　　D. 页

5. 创建窗体的数据源不能是（　　　）。
   A. 一个表　　　　　　　　　　　　　　B. 任意
   C. 一个单表创建的查询　　　　　　　　D. 一个多表创建的查询

6. 以下选项不是窗体组成部分的是（　　　）。
   A. 窗体页眉　　　　B. 窗体页脚　　　　C. 主体　　　　　　D. 窗体设计器

7. 在窗体中创建一个标题，可以使用（　　　）控件。
   A. 文本框　　　　　B. 列表框　　　　　C. 标签　　　　　　D. 组合框

8. 下面关于组合框和列表框的叙述中正确的是（　　　）。

    A. 组合框中可以输入数据而列表框不能

    B. 列表框中可以输入数据而组合框不能

    C. 列表框和组合框可以包含一列或几列数据

    D. 在列表框和组合框中都可以输入数据

9. 以下不是控件类型的是（　　　）。

    A. 结合型　　　　B. 非结合型　　　　C. 计算型　　　　D. 非计算型

10. 文本框可以作为计算控件，"控件来源"属性中的计算表达式一般要以（　　　）开头。

    A. 字母　　　　　B. 等号　　　　　C. 双引号　　　　D. 括号

11. 新建一个窗体，默认的标题为"窗体 1"，为把窗体标题改为"输入数据"，应设置窗体的（　　　）。

    A. "名称"属性　　B. "菜单栏"属性　C. "标题"属性　　D. "工具栏"属性

12. 主窗体和子窗体通常用于显示具有（　　　）关系的多个表或查询的数据。

    A. 一对一　　　　B. 一对多　　　　C. 多对一　　　　D. 多对多

13. 用表达式作为数据源的控件类型是（　　　）。

    A. 结合型　　　　B. 非结合型　　　　C. 计算型　　　　D. 以上都是

14. 当窗体中的内容较多而无法在一页中显示时，可以使用（　　　）来进行分页。

    A. 命令按钮控件　B. 组合框控件　　C. 选项卡控件　　D. 选项组控件

15. 在窗体的设计视图中添加一个文本框控件时，（　　　）。

    A. 会自动添加一个附加标签　　　　　B. 文本框的附加标签不能被删除

    C. 不会添加附加标签　　　　　　　　D. 以上说法都不对

二、填空题

1. 窗体是用户和 Access 应用程序之间的主要_____。

2. 窗体中的信息主要有两类，一类是设计的提示信息，另一类是所处理_____的记录。

3. 窗体中的数据来源主要包括表和_____。

4. 窗体通常由窗体页眉、窗体页脚、页面页眉、页面页脚及_____5 部分组成。

5. 使用窗体设计器，一是可以创建窗体，二是可以_____。

6. 对象的_____描述了对象的状态和特性。

7. 控件的类型可以分为_____、_____和_____。

8. 计算型控件用_____作为数据源。

9. 当需要在一个窗体中显示的内容较多且无法在一个页面全部显示时，可以先对信息分类，创建_____窗体。

10. 若窗体的数据源由多个相关表的部分数据组成，一般先创建一个_____，然后在此基础上创建窗体。

三、简答题

1. 窗体有哪几种视图？各有什么特点？

2. 窗体的主要创建方法有哪些？

3. 设计视图由哪几部分组成？各有什么功能？

4. 简述"控件"命令组中的常用控件及其功能。

5. 窗体或控件的属性分为哪几类?

6. 什么是子窗体? 怎么创建主/子窗体?

7. 选项卡窗体的功能是什么? 怎么创建?

8. 美化窗体有哪些方法?

四、操作题

1. 利用"窗体向导"工具创建"职工基本信息"窗体, 如图 4.96 所示。

2. 基于"部门"表和"职工"表, 创建图 4.97 所示的主/子窗体。

图 4.96 "职工基本信息"窗体

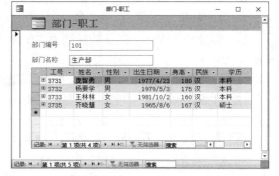

图 4.97 "部门-职工"窗体

3. 在设计视图中修改第 1 题中创建的"职工基本信息"窗体, 添加一组导航按钮用于记录的浏览, 如图 4.98 所示。

4. 创建"职工信息录入"窗体, 用于录入职工的信息, 如果 4.99 所示。

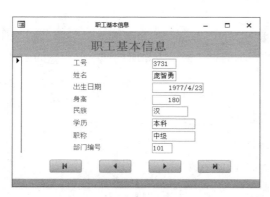

图 4.98 导航按钮

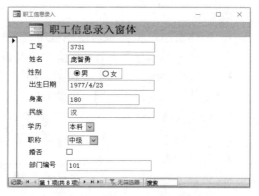

图 4.99 "职工信息录入"窗体

第5章 报表

在数据库应用中，除了需要存储、查询和输入数据，还需要输出或打印数据，如打印财务报表、学生成绩，制作产品信息标签等，在 Access 中，这些功能可以通过报表实现。使用报表可以将数据综合整理并将结果按特定的格式输出或打印，还可导出为 PDF、Word 等多种文件格式。Access 提供了丰富的报表模板，增加了布局视图，支持行的交替背景色，用户可以轻松地完成复杂的打印设置。

学习目标

- 了解报表的功能和结构。
- 熟练使用向导和设计视图创建报表。
- 掌握报表的分组、排序和汇总。
- 了解报表的设计技巧。
- 掌握报表的布局、美化、导出与打印。

5.1 报表简介

5.1.1 报表的功能

报表是 Access 数据库中的一种对象，是以打印格式显示数据的一种方式，其主要作用是以多种形式组织数据库中的信息并打印输出。报表提供了其他数据库对象无法比拟的数据视图和分类能力，可读性更强，信息量更大，可以提高用户管理与分析数据的效率。

报表同窗体一样，本身不存储数据，它的数据来源于表、查询或 SQL 语句，只是在运行的时候将信息收集起来。用户不仅可以按自己的需求设计显示的格式，决定数据显示的详细程度，还可以对大量数据进行分组、排序和汇总统计，甚至嵌入图形、图表来丰富数据显示，将需要的内容生成报表，并最终输出到屏幕或进行打印。

5.1.1 报表的功能
5.1.2 报表与窗体的区别

5.1.2 报表与窗体的区别

尽管报表使用的控件和形式与窗体非常相似，但它们的功能却有本质上的不同，主要区别在于预期的输出。窗体主要用于数据输入以及与用户进行交互，而报表主要用于查看数据（在屏幕上或者以打印形式）。在窗体中，可使用计算字段来基于记录中的其他字段显示某个数据。报表通常情况下会针对记录组、一页记录或者报表中包含的所有记录执行计算。除了输入数据外，可使用窗体执行的任何操作都可以通过报表来完成。实际上，可将窗体另存为报表，然后在报表设计视图中对其进行细化。

5.1.3 报表的样式

5.1.3 报表的样式

Access 能够创建格式清晰、内容丰富的报表，以满足用户的不同需求。根据布局形式，报表的样式可以分为纵栏式和表格式两种基本样式以及标签、图表、主/子、交叉等多种特殊样式，下面简单介绍几种常见的报表样式。

1．基本样式

（1）纵栏式报表

纵栏式报表的显示形式类似纵栏式窗体，在页面中以竖直方式排列数据，数据源的一个字段显示为一行，每一条记录会占据若干行的空间，不同于窗体的是它只能查看数据，而不能输入或修改数据，如图 5.1 所示。

（2）表格式报表

表格式报表的显示形式类似数据表，以整齐的行列形式显示数据，数据源的每一条记录显示为一行，每一个字段显示为一列。除了显示原始数据，表格式报表还可以对数据进行分组和汇总，应用中较常见，如图 5.2 所示。

图 5.1　纵栏式报表

图 5.2　表格式报表

2．特殊样式

（1）标签报表

标签报表的形式有常见的胸卡、座位卡、工资条等，在一页中设计多个大小、格式一致的卡片式标签，打印裁剪后可粘贴在物品上用于标识，常用于创建邮件地址、个人简介等页面尺寸较小的短信息，如图 5.3 所示。

（2）图表报表

图表报表将数据以类似 Excel 图表的形式显示，可以直观地表现出数据之间的关系以及统计信息，如图 5.4 所示。

（3）主/子报表

与窗体相似，报表中也可以再插入报表，即子报表。利用主/子报表的形式显示数据可以使报表的浏览分析更加方便和高效，如图 5.5 所示。

（4）交叉报表

交叉报表用交叉表查询作为数据源，在报表中显示如交叉表查询一样的布局效果，如图5.6所示。

图 5.3　标签报表

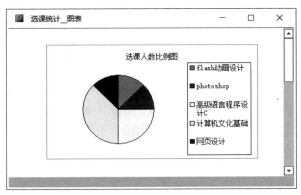

图 5.4　图表报表

图 5.5　主/子报表

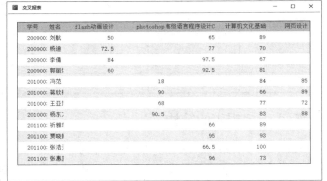

图 5.6　交叉报表

5.1.4　报表的视图

Access 有报表视图、打印预览、布局视图、设计视图 4 种视图，便于用户根据需求选择合适的显示方式进行编辑。

5.1.4　报表的视图

1．报表视图

报表视图的功能跟窗体视图相似，在屏幕上显示报表最终生成的结果。在报表视图中，无法再对报表的格式和内容进行修改，也无法显示多列报表的实际运行效果，但可以通过快捷菜单对报表中的记录进行筛选、查找等操作。

2．打印预览

打印预览是报表打印时的显示效果，和报表视图的显示相似，不同的是打印预览可以完整地显示报表的页面外观并对页面进行设置。对于已创建多个列的报表（如标签报表），只有在打印预览中才能查看这些列的输出效果。打印预览的另一个重要特性是能够以多种常用的格式输出报表。

3．布局视图

布局视图和报表视图非常相似，显示的也是报表的最终效果，每个控件都显示真实数据，因此该视图非常适合执行影响窗体外观和可用性的操作。在布局视图中，查看数据的同时还可以重新排列字段、精确调整控件的大小和位置或者应用自定义样式，还可以向报表添加分组、排序或汇总，但布局视图不会标识出分页符和报表中列的格式。此外，布局视图是唯一可用于Web 数据库的报表设计器，只能在布局视图中对 Web 数据库中的报表进行设计方面的更改。

4．设计视图

设计视图用于报表的自定义创建和修改。与布局视图相比，在设计视图中无法看到报表的具体数据，但设计视图显示了更加详细的报表结构，用户可以根据需要更加细致地设置报表的格式、调整报表节的大小、向报表中添加更多种类的控件以及设置控件属性，当然还可以更全面地美化报表。

报表的 4 种视图各有特点，对比如表 5.1 所示。合理选择视图可以使报表的编辑更加轻松、高效。

表 5.1　报表 4 种视图的比较

视图	能否显示运行结果	能否显示多列报表	能否修改报表控件	能否增加报表控件	能否更改报表属性
报表视图	√	×	×	×	×
打印预览	√	√	×	×	×
布局视图	√	×	√	部分	部分
设计视图	×	×	√	√	√

5.1.5　报表的结构

在图 5.7 所示的设计视图中，可以看到一个报表从上到下被分为多个区域，每个区域称为一个"节"，每个节都具有特定的功能，节内可放置若干个控件，报表就是由各种节和控件组成的。

5.1.5　报表的结构

图 5.7　报表的设计视图及结构

在设计时，每节的宽度决定了报表的宽度，每节的高度可以通过拖动节指示器的上边缘进行调整。某些没有显示的节可以在报表中通过右键快捷菜单选择是否启用，比如报表页眉和报表页脚，而组页眉和组页脚则在报表中添加分组后才会出现。

一个报表至少包含一个主体节，还可以根据需要随时添加报表页眉、报表页脚、页面页眉、页面页脚，以及设置分组后产生的一个或多个组页眉和组页脚。需要注意的是，在设计视图中显示的报表结构与最终打印输出时的效果有所不同，后面的示例会展示出两者的区别。报表节的位置及其常见用法如表 5.2 所示。

表 5.2 报表节的位置及其常见用法

报表节	位置	常见用法
报表页眉	只在打印输出报表时第一页的顶部出现一次，且位于该页面页眉上方	报表标题、徽标、日期和时间、单位等信息
报表页脚	只在打印输出报表时最后一页的最后一条记录之后出现一次，且位于该页面页脚下方	制表人、审核人、日期或报表汇总信息（求和、计数、平均值等）
主体	打印输出时根据记录数重复出现在报表的主要正文位置	放置各种控件并与数据源中字段绑定
页面页眉	打印输出时出现在报表每个页面的顶部	报表页标题或每一列字段名
页面页脚	打印输出时出现在报表每个页面的底部	页码、页汇总信息（求和、计数、平均值等）
组页眉	打印输出时出现在每组记录的开头	作为分组依据的字段名或分组标题
组页脚	打印输出时出现在每组记录的末尾	组汇总信息（求和、计数、平均值等）

控件是用于显示数据和执行操作的对象。利用控件，可以查看和处理数据库应用程序中的数据。最常用的控件是文本框，其他常用的控件有按钮、标签、复选框和子窗体/子报表等。在 Access 报表中，控件出现的位置不同，效果是不一样的。Access 报表控件的类型包括绑定型控件、未绑定型控件、计算型控件和 ActiveX 控件 4 种。

1．绑定型控件

其数据源是表或查询中的字段，使用绑定型控件可以显示数据库中字段的值。常见的绑定型控件有文本框、组合框、列表框等，例如图 5.7 中报表主体节内的多个控件。

2．未绑定型控件

未绑定型控件不具有数据源，通常用于显示信息性文本或装饰性图片。常见的未绑定型控件有标签、直线、矩形、图像等，例如图 5.7 中报表页眉节内的徽标和标题。

3．计算型控件

计算型控件属于有源控件，但其数据源是计算表达式而非字段。文本框是最常见的计算型控件，例如图 5.7 中报表页脚节内用于汇总的文本框控件。

4．ActiveX 控件

ActiveX 控件是一种特殊类型的控件，它既可以像文本框那样简单，也可以像工具栏、对话框或小应用程序那样复杂，例如图 5.7 中报表页脚节内用于选择日期的 "Microsoft Date and Time Picker Control" 控件。

5.2 创建报表

报表的创建源于用户想要以一种不同于窗体或数据表的显示方式来查看数据。首先，用户应该对报表的布局有一个大致的规划，例如考虑数据应该如何显示和摆放、数据应该如何排序或分组以及用于打印报表的纸张大小是否有限制。

对报表的布局有了大致的想法后，需要收集报表所需的数据。报表不仅可以使用已建立的表、查询、窗体和报表作为数据源，还可以在创建过程中随时插入一个嵌入式查询作为数据源。

接下来就可以使用 Access 提供的工具开始创建报表了，过程与创建窗体类似。在 Access 功能区的"创建"选项卡中可以找到"报表"命令组，如图 5.8 所示。本节将逐一介绍利用这几种工具创建报表的方法。

图 5.8 "报表"命令组

（1）报表：利用当前选定的数据源自动创建一个只显示基本信息的报表，是最快速的创建报表的方式。

（2）报表设计：在设计视图中，通过在不同的节中添加各种控件，创建自定义格式与功能的报表。

（3）空报表：创建一个空白报表，以布局视图打开，与"报表设计"非常相似。

（4）报表向导：启动报表向导，帮助用户按照既定的步骤和提示创建基于选项参数的报表。

（5）标签：也是一种报表向导，利用当前选定的数据源创建标签式报表，适合用来打印标签、名片等。

5.2.1　创建基本报表

使用"报表"工具可以快速地创建一个报表，对输出基本数据极其有用，但是这种报表的数据源要基于一个选定的数据库对象，当数据源不存在时，要先创建所需数据的集合，例如查询，再依此创建报表。

5.2.1　创建基本报表

【例 5.1】使用"报表"工具创建图 5.9 所示的"教师信息"报表。

操作步骤如下。

（1）打开"学籍管理"数据库，在左侧导航窗格中单击"表"对象列表中的"教师"表，将其作为数据源。

（2）在功能区的"创建"选项卡中单击"报表"命令组内的"报表"命令按钮。Access 将自动在布局视图中生成和显示报表。

（3）默认的报表名称与数据源名称相同，保存报表并更名为"教师信息"。

这种方式创建的报表样式默认为表格式报表，并自动显示数据源中的所有字段和记录，如果不能满足用户的需求，之后还可以利用设计视图对报表做进一步的修改。

5.2.2　创建统计报表

使用"报表"工具可以快速创建报表，但必须先选择一个对象作为数据源，并且报表默认显示数据源中的所有数据，这限制了报表的实用性。使用"报表向导"工具创建报表不仅可以选择报表上显示哪些字段，而且可以设置

5.2.2　创建统计报表

数据的分组、排序方式和进行汇总统计。此外，如果已经建立了表间的关系，还可以使用多个表或查询作为数据源进行创建。

【例5.2】使用"报表向导"工具创建"学生成绩__课程分组"报表，要求按课程名分组并按成绩升序排列，汇总显示每门课程的平均分，如图5.10所示。

图 5.9　"教师信息"报表

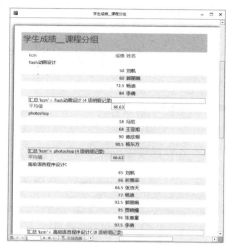

图 5.10　"学生成绩__课程分组"报表

操作步骤如下。

（1）打开"学籍管理"数据库，在功能区的"创建"选项卡中单击"报表"命令组内的"报表向导"命令按钮，打开"报表向导"对话框。

（2）在"表/查询"下拉列表中选择"表：学生"作为数据源，将左侧"可用字段"列表框中的"xm"字段添加到右侧"选定字段"列表框，继续添加"课程"表中的"kcm"字段和"选课成绩"表中的"cj"字段，如图5.11所示。单击"下一步"按钮。

（3）如果上一步选定的数据源字段来源于多张相关表，则会进入数据查看方式设置对话框，否则直接进入分组设置对话框。在"请确定查看数据的方式"列表框中会根据数据源中的表间关系列出按照表名分组显示数据的选项，本例选择"通过 选课成绩"，如图5.12所示。单击"下一步"按钮。

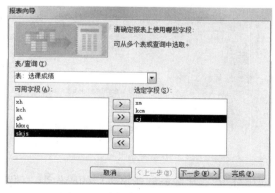

图 5.11　选择报表数据源和字段

图 5.12　确定查看方式

（4）与上一步中只能按表间关系选择的分组方式不同，在当前对话框中可以用任意字段设置分组级别。在"是否添加分组级别"列表框中选择"kcm"字段并添加，注意观察右侧预览图的变化，如图 5.13 所示。如果分组字段为日期/时间型或数值型，还可以通过左下方的"分组选项"按钮按照"年""月""日"等时间段或数值的区间大小调整分组的依据。单击"下一步"按钮。

（5）在排序设置对话框中选择"cj"为排序字段，并指定排序次序为"升序"，如图 5.14 所示。

图 5.13　设置分组级别

图 5.14　设置排序规则

（6）单击排序列表下方的"汇总选项"按钮，打开"汇总选项"对话框，设置"cj"字段的汇总值为"平均"，如图 5.15 所示。需要注意的是，如果在上一步操作中没有设置分组，或者设置了分组但报表信息中不包含数字或货币等数值类型的字段，则不会出现"汇总选项"按钮。同时还可以设置是否显示明细数据。如果选择"明细和汇总"，报表将显示明细数据；而选择"仅汇总"将隐藏明细数据，仅在报表中显示汇总数据。单击"确定"按钮关闭对话框，单击"下一步"按钮。

（7）在布局方式设置对话框中可以根据需要选择不同的布局和方向，通过左侧预览图可观察不同选项的效果，勾选下方"调整字段宽度使所有字段都能显示在一页中"复选框，可将很多数据填充到一个较小的区域中，如图 5.16 所示。需要注意的是，如果之前没有设置分组，则这一步中的 3 个布局方式的选项会变为"纵栏表""表格""两端对齐"。单击"下一步"按钮。

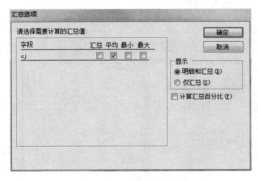

图 5.15　设置汇总选项

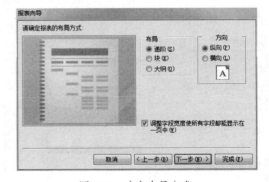

图 5.16　确定布局方式

（8）在文本框中输入报表标题"学生成绩_课程分组"，并选择创建报表后的操作为"预览报表"，如图 5.17 所示。单击"完成"按钮，创建的报表将在打印预览视图中显示，如图 5.10 所示。

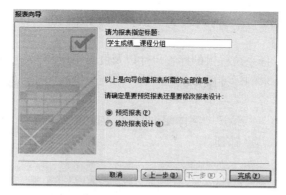

图 5.17　指定报表标题

"报表向导"工具虽然能在创建报表的同时轻松完成诸如分组、排序、汇总等操作，极大地提高报表设计的灵活性，但创建的报表在内容和格式上可能仍然不能令用户满意，比如上例中显示的汇总信息，对此还可以利用设计视图对报表做进一步的修改。

统计报表包含了对数据的分组、排序和汇总等功能，除了可以使用"报表向导"工具实现之外，还可以在设计视图中通过单击"设计"选项卡"分组和汇总"命令组内的"分组和排序"命令按钮来实现，这种方式是手动对报表进行统计设置，在 5.3 节会有其操作方法的详细说明和示例。

5.2.3　创建标签报表

标签报表是一种特殊样式的报表，它以记录为单位，创建大小、格式完全相同的独立区域。标签报表在实际应用中非常普遍，常用于制作信封、成绩通知单、商品标签等。标签报表也很适合作为 Word 邮件合并中的数据源。Access 提供了"标签"工具，通过向导的方式帮助用户创建各种规格和形式的标签报表。

5.2.3　创建标签报表

【例 5.3】使用"标签"工具创建图 5.18 所示的"学生成绩＿标签卡"报表。

操作步骤如下。

（1）打开"学籍管理"数据库，创建图 5.19 所示的"学生成绩"交叉表查询（相关知识可参阅第 4 章），并在导航窗格中单击"查询"对象列表中新建的"学生成绩"查询作为数据源。

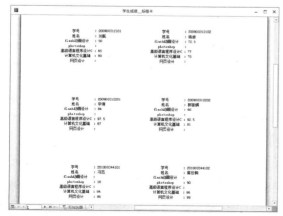

图 5.18　"学生成绩＿标签卡"报表

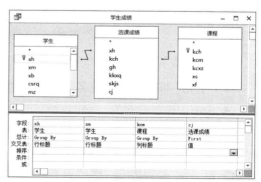

图 5.19　"学生成绩"交叉表查询

（2）在功能区的"创建"选项卡中单击"报表"命令组内的"标签"命令按钮，打开"标签向导"对话框。

（3）可在对话框中选择系统提供的标签尺寸以及度量单位和标签类型，也可以单击"自定义"按钮新建符合工作需求的标签尺寸。这里选择系统提供的尺寸，如图 5.20 所示，单击"下一步"按钮。

（4）可以使用"字体""字号""字体粗细""文本颜色"等选项设置标签的文本外观，如图 5.21 所示，单击"下一步"按钮。

图 5.20　指定标签尺寸

图 5.21　设置标签文本外观

（5）这是设计标签最重要的一步。可以通过"可用字段"列表框将需要的字段添加到"原型标签"列表框中，也可以在"原型标签"列表框中直接输入所需文本。本例采用两种方式相结合的方式来设置由说明文字和字段名组成的标签内容，如图 5.22 所示。需要注意的是，使用标签向导只能添加以下数据类型的字段："短文本""长文本""数字""日期/时间""货币""是/否""附件"。单击"下一步"按钮。

（6）将"可用字段"列表框中的"xh"字段添加到"排序依据"列表框中，如图 5.23 所示。单击"下一步"按钮。

图 5.22　确定标签内容

图 5.23　设置排序字段

（7）在文本框中输入报表名称"学生成绩__标签卡"，并选择"查看标签的打印预览"，如图 5.24 所示，单击"完成"按钮，创建的报表如图 5.18 所示。

标签报表只能在打印预览中才能查看到类似多列标签的形式，其他视图模式会将数据显示在单列中。如果打印时需要更改标签的排列方式以更好地利用纸张或使报表更美观，可以进入打印预览，在"页面布局"命令组中的"页面设置"对话框中重新设置标签的列数和间距、尺寸、布局等。

图 5.24　指定报表名称

同样，标签报表的功能和格式如果不能满足用户的需求，可以利用布局视图或设计视图对报表做进一步的修改。利用"标签"工具制作的报表，没有字段名、标题及字段之间的空格，一般通过在设计视图下添加空格隔开每个字段。在页面页眉中添加标签标题和字段名即可完成。

5.2.4　创建自定义报表

使用"报表"工具或"报表向导"工具创建的报表都是由 Access 提供的设计器自动生成的，虽然很多参数或选项可由用户自定义，但形式和特性比较单一，布局较为简单，仍有大量功能和格式不能自由设置，因而多数情况下并不能满足用户的需求。而利用设计视图创建报表，则可以完全按照用户的需求自定义功能、设置格式，具有更高的灵活性和实用性。

5.2.4　创建自定义报表

使用设计视图创建报表的方式有两种，即使用"创建"选项卡"报表"命令组内的"报表设计"工具和"空报表"工具。两种方式唯一的区别在于用"报表设计"工具创建报表时默认进入设计视图，各种控件及显示的数据完全需要自己添加和设置；而用"空报表"创建报表时则默认进入布局视图，可以在字段列表中将需要的字段通过双击或拖动快速添加到报表，当计划只在报表中添加少量字段时，该方法方便快捷，极大地简化了自定义报表的制作过程。

无论使用哪种工具创建报表，都可以随意切换视图模式，并且操作相似。下面着重介绍使用"报表设计"工具在设计视图中创建报表。

利用设计视图创建报表的操作包括以下几个步骤。

（1）设置报表的数据源，可通过在报表的"记录源"属性中选择表或查询实现，也可通过添加现有字段自动生成嵌入式查询实现，还可以利用查询设计器自由创建嵌入式查询实现。

（2）根据需求确定报表的结构和样式，包括添加和删除报表节，调整各节大小、背景、格式、可见性等操作。

（3）向报表中添加各种功能的控件，可选择使用控件向导简化控件的添加和设置过程。

（4）调整控件的布局、对齐方式、位置、格式、数据、事件等属性以实现显示数据或计算汇总等功能，需要熟悉和掌握较多的控件操作。

【例 5.4】使用"报表设计"工具创建图 5.25 所示的"课表预览"报表。

操作步骤如下。

（1）打开"学籍管理"数据库，在功能区的"创建"选项卡中单击"报表"命令组内的"报表设计"命令按钮，创建一个空报表并进入设计视图。

（2）在新出现的"设计"选项卡中单击"工具"命令组内的"添加现有字段"命令按钮或

按 Alt+F8 组合键，打开"字段列表"窗格并单击其中的"显示所有表"，窗格中将显示数据库中所有可用的表，如图 5.26 所示。

图 5.25 "课表预览"报表   图 5.26 显示所有可用的表

（3）展开"课程"表的可用字段，选择"kcm"（课程名称）字段并双击或拖放至报表的主体节中，系统将自动创建一个带有"课程名称"标签的文本框控件并与"kcm"字段绑定。在下方"相关表中的可用字段"列表选择"选课成绩"表中的"skjs"（上课教室）字段并添加到主体节，再依次添加"教师"表中的"xm"（姓名）字段和"学生"表中的"bjmc"（班级名称）字段，如图 5.27 所示。

（4）在"设计"选项卡中单击"工具"命令组内的"属性表"命令按钮或按 F4 键或在右键快捷菜单中选择"属性"命令，在打开的"属性表"窗格中单击列表框并选择"报表"，切换到"数据"选项卡，第一行"记录源"属性可根据需要选择现有的表或查询作为数据源，或者利用属性框右侧的"查询生成器"按钮创建以 SQL 语句实现的嵌入式查询作为数据源。注意观察并分析"记录源"属性中自动生成的内容。

（5）通过剪切、粘贴的方法将主体节中的"课程名称"等 4 个标签控件单独移动到页面页眉节中，然后调整标签控件和文本框控件的大小和位置使之格式整齐，如图 5.28 所示。

 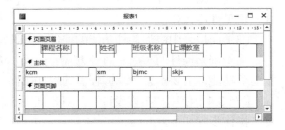

图 5.27 添加字段至报表   图 5.28 调整控件布局

（6）在报表的空白区域单击鼠标右键，选择"报表页眉/页脚"命令，在报表中添加报表页眉节和报表页脚节。在"设计"选项卡中单击"页眉/页脚"命令组内的"标题"命令按钮，报表页眉节中将自动添加标签控件用以显示报表标题，在其中输入"课程表综合预览"并调整格式，如图 5.29 所示。

（7）在"设计"选项卡中单击"控件"命令组内的"标签"命令按钮，并在报表页脚节中通过单击或拖动添加一个标签控件，在其中输入"制表人：XXX"并调整格式，如图 5.30 所示。

图 5.29　添加报表页眉

图 5.30　添加标签控件

（8）拖动报表页脚节的节指示器的上边缘，然后隐藏页面页脚节，同时调整其他各节的高度，也可切换到布局视图在查看报表显示效果的同时再进行格式调整。保存报表并更名为"课表预览"，切换到打印预览视图，创建的报表如图 5.25 所示。

5.2.5　创建参数报表

上个示例中，报表的数据源设置使用了在"字段列表"窗格中添加数据库中的现有字段来自动生成嵌入式查询的方式。下面的示例将手动创建嵌入式查询作为数据源，在设计视图中创建一个具有交互功能的参数报表。

5.2.5　创建参数报表

【例 5.5】使用"报表设计"工具创建图 5.31 所示的"班级查询"报表，以查询不同班级的学生基本情况。

操作步骤如下。

（1）打开"学籍管理"数据库，在功能区的"创建"选项卡中单击"报表"命令组内的"报表设计"命令按钮，创建一个空报表并进入设计视图。

（2）如果"属性表"窗格未自动打开，在新出现的"设计"选项卡中单击"工具"命令组内的"属性表"命令按钮或按 F4 键或在右键快捷菜单中选择"属性"命令即可。在打开的"属性表"窗格中单击列表框并选择"报表"，切换到"数据"选项卡，单击第一行"记录源"属性文本框右侧的"查询生成器"按钮，在打开的查询生成器中可自由创建一个嵌入式查询作为当前报表的数据源。按照题目要求，添加"学生"表中的"xh""xm""xb""mz""bjmc"5 个字段到查询生成器中，并且设置以班级名称作为参数的查询条件，如图 5.32 所示。关闭查询生成器并按照提示保存，观察并分析"记录源"属性文本框中显示的 SQL 语句，同时观察在左侧导航窗格中是否增加了新的数据库查询对象。

（3）在"设计"选项卡中单击"工具"命令组内的"添加现有字段"命令按钮或按 Alt+F8 组合键，打开"字段列表"窗格，列表中将显示当前报表的数据源，也就是在上一步的查询中添加的 5 个字段。可以通过上个示例中介绍的双击或拖放的方式将 5 个字段分别添加至报表的主体节，也可以通过前面介绍过的添加控件并设置"控件来源"属性的方式在报表的主体节中添加 5 个文本框及标签，并将文本框分别与 5 个字段绑定，如图 5.33 所示。

图 5.31 "班级查询"报表

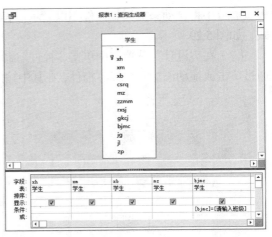

图 5.32 创建嵌入式查询

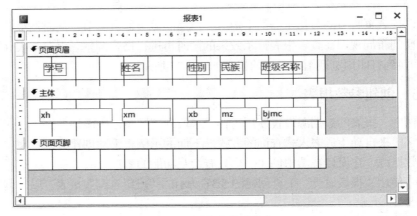

图 5.33 添加字段至报表

（4）调整标签、文本框的大小和位置使之布局整齐，同时调整各节的高度，也可切换到布局视图在查看报表显示效果的同时进行格式调整。切换到打印预览视图，输入参数"外语092"，保存报表并更名为"班级查询"，创建的报表如图 5.31 所示。

这个示例创建的报表是一种具有交互功能的参数报表，可以根据用户指定的条件对数据库中的记录进行查询并打印输出，具有更好的实用性。这种交互式参数报表设计的核心环节就是创建作为数据源的参数查询，查询设计方法和前面章节介绍的完全相同，只是以无名的嵌入式查询作为报表的数据源而已。

5.2.6 创建图表报表

图表报表是一种特殊样式的报表，它利用与 Excel 图表相同的形式反映数据之间的关系，可以更直观、形象地浏览与分析数据。创建图表报表可以使用向导来完成，但需要在设计视图中添加图表控件才能打开图表向导。

5.2.6 创建图表报表

【例5.6】使用图表向导创建图 5.34 所示的"选课统计_图表"报表。

操作步骤如下。

（1）打开"学籍管理"数据库，创建图 5.35 所示的"选课人数"汇总查询。

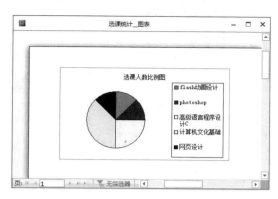

图 5.34 "选课统计_图表"报表

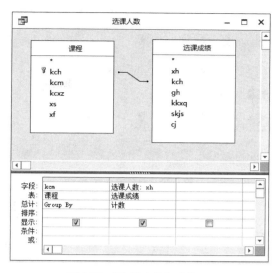

图 5.35 "选课人数"查询

（2）在功能区的"创建"选项卡中单击"报表"命令组内的"报表设计"命令按钮，创建一个空报表并进入设计视图。

（3）在新出现的"设计"选项卡中单击"控件"命令组内的"图表"命令按钮，并在报表的主体节中的任意位置通过单击或拖动添加一个图表控件，系统自动打开"图表向导"对话框，在列表框中选择"查询：选课人数"作为数据源，如图 5.36 所示，单击"下一步"按钮。

（4）将"可用字段"列表框中的两个字段添加到"用于图表的字段"列表框中，如图 5.37 所示，单击"下一步"按钮。

图 5.36 选择图表数据源

图 5.37 选择图表字段

（5）选择图表类型"饼图"，如图 5.38 所示，单击"下一步"按钮。

（6）这是设计图表最关键的一步。系统默认将"kcm"字段放在了示例图表的"系列"框中，将"选课人数"字段的合计放在了示例图表的"数据"框中，如图 5.39 所示。单击左上角"预览图表"按钮可以查看图表的预览效果。若要更改图表的显示方式，可将右侧字段按钮重新拖放到左侧"系列"和"数据"框中，或双击字段名更改汇总方式，此处保持不变，单击"下一步"按钮。

（7）在文本框中输入图表标题"选课人数比例图"，选择"是，显示图例"并单击"完成"按钮，返回报表的设计视图，可以看到图表标题不同于报表标题，如图 5.40 所示。切换到打印预览视图，保存报表并更名为"选课统计_图表"，创建的报表如图 5.34 所示。

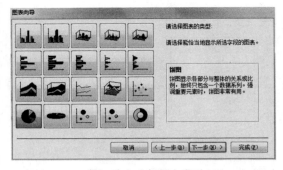

图 5.38 选择图表类型

图 5.39 指定图表布局

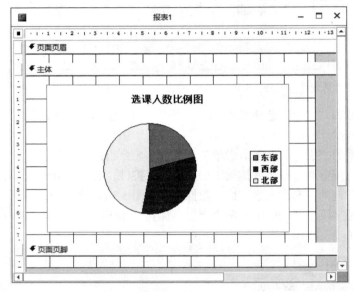

图 5.40 报表的设计视图

说明：在设计视图下向报表中添加某些特定控件时，可以通过自动打开的控件向导设置控件的属性，也可以不借助向导手动完成。单击功能区"设计"选项卡"控件"命令组右端的下拉按钮，即可展开所有控件及功能选项列表，此处可打开或关闭控件向导。但无论控件向导是开启还是关闭状态，添加图表控件时图表向导总是会出现。

5.2.7 创建主/子报表

主/子报表的形式类似主/子窗体，可以使报表的浏览分析更加方便和高效。主/子报表也有两种创建方式，一种是将现有的报表作为子报表插入另一报表中，另一种是在主报表中直接创建子报表。对于现有的报表，可以

5.2.7 创建主/子报表

通过从导航窗格中将对象拖放到另一报表中快速创建；而直接创建子报表的操作可以借助控件向导方便快捷地完成。一个主报表最多可以嵌套 7 个层次的子报表。

采用主/子报表形式时，两个报表的数据源必须符合"一对多"或"一对一"关系。一般情况下，主报表显示"一对多"关系中的主表记录，子报表则显示子表（相关表）记录。在添加子报表的过程中，如果要将子表链接到主表，必须确保子表和主表的数据源具有相同的链接字段。

1．使用子报表向导创建子报表

子报表作为报表中的一种控件，可以借助控件向导方便、快捷地完成创建。

【例5.7】使用"报表设计"工具创建图5.41所示的"学生信息明细＿主报表"报表。
操作步骤如下。

（1）打开"学籍管理"数据库，使用"报表设计"工具创建图5.42所示的显示学生信息的简单报表。

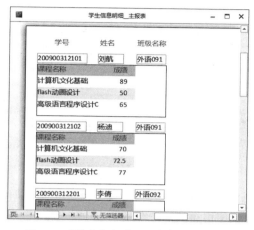

图5.41 "学生信息明细＿主报表"报表

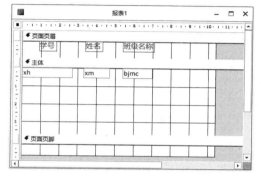

图5.42 显示学生信息的简单报表

（2）在功能区的"设计"选项卡中单击"控件"命令组内的"子窗体/子报表"命令按钮，并在报表的主体节中通过单击或拖动添加一个子报表控件，同时打开"子报表向导"对话框，选择"使用现有的表和查询"，如图5.43所示，单击"下一步"按钮。

（3）在"表/查询"下拉列表中选择"表：学生"作为数据源，并将左侧"可用字段"列表框中的"xh"字段添加到右侧"选定字段"列表框，继续添加"课程"表中的"kcm"字段和"选课成绩"表中的"cj"字段，如图5.44所示，单击"下一步"按钮。

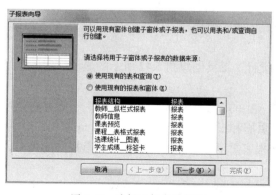

图5.43 选择子报表数据源

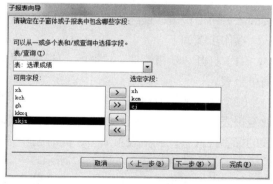

图5.44 选择子报表字段

（4）这是添加子报表最重要的一步。在确定主/子报表的链接字段对话框中选择"自行定义"，下方两组下拉列表用来选择主表和子表的链接字段，此处均选择"xh"字段，如图5.45所示，单击"下一步"按钮。

（5）在文本框中输入子报表的名称"学生成绩＿子报表"，单击"完成"按钮，返回报表的设计视图，删除子报表中用以显示"xh"字段的标签和文本框控件以及子报表的名称标签，避免和主报表重复显示，调整所有控件的大小、位置、对齐方式和格式，如图5.46所示。切换到打印预览视图，保存报表并更名为"学生信息明细__主报表"，创建的报表如图5.41所示。

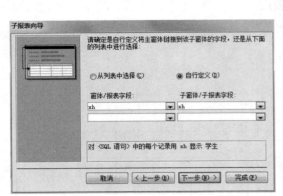

图 5.45　设置链接字段图

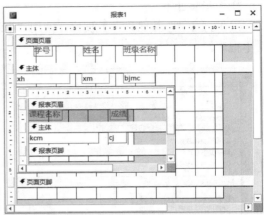

5.46　创建子报表

本例中需要特别注意的是，第（3）步添加的"xh"字段虽然在最后一步需要被删除，但并非多余，如果不添加，第（4）步将无法设置主报表和子报表的链接字段。

2．插入现有报表作为子报表

若要将现有的窗体或报表作为子报表插入，可通过子报表向导或从导航窗格中将对象拖放到报表中快速实现。在图5.43所示的对话框中，选择"使用现有的报表和窗体"并在列表框中选择作为子报表的报表，按照向导的提示设置主报表和子报表的链接字段后即可完成子报表的插入。

下面的示例将使用第二种拖放的方式插入子报表。

【例5.8】先仿照例5.2创建一个名为"学生成绩__姓名分组__插入"的报表，要求按学生姓名分组并按成绩降序排列，汇总显示每个学生的选课科目数和平均分，再将此报表作为子报表插入另一个报表，最终创建与例5.7内容和形式相同的报表。

操作步骤如下。

（1）打开"学籍管理"数据库，使用"报表设计"工具创建图5.42所示的显示学生信息的简单报表。

（2）在左侧导航窗格中单击"报表"对象列表中的"学生成绩__姓名分组"报表并将其拖放至报表主体节中。在插入的子报表中添加报表页眉和报表页脚节并将显示"kcm"和"cj"字段的标签控件移动到报表页眉节，同时删除与主报表重复显示的控件并调整所有控件的大小、位置、对齐方式和格式，如图5.47所示。

（3）单击子报表边框选定插入的子报表控件，在子报表中任意位置再次单击以进入子报表设计区。在"设计"选项卡中单击"工具"命令组内的"属性表"命令按钮或按F4键或在右键快捷菜单中选择"属性"命令，在打开的"属性表"窗格中单击列表框并选择"报表"，切换到"数据"选项卡，单击第一行"记录源"属性文本框右侧的"查询生成器"按钮，在打开的查询生成器中可自由创建一个作为子报表数据源的嵌入式查询。添加"学生"表中的"xh"字段到查询中，如图5.48所示，关闭查询生成器并按照提示保存更改后的查询。

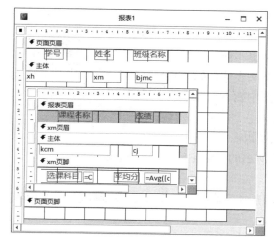

图 5.47　插入子报表

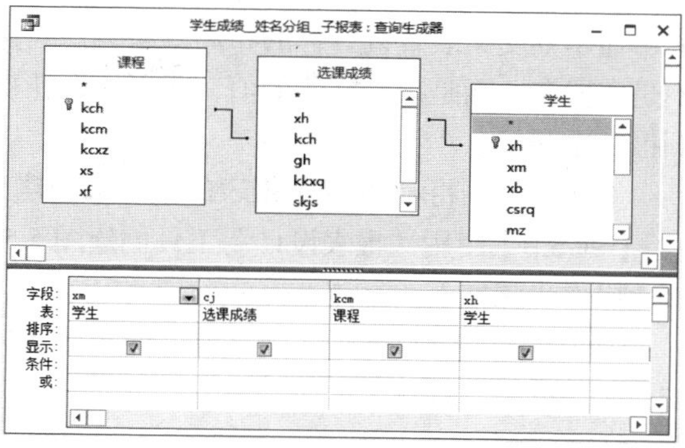

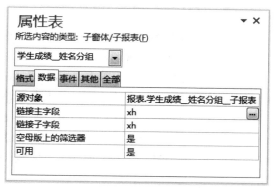

图 5.48　更改子报表的数据源

（4）单击子报表边框再次选定插入的子报表控件，在"属性表"窗格的列表框中确认显示为"学生成绩_姓名分组"子报表，切换到"数据"选项卡，单击"链接主字段"或"链接子字段"属性文本框右侧的按钮，在打开的"子报表字段链接器"对话框中均选择"xh"字段，如图 5.49 所示。单击"确定"按钮关闭对话框。

（5）设置好链接字段的"属性表"窗格如图 5.50 所示。切换到打印预览视图，保存报表并更名为"学生信息明细_插入"，创建的报表的内容和形式与图 5.41 所示的报表相同。

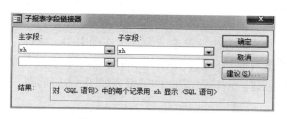

图 5.49　设置链接字段

图 5.50　子报表的"属性表"窗格

说明如下。

（1）由于在子报表中不能显示页面页眉和页面页脚节的内容，所以在第（2）步中调整控件位置时只能将其放置在报表页眉、报表页脚和主体节中。为了减少子报表所占空间，使页面更紧凑美观，可将页面页眉和页面页脚节直接删除。

（2）第（2）步中调整子报表结构时可根据需要保留或删除原报表中的 xm 页眉和 xm 页脚节。

（3）第（3）步更新子报表数据源的目的是第（4）步和主报表进行链接。由于子报表"学生成绩_姓名分组"的原始数据源和主报表的数据源不具有相同的链接字段，因此要将"xh"字段添加到子报表的数据源中使之能和主报表链接。

5.2.8 创建交叉报表

5.2.8 创建交叉报表

查询可以作为报表的数据源，交叉表查询当然也不例外。但是如何在报表中显示如交叉表查询一样的布局效果呢？因为交叉表的行标题和列标题都不是字段名，而是某个字段的值，所以在设计视图中能不能像字段一样添加到报表中呢？

下面的示例将利用主/子报表的形式来创建交叉报表。

【例 5.9】使用"报表设计"工具创建图 5.51 所示的"学生成绩_交叉报表"。

操作步骤如下。

（1）打开"学籍管理"数据库，创建图 5.52 所示的显示学生各门课程成绩的"学生成绩_交叉表查询"并保存。

图 5.51 "学生成绩_交叉报表"

图 5.52 "学生成绩_交叉表查询"

（2）在功能区的"创建"选项卡中单击"报表"命令组内的"报表设计"命令按钮，创建一个空报表并进入设计视图。

（3）在左侧导航窗格中单击"查询"对象列表中新创建的"学生成绩_交叉表查询"并将其拖放至报表主体节中，在弹出的"子报表向导"对话框中以"学生成绩_交叉报表_子报表"命名保存并关闭。创建子报表同样也可以使用前文所述的方法，单击"设计"选项卡中"控件"命令组内的"子窗体/子报表"命令按钮，通过单击或拖动在报表的主体节中添加一个子报表控件，同时利用打开的"子报表向导"对话框进行创建。创建完成的主/子报表如图 5.53 所示。

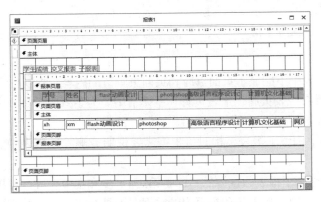

图 5.53 创建完成的主/子报表

（4）调整报表中各节的高度和所有控件的大小、位置，也可切换到布局视图在查看报表显示效果的同时进行格式调整。切换到打印预览视图，保存报表并更名为"学生成绩_交叉报表"，创建的报表如图 5.51 所示。

从创建过程来看，这个示例本身并无难点，只是利用主/子报表的形式创建了一个主表空白而只有子表内容的报表。但通过对生成的报表进行研究分析后不难发现，其实不用主/子报表的形式而采用直接在报表中添加控件或字段的方式也可以创建这样的交叉报表。因为一旦选择了交叉表查询作为数据源，查询中的行标题在报表中就会转换为字段名，就可以以文本框控件的形式添加到报表中。将这些文本框布局美观却是一个费时费力的过程，而利用主/子报表的形式创建则可以省去报表布局的烦琐工作，简单调整即可打印输出一个完美的交叉报表。

5.2.9 创建弹出式模式报表

5.2.9 创建弹出式
模式报表

弹出式报表是以弹出式窗口打开报表，并始终保持在其他窗口上方，以提醒用户优先完成报表中的操作的报表。

所谓模式，就是在完成既定操作之前不能进行其他操作。模式对话框最常见的应用就是各种登录界面，用户在登录之前是不能做其他操作的。类似于模式对话框，也可以创建具有模式的报表，在模式报表被关闭之前其他数据库对象都无法操作。

灵活利用弹出式和模式的特点，可以创建各种窗体和报表，用来接收用户输入的数据和显示数据库中的信息，并能减少错误的发生，增强数据的保密性。

【例 5.10】将例 5.4 创建的"课表预览"报表设置为弹出式模式报表。

操作步骤如下。

（1）打开"学籍管理"数据库，在设计视图中打开例 5.4 创建的"课表预览"报表。

（2）在"设计"选项卡中单击"工具"命令组内的"属性表"命令按钮或按 F4 键或在右键快捷菜单中选择"属性"，在打开的"属性表"窗格中单击列表框并选择"报表"，切换到"其他"选项卡，将第一行"弹出方式"属性文本框中的值由"否"改为"是"，如图 5.54 所示。

（3）切换到报表视图或打印预览，可以发现，报表以弹出式窗口打开并且始终保持在所有数据库窗口的上方，还能在整个窗口中任意移动，报表显示更加灵活并且目标突出，保存报表并切换回设计视图。

（4）打开上一步设置时使用的"属性表"窗格中的"其他"选项卡，将第二行"模式"属性文本框中的值由"否"改为"是"，如图 5.55 所示。

图 5.54　设置"弹出方式"为"是"

图 5.55　设置"模式"为"是"

（5）再次切换到报表视图或打印预览视图，可以发现，报表不仅以弹出式窗口打开、始终在前、可任意移动，而且只能操作当前报表，其他对象或窗口均不可使用。这样的严格限制使得在打开报表时误操作的概率大大减小，目的提示性更强。保存报表并关闭。

通过以上示例可见，Access报表有多种创建方式，每种方式都有各自的特点。

（1）使用"报表"工具：必须先选择一个报表的数据源，能快速创建包含所有字段及记录的同名报表。此方式快速简单，但实用性不强。

（2）使用"报表向导"工具：在向导中可根据实际需求，灵活选择多个表或查询作为报表的数据源，还可以创建分组、排序和汇总，但是依然无法实现数据记录的筛选和计算等功能。

（3）使用"报表设计"工具：在设计视图中，可以从"字段列表"窗格中添加现有字段，或者从"控件"命令组中添加多种类型的控件，具有更好的灵活性和实用性，但要求用户熟悉报表的结构和控件的操作。

在实际使用中，应根据设计需求选择合适的方式。较普遍的做法是：先使用向导初步创建报表，然后再在设计视图或布局视图中编辑修改报表。这样既提高了创建报表的效率，又保证了报表编辑的灵活性。

5.3 报表计算

无论采用何种方式创建报表，都可以利用设计视图按用户的需求对报表做进一步的修改和完善，可以利用各种控件和专业设置实现计算功能，使报表内容更加丰富，信息更加完善，成为更加专业的报表。

5.3.1 分组、排序和汇总

报表除了可以输出原始数据之外，还拥有强大的数据分析管理功能，它可以将数据进行分组、排序和汇总。分组是将具有共同特征的相关记录组成一个集合，在显示和打印时集中在一起，并且可以为同组记录设置要显示的

5.3.1 分组、排序和汇总

概要和汇总信息，比如对同一门课程的数据或同一个班级的数据进行分组，使内容精简扼要，提高报表的可读性。排序是将记录按照一定的顺序排列输出，以实现特定的需求。汇总可对报表中的数据整体或分组进行统计并输出，便于对报表信息进行分析总结，例如报表中经常出现的总成绩、平均成绩、总人数、最高金额等。

使用"报表向导"工具创建报表时，可以通过向导对话框设置排序等功能。对于以其他方式创建的报表，则可以在布局视图或者设计视图中实现。一个报表中最多可以定义10个分组和排序级别。

1．创建分组、排序和汇总

在布局视图或设计视图中新建或打开报表后，在"设计"选项卡中单击"分组和汇总"命令组内的"分组和排序"命令按钮，会打开"分组、排序和汇总"对话框，单击"添加组"按钮或"添加排序"按钮，选择所需的字段后就可以向报表添加分组级别或排序级别。单击"更多"按钮，则显示所有功能选项，再通过设置这些选项来定义汇总等功能。另一种快速设置汇总的方法是单击选中与某字段绑定的文本框后，在"设计"选项卡中单击"分组和汇总"命令组内的"合计"命令按钮，选择一种汇总方式后组页脚或报表页脚中会自动添加汇总控件。

分组和排序级别选项说明如下。

（1）分组形式/排序依据

选择作为分组或排序规则的字段。

（2）排序顺序

选择下拉列表中的"升序"或"降序"来更改排序顺序。

（3）分组间隔

确定记录的分组方式。例如，可根据文本字段的第一个字符进行分组，从而将以"A"开头的所有文本字段分为一组，将以"B"开头的所有文本字段分为另一组，依此类推。对于日期字段，可以按照日、周、月、季度进行分组，也可自定义间隔。

（4）汇总

可以添加多个字段的汇总，并且可以对同一字段执行多种类型的汇总。

- "汇总方式"下拉列表中显示可进行汇总的字段。
- "类型"下拉列表中显示可执行的汇总类型，不同类型的字段可选的汇总类型也不同。
- 在"显示总计"中可选择是否在报表页脚中添加对整个报表的汇总。
- 在"显示组小计占总计的百分比"中可选择是否在组页脚中添加每个组的汇总占整个报表汇总的百分比。
- 在"在组页眉中显示小计"或"在组页脚中显示小计"中可指定组汇总显示的位置。

（5）标题

更改汇总字段的标题。此设置可用于列标题，还可用于标记页眉与页脚中的汇总字段。单击"有标题"后面的"单击以添加"蓝色文本，在打开的"缩放"对话框中输入新的标题，然后单击"确定"按钮。

（6）有/无页眉节和有/无页脚节

添加或删除每个组前面的页眉节或页脚节。当删除包含控件的页眉节时，Access 会询问是否确定要删除该控件。

（7）组内记录与页面关系

此设置用于确定在打印报表时页面上组的布局方式。有时需要将组尽可能地放在一起，以减少查看整个组时翻页的次数。不过，由于大多数页面在底部都会留有一些空白，因此这往往会增加打印报表所需的纸张数。

- 不将组放在同一页上。如果不在意组内数据记录被分页符截断，则可以使用此选项；例如，一个包含 50 条记录的组，可能有 20 条记录位于上一页的底部，而剩下的 30 条记录位于下一页的顶部。
- 将整个组放在同一页上。如果页面中的剩余空间容纳不下某个组，则 Access 将使这些空间保留为空白，从下一页开始打印该组；较大的组仍需要跨越多个页面，但此选项将把组中分页符的数量尽可能减至最少。
- 将页眉和第一条记录放在同一页上。对于包含组页眉的组，确保组页眉不会单独打印在页面的底部；如果 Access 确定在该页眉之后没有足够的空间至少打印一行数据，则该组将从下一页开始。

【例 5.11】使用"报表设计"工具创建"学生成绩_姓名分组"报表，要求按学生姓名分组并按成绩降序排列，汇总显示每个学生的选课科目数和平均分，如图 5.56 所示。

操作步骤如下。

（1）打开"学籍管理"数据库，使用"报表设计"工具创建图5.57所示的显示学生成绩的简单报表。

图5.56 "学生成绩_姓名分组"报表

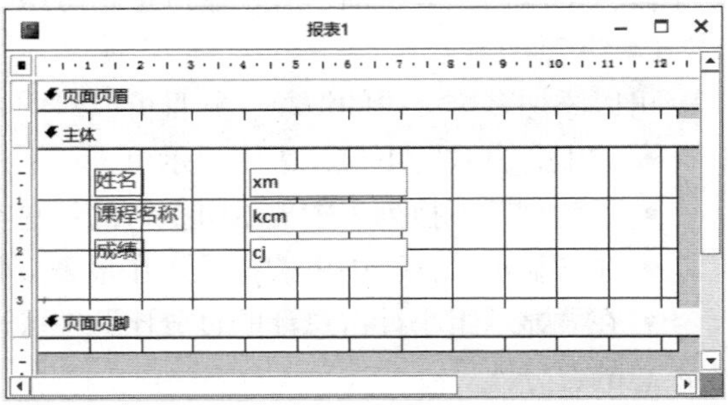

图5.57 显示学生成绩的简单报表

（2）在功能区的"设计"选项卡中单击"分组和汇总"命令组内的"分组和排序"命令按钮，打开"分组、排序和汇总"对话框，如图5.58所示。

（3）单击"添加组"按钮，在弹出的选择字段列表框中选择"xm"字段，同时报表中自动添加xm页眉节（即组页眉节），如图5.59所示。

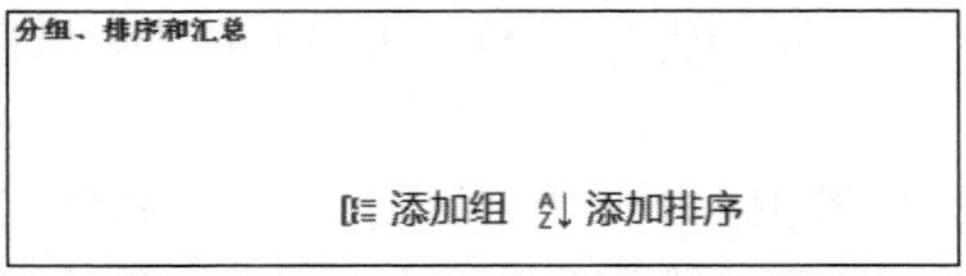

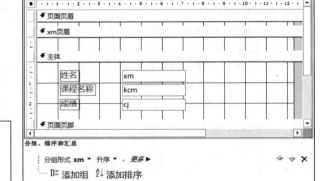

图5.58 "分组、排序和汇总"对话框

图5.59 添加分组和组页眉

（4）单击"分组形式"行中的"更多"按钮，展开选项，单击汇总设置打开"汇总"对话框，如图5.60所示，对"kcm"字段进行"记录计数"汇总设置，以同样的方式再对"cj"字段进行"平均值"汇总设置，完成后xm页脚节（即组页脚节）中将自动添加相应文本框控件实现汇总，在对应控件的前面添加标签控件"选课科目""平均分"显示汇总名称，如图5.61所示。

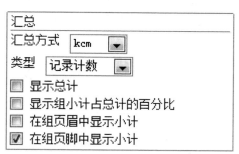

图 5.60 "汇总"对话框

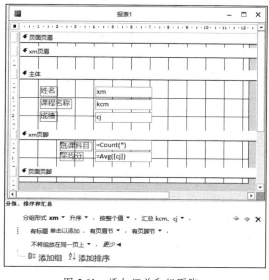

图 5.61 添加汇总和组页脚

（5）单击"添加排序"按钮，在弹出的选择字段列表框中选择"cj"字段，然后在排序顺序下拉列表中选择"降序"，如图 5.62 所示。

（6）将主体节中用以显示姓名的文本框控件通过剪切移动到 xm 页眉节中，将显示姓名、课程名称和成绩的标签控件移动到页面页眉节中。为使报表结构清晰，再在分组的明细和汇总间以及分组间添加横线分隔，调整所有控件的大小、位置、对齐方式和格式，如图 5.63 所示。

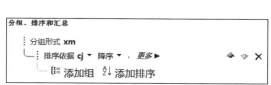

图 5.62 添加排序

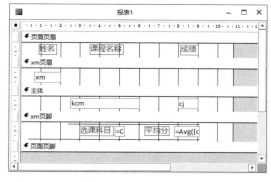

图 5.63 调整分组字段的控件位置

（7）切换到打印预览视图，保存报表并更名为"学生成绩__姓名分组"，创建的报表如图 5.56 所示。

由于同一字段只能设置一种汇总方式，所以设置了某一字段的所有汇总选项之后，可从"汇总方式"下拉列表中选择另一字段，重复上述设置对该字段进行汇总，全部设置完成后单击对话框之外的任意位置以关闭"汇总"对话框。

2．创建汇总报表（无记录详细信息）

使用"报表向导"工具创建报表时，在设置汇总的步骤中选择"仅汇总"选项，可以创建只显示汇总信息的汇总报表，即只显示组页眉和组页脚中的信息。在报表的设计视图或布局视图中，在功能区的"设计"选项卡中单击"分组和汇总"命令组内的"隐藏详细信息"命令按钮，也可将明细报表更改为汇总报表，这将隐藏下一个较低分组级别的记录，从而使汇总信息显示得更为紧凑。虽然隐藏了记录，但隐藏的节中的控件并未删除，再次单击"隐藏详细信息"命令按钮，将在报表中还原分组中的明细。

3．更改分组和排序的优先级

若要更改分组或排序级别的优先级，可以在"分组、排序和汇总"对话框中单击要更改的行，然后单击该行右侧的向上或向下箭头，或者上下拖动该行左侧的选择器。例如，可在上例创建的报表中调整以"xm"创建的分组和以"cj"创建的排序的优先级，观察报表显示结果的变化。

4．删除分组、排序和汇总

若要删除分组或排序级别，可以在"分组、排序和汇总"对话框中单击要删除的行，然后按 Delete 键或单击该行右侧的"删除"按钮。在删除分组级别时，组页眉或组页脚中的任何控件都将被删除。若要删除汇总，可直接在报表中删除相应的计算控件。

5．隐藏节

Access 允许隐藏页眉和页脚，以便将数据分为不同的组，而不必查看组本身的信息。隐藏节的操作步骤如下。

（1）单击想要隐藏的节。

（2）打开该节的属性表。

（3）在"可见"属性下拉列表中选择"否"。

如果隐藏主体节，则仅查看汇总报表。除使用上述方法外，还可以在功能区的"设计"选项卡中单击"分组和汇总"命令组内的"隐藏详细信息"命令按钮。

5.3.2 控件与函数

虽然使用"报表向导"工具或"报表设计"工具可以在报表中快速、方便地添加汇总，但可选择的汇总类型有限，可能依然无法满足用户的需求，因此需要在报表中使用控件以实现更多样的计算功能。

文本框是最常用的实现计算功能的控件，使用方法是在设计报表时将文本框的"控件来源"属性设置为需要的计算表达式。设置时可以直接在"控件来源"属性文本框中输入一个以"="开头的计算表达式，也可以借助文本框右侧的"表达式生成器"按钮更方便地完成。

报表中可以添加的常用聚合函数如表 5.3 所示。

表 5.3　报表中可以添加的常用聚合函数

计算	说明	函数
总和	求指定字段中-组值的总和	Sum()
平均值	求指定字段中-组值的平均值	Avg()
汇总	求指定字段中-组值的个数	Count()
最大值	求指定字段中-组值的最大值	Max()
最小值	求指定字段中-组值的最小值	Min()
标准差	计算指定字段中-组值的标准差	StDev()
方差	计算指定字段中-组值的方差	Var()

设置方法概括如下。

（1）汇总：在报表的设计视图中选择报表页脚节，添加文本框，输入表达式"=Count(*)"，也可右击该文本框，选择"属性"，在"控件来源"属性文本框框中输入以"="开始的 Count() 函数来计算汇总值。

（2）添加时间日期：在报表的设计视图中，若没有报表页眉，则添加报表页眉/页脚节，单击"页眉/页脚"命令组中的"日期和时间"命令按钮即可。也可添加两个文本框控件，单击"工具"命令组中的"属性表"命令按钮，在"控件来源"属性文本框中输入表达式"=Date()"和"=Time()"，或在文本框中直接输入表达式"=Date()"和"=Time()"，这两个函数分别获取当前日期和时间，通过"日期和时间"对话框，选择日期时间格式。

（3）求平均值或求和：在报表的设计视图中选择报表页脚节，添加文本框，输入表达式"=Avg(数值字段)"或"=Sum(数值字段)"，该文本框的"控件来源"属性与表字段绑定。

下面的示例将详细介绍计算控件的使用方法。

1．计算控件的创建

由于控件在报表中所处的节位置不同，表达式计算时涉及的记录范围也不同，在添加控件时要根据需求在报表中选择合适的节。

计算控件的创建

- 报表页眉/页脚节：计算时包括报表中的所有记录。
- 页面页眉/页脚节：计算时只包括每一页中的记录。
- 组页眉/页脚节：计算时只包括每个分组中的记录。

【例 5.12】在例 5.11 创建的"学生成绩__姓名分组"报表中添加对每个学生的总成绩和所有学生总成绩的汇总，如图 5.64 所示。

操作步骤如下。

（1）打开"学籍管理"数据库，在设计视图中打开例 5.11 创建的"学生成绩__姓名分组"报表。

（2）在报表的空白区域单击鼠标右键，选择"报表页眉/页脚"命令，在报表中添加报表页眉和报表页脚节。在功能区的"设计"选项卡中单击"控件"命令组内的"文本框"命令按钮，并在报表页脚节中通过单击或拖动添加一个文本框控件，如图 5.65 所示。

图 5.64　汇总总成绩的"学生成绩__姓名分组"报表

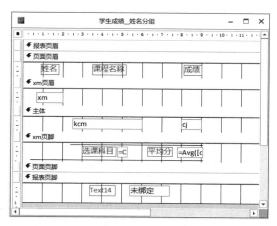

图 5.65　添加报表页眉/页脚和文本框

（3）选定添加的文本框控件，在"设计"选项卡中单击"工具"命令组内的"属性表"命令按钮或按 F4 键或者在右键快捷菜单中选择"属性"命令，在打开的"属性表"窗格中切换到"数据"选项卡，在第一行"控件来源"属性文本框中输入"=Sum([cj])"。在文本框前面的附加标签中输入"总成绩"用以显示汇总名称,如图 5.66 所示。

图 5.66 设置文本框属性

(4)将设置好的文本框控件及附加标签复制到 xm 页脚节(即组页脚节)中(相同的控件,不同的位置),调整控件的大小、位置、对齐方式和格式,如图 5.67 所示。

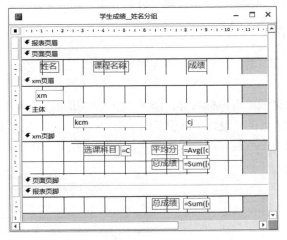

图 5.67 添加组汇总和报表汇总

(5)切换到打印预览,创建的报表如图 5.64 所示,保存报表。

2. 为记录添加编号

当报表中的记录非常多时,若想浏览时统计总记录数或某一分组内的记录数就会很困难。文本框的"运行总和"属性可用于对整个报表或分组级别中的记录进行累加计算,因而可以借助文本框的这个属性对报表的全部记录或组内记录设置编号,添加的编号将作为行号显示在每一条记录的前面,这给用户的浏览和统计带来了极大的便利。

为记录添加编号

【例 5.13】在例 5.2 创建的"学生成绩_课程分组"报表中对课程和学生分别添加编号,如图 5.68 所示。

操作步骤如下。

（1）打开"学籍管理"数据库，在设计视图中打开例 5.2 创建的"学生成绩_课程分组"报表。

（2）在功能区的"设计"选项卡中单击"控件"命令组内的"文本框"命令按钮，并在主体节中通过单击或拖动添加一个文本框控件，将控件放置在"cj"文本框控件的前面并删除文本框左侧的附加标签，同时删除自动生成的并不美观的汇总控件，如图 5.69 所示。

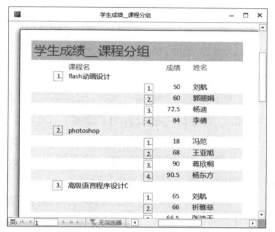

图 5.68　添加编号的"学生成绩_课程分组"报表

图 5.69　添加文本框控件

（3）选定添加的文本框控件，在"设计"选项卡中单击"工具"命令组内的"属性表"命令按钮或按 F4 键或者在右键快捷菜单中选择"属性"命令，在打开的"属性表"窗格中按如下规则设置文本框的属性，如图 5.70 所示。

在"格式"属性文本框中输入"#."，产生形如"1.""2.""3."的编号格式。

在"控件来源"属性文本框中输入表达式"=1"，即起始编号。

在"运行总和"下拉列表中选择"工作组之上"，编号时按照分组级别对每组记录分别编号。

（4）将设置好的文本框控件复制到 kcm 页眉节（即组页眉节）中，放置在"kcm"文本框控件的前面，调整控件的大小、位置、对齐方式和格式，如图 5.71 所示。

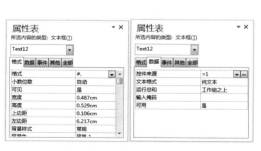

图 5.70　设置文本框属性

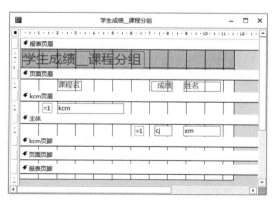

图 5.71　添加组编号和记录编号

（5）切换到打印预览视图，创建的报表如图 5.68 所示，保存报表。

5.4 报表设计技巧

除了前面介绍的创建报表和修改报表的方式，还有一些报表的设计是无法通过设计工具的交互操作实现的。本节将选择一些简单实用的技巧加以介绍，其中会用到很多 VBA 代码的知识，感兴趣的读者可以参阅后面有关 VBA 程序设计的内容进行学习。

5.4.1 为控件设置唯一的名称

如果你使用报表向导来创建报表，或者在设计视图中通过"字段列表"窗格双击或拖放添加字段，Access 会自动用数据源中的字段名为新文本框命名。

例如，如果你从"字段列表"窗格通过拖放向报表中添加了"学费"字段，这个新添加的文本框的"名称"属性和"控件来源"属性都将被设置为"学费"。如果报表中的另一个控件引用了这个文本框，或者你把这个文本框的"控件来源"属性改为计算表达式，比如"=[学费]*1.2"，当你浏览报表的时候就会看到"#类型!"的出错信息。这是因为 Access 不能分辨表达式中的"学费"到底是控件名称还是数据源中的字段名。

所以，有时候你必须将控件的名称改成一个唯一的名称，才能使 Access 区分字段名和控件名。

5.4.2 在打印预览时隐藏其他窗体

通常情况下，如果在 Access 中设置的文档显示方式是"重叠窗口"，那么一个以打印预览视图显示的报表可能会被屏幕上同时打开的其他窗体遮盖。解决这个问题最简单的办法就是在打开报表进行打印预览时将其他窗体全部隐藏，当报表关闭时再还原显示窗体。

利用下面设计的 RunReport() Function 过程，就能实现在打开一个报表的同时隐藏其他窗体。为了使窗体在报表关闭后能还原显示，还设计了 MakeFormsVisible() Function 过程，同时需要将报表的事件属性中的"关闭"属性值设置为"=MakeFormsVisible(-1)"，VBA 代码如下。

```
Function RunReport(ReportName As String)
  Dim intErrorCode As Integer
  DoCmd. OpenReport ReportName, acPreview
  intErrorCode = MakeFormsVisible(False)
End Function


Function MakeFormsVisible (YesNoFlag As Boolean)
  Dim intCounter As Integer
On Error GoTo HandleError
  For intCounter = 0 To Forms. Count - 1
    Forms(intCounter). Visible = YesNoFlag
  Next intCounter
ExitHere:
  Exit Function
HandleError:
  Msgbox "Error " & Err. Number & ": " & Err. Description
  For intCounter = 0 To Forms. Count - 1
```

（右上角二维码说明）5.4.1 为控件设置唯一的名称

```
          Forms(intCounter).Visible = True
      Next
      Resume ExitHere
End Function
```

5.4.3　向报表中添加更多信息

5.4.3　向报表中添加
更多信息

当你通过窗体浏览数据时，可以肯定数据是最新的。但是当你浏览一个打印出来的报表时，你就不能确定数据是不是新的了。在打印报表时增加一些附加信息往往能增加报表的实用性，尤其是一些用户看不到的报表属性可能会为设计者和用户分析报表中的问题提供帮助。大部分的报表属性都可以利用未绑定文本框添加到报表中，只是在设置文本框的"控件来源"属性时要注意表达式中的各种属性都必须放入"[ ]"中。下面以向报表中添加一个用户名为例简单说明。

通过窗体的使用，你可能已经发现，如果一个未绑定文本框的"控件来源"属性中包含未声明的参数，则运行时 Access 会弹出一个对话框要求输入必要的信息作为文本框的内容来显示。例如，在报表设计中将一个未绑定文本框的"控件来源"属性设置为"=[请输入你的姓名]"，报表运行时就会弹出一个有"请输入你的姓名"这样的提示信息的对话框，而你输入的姓名就会被输出在报表上。表达式中如果有多个参数，会分别弹出多个对话框请求数据。

报表中的未绑定文本框还可以被报表中的其他控件引用。"参数"对话框出现在报表准备输出之前，这就意味着你在对话框中输入的数据可以被其他表达式、计算或者报表中隐藏的 VBA 代码所使用。

5.4.4　隐藏页面页眉

有时你只需要在报表的第一页显示页面页眉和页脚，比如一份多页的发票或发货单上包含的条款与条件只需要在第一页页眉显示一次就够了，其他页面则不需要再显示。若要实现这个功能，可先在报表中添加一个未绑定文本框控件，删除附带的标签，设置文本的颜色为白色以及文本框的边框为透明，使其看起来"隐形"，因此这个文本框可以放置在报表中的任意位置。然后将文本框的"控件来源"属性设置为"=HideHeader()"。HideHeader() Function 过程的 VBA 代码如下。

```
Function HideHeader()
   Reports![ReportName].页面页眉.Visible = False
   HideHeader = True
End Function
```

从代码中可以发现，这个效果其实是在第一页页眉输出完之后通过处理"隐形"的文本框时将页面页眉设置为不可见来实现的。需要注意的是，要将添加的文本框"隐形"，不能直接将文本框的"可见"属性设置为"否"，否则文本框将不会响应事件。

5.4.5　增强运行时的强调效果

报表中的控件可以隐藏，这使得减少报表里杂乱和无用的信息成为可能，你甚至可以用一个控件来决定是否显示另一个控件。具体来说，你可以在设计报表时通过将某个控件的"可见"属性设置为"否"来隐藏这个控件，当这个控件包含的信息需要显示时则可以通过运行时的代码将"可见"属性再设置为"是"来显示这个控件。类似地，还可以在运行时通过某个控件的属性值决定另一个控件是否显示或者如何显示。

例如，某个数据库中包含多种产品的库存、售价、是否断码等信息，为了清晰地查看断码产品的信息并将价格调整为半价，可以通过判断是否断码来决定某种产品是否以特殊字体显示并且价格显示为原价的一半。具体过程描述如下。首先将报表中真正用来显示产品价格的文本框设置为未绑定文本框，而另外添加一个绑定价格字段的文本框，但是将其"可见"属性设置为"否"以隐藏，在报表中再添加一个绑定断码字段的复选框，同样将其隐藏，最后再添加一个绑定库存字段的文本框用以显示库存数量，但依然先设置为隐藏。接下来，只有断码的产品才以斜体和粗体的样式显示库存以及半价、未断码的产品则只显示原价不显示库存，设计了以下 Sub 过程。

```
Private Sub Detail_Format(Cancel As Integer,FormatCount As Integer)
    If Me![断码] Then
        Me!品名.FontItalic = True
        Me!售价.FontItalic = True
        Me!售价.FontBold = True
        Me!售价 = Me![原价] * 0.5
        Me!库存数量.Visible = True
    Else
        Me!品名.FontItalic = False
        Me!售价.FontItalic = False
        Me!售价.FontBold = False
        Me!售价= Me![原价]
        Me!库存数量.Visible = False
    End If
End Sub
```

在这个过程中，当断码字段值为"真"时，相应的品名、售价都以斜体和粗体的样式显示并且售价改为半价，同时增加库存显示。最后只需要让报表主体节的"格式化"属性响应 Detail_Format() Sub 过程就可以实现了。这样设计的报表在运行时会随着数据的变化用不同的格式显示需要突出强调的信息，重点更加清晰。

5.4.6 避免空报表

如果 Access 无法找到可以显示在报表主体节中的有效数据，当打开报表时你将会看到控件对应的数据区域显示为空白。为了避免这种问题，可以在报表的"打开"事件属性中添加如下 Report_NoData() Sub 过程来检查有效数据，当没有数据可显示时就设置一个标志以取消报表的显示和打印。

```
Private Sub Report_NoData(Cancel As Integer)
    MsgBox "报表中没有数据"
    Cancel = True
End Sub
```

当 Access 试图打开报表但是在报表的数据源中找不到可显示的数据时，上述事件就会触发，此时 Access 会停止打开报表，同时用户会看到一个包含上述自定义信息的对话框，这样就避免了产生一个空报表。

5.5 报表布局

在设计报表的过程中，使用报表工具或报表向导可以生成样式工整的报表。如果在布局视图或设计视图中创建报表，则需要用户自己设计报表的外观，而布局功能可以帮助用户快速便捷地设计出符合要求的报表。

5.5.1 布局的概念

在对报表中的各种控件进行布局时最复杂的操作莫过于将控件按需求进行排列，在调整大小、位置或对齐方式时不仅要求美观，还要考虑实际数据的长短，当报表中的控件较多时就会是一项费时费力的任务，而 Access 提供的布局功能恰好可以帮助我们完成这一系列烦琐而又细致的工作。

布局就是帮助我们在报表中对齐控件以及调整控件大小的参考，并且在布局视图和设计视图中都可用。通过布局网格线，可以更轻松地水平对齐或垂直对齐多个控件。布局是一系列控件组，可以将它们作为一个整体来调整，这样就可以轻松重排字段、行、列或整个布局。

在 Access 中，发布到 Web 的报表必须使用布局。使用 Web 报表可以通过浏览器从 SharePoint 服务器检索、审查或打印 Web 数据库中的数据。但是，即使不发布到网站，使用布局也可以帮助我们创建外观整洁且专业的报表。

Access 中的布局大致可分为 3 种形式。

- 表格式布局类似于电子表格，按简单的列表格式呈现数据。其中标签位于顶部，数据位于标签下面的列中。

- 堆积式布局类似于在银行或者网上购物时填写的表单，其中标签位于每个字段的左侧。当报表包含的数据太多，无法以表格形式显示时，可以使用堆积式布局。

- 混合布局使用表格式和堆积式的组合。例如，可以将记录中的一些字段放置在同一行上，并堆积同一记录的其他字段。

5.5.2 布局的创建

由报表工具自动创建的表格式报表默认使用布局，布局也可以在布局视图或设计视图中手动创建，但布局的删除只能在设计视图中完成。

布局视图和设计视图都可用于对 Access 中的报表进行设计方面的更改。虽然可以使用其中任意一种视图来执行许多相同的设计任务，但是在需要更改报表外观时布局视图最合适，因为其可以重新排列字段、更改其大小或者应用自定义样式，同时还可以查看数据。更重要的是，布局视图还提供了经过改进的布局功能，能够像表格一样拆分行、列和单元格。

创建布局以及对布局进行调整可通过功能区的"排列"选项卡快速完成，如图 5.72 所示。创建布局的操作主要包括以下几个方面。

图 5.72 功能区的"排列"选项卡

1．自动创建布局并添加控件

当创建报表时，Access 自动创建布局并放置控件的情况包括以下两种。

- 使用"创建"选项卡中的"报表"工具创建新报表。
- 创建一个空报表然后利用"字段列表"窗格添加字段。

2．对现有的控件创建布局

（1）在导航窗格中，右键单击要在其中添加布局的报表，然后选择"布局视图"命令。

（2）选择要添加到布局的控件。按住 Ctrl 键或 Shift 键可选择多个控件。

（3）在"排列"选项卡中的"表"命令组中，单击"堆积"或"表格"命令按钮，Access 将创建布局并将控件放置在布局中。

3．调整行或列的大小

（1）在需要调整大小的行或列中选择一个单元格，如果要调整多个行或列，则需要按住 Ctrl 键或 Shift 键然后在每个行或列中选择一个单元格。

（2）将鼠标指针放在某一选定单元格的边缘，然后拖动该边缘直到该单元格的大小符合需要。

4．从布局中删除控件

选择要删除的控件，然后按 Delete 键，Access 将删除该控件。如果存在与该控件关联的标签，将同时删除该标签。从布局中删除控件不会删除布局中的基础行或列。

5．从布局中删除行或列

右键单击要删除的行或列中的一个单元格，然后在快捷菜单中选择"删除行"或"删除列"命令，Access 将删除该行或列，包括该行或列中的任何控件。

6．在布局中移动控件

若要移动控件，只需将它拖动到布局中的新位置即可。Access 将自动添加新列或新行，具体取决于拖动控件的位置。如果移动一个控件时未移动与它关联的标签，则该控件和标签将不再相互关联。

7．合并单元格

若要为控件腾出更多空间，可将任意数量的连续空单元格合并到一起，或者将包含控件的单元格与其他连续的空单元格合并，但是无法合并两个已包含控件的单元格。

（1）按住 Ctrl 键或 Shift 键，单击所有要合并的单元格。

（2）在"排列"选项卡的"合并/拆分"命令组中，单击"合并"命令按钮。

8．拆分单元格

可将布局中的任意单元格垂直或水平拆分为两个更小的单元格。如果要拆分的单元格包含控件，则该控件将被移动到拆分后的两个单元格中的左单元格中（如果水平拆分）或上单元格中（如果垂直拆分）。

（1）选择要拆分的单元格。一次只能拆分一个单元格。

（2）在"排列"选项卡的"合并/拆分"命令组中，单击"垂直拆分"或"水平拆分"命令按钮。

5.5.3　快速更改设计

利用布局功能建立报表的版式后，各种控件对象将分别放置于布局单元格中，而重复显示输出的控件也将具有相同的大小和位置，因此可以方便、快速地对报表中的单个或多个控件同时进行调整和设置。基本设置方式如下。

（1）同时调整列中所有控件或标签的大小：选择单个控件或标签，然后拖动以获得所需大小。

（2）更改字体样式、字体颜色或文本对齐方式：选择一个标签，切换到"格式"选项卡，然后使用可用的命令。

（3）一次设置多个标签的格式：按住 Ctrl 键的同时选择多个标签，然后应用所需的格式。

5.6 报表美化

优秀的报表不仅要具有完善细致的功能、整洁合理的布局，还要有美观清晰的界面，这就需要掌握报表的格式设置方法和一些美化修饰操作。例如，调整报表控件的外观、格式，设置特殊的显示效果来突出报表中的某些信息以增加可读性，或为报表增加图像元素或背景等。

5.6 报表美化

5.6.1 报表的外观设置

在创建报表之后，就可以在设计视图中进行格式化处理，以获得理想的显示效果。通常采用的方法有两种，一是使用图 5.73 所示的"属性表"窗格中的"格式"选项卡对报表中的控件进行格式设置，二是使用图 5.74 所示的功能区的"格式"选项卡中的命令按钮进行格式设置。

图 5.73 "属性表"窗格中的"格式"选项卡　　　图 5.74 功能区的"格式"选项卡

5.6.2 在报表中使用条件格式

使用条件格式，可根据值本身或包含其他值的计算来对报表中的各个值应用不同的格式。这种方式可帮助用户了解以其他方式可能难以发现的数据模式和关系。

1．对报表控件应用条件格式

应用条件格式可在报表中添加条件规则来突出显示某些值范围。操作步骤如下。

（1）在导航窗格中右键单击报表，然后选择"布局视图"命令，在布局视图中打开报表。

（2）选择要应用条件格式的所有控件。若要选择多个控件，可通过按住 Ctrl 键或 Shift 键来完成。

（3）在"格式"选项卡的"控件格式"命令组中，单击"条件格式"命令按钮，将打开"条件格式规则管理器"对话框，如图 5.75 所示。

图 5.75 "条件格式规则管理器"对话框

（4）在"条件格式规则管理器"对话框中，单击"新建规则"按钮。

（5）在"新建格式规则"对话框的"选择规则类型"列表框中选择一个值。

若要创建单独针对每个记录进行评估的规则，则选择"检查当前记录值或使用表达式"，如图 5.76 所示。

图 5.76 "检查当前记录值或使用表达式"

若要创建使用数据栏互相比较记录的规则，请选择"比较其他记录"，如图 5.77 所示。在Web 数据库中，无法选择"比较其他记录"选项。

图 5.77 "比较其他记录"

（6）在"编辑规则描述"区，指定规则以确定何时应该应用格式以及在符合规则条件时所需要的格式。

（7）单击"确定"按钮，返回到"条件格式规则管理器"对话框。

（8）若要为此控件或控件集创建附加规则，从第（4）步开始重复此过程。否则，单击"确定"按钮，关闭该对话框。

2．更改条件格式规则的优先级

最多可以为每个控件或控件组添加 50 个条件格式规则。一旦符合规则条件，程序就会应用对应的格式，而不再评估其他条件。如果规则发生冲突，可以在列表中上下移动相应规则，从而提高或降低其优先级。操作步骤如下。

（1）执行上述过程中的第（1）步到第（3）步，打开"条件格式规则管理器"对话框。

（2）在规则列表中选择要更改优先级的规则，然后单击列表上方的上/下箭头进行移动。

5.6.3　添加图像和线条

在报表中添加图形和图像，可以使报表更加美观。添加图像需要使用图像控件，线条和图形可以直接在报表中绘制。

1．图像

可以在报表的任何位置（如页眉、页脚和主体节）添加图片。根据所添加图片的大小和位置不同，可以将图片用作徽标、横幅，也可以用作章节背景。

插入图像的操作步骤如下。

（1）打开报表的设计视图，在功能区的"设计"选项卡中单击"控件"命令组内的"图像"命令按钮，在报表中的指定位置拖动以添加图片对象，打开"插入图片"对话框。

（2）在打开的"插入图片"对话框中选择图片，单击"确定"按钮。

（3）如果需要对图片进行调整，可以使用图片控件的属性表对图片的某些属性进行设置，例如图像的缩放模式、图像的尺寸等。

另一种插入图片的方法是在功能区的"设计"选项卡中单击"控件"命令组内右端的"插入图像"命令按钮，选择图片后再在报表中通过拖动插入。这种方式插入的图片将自动添加到当前数据库的"图像库"中，以后每次需要使用该图片时可通过单击"插入图像"命令按钮并从下拉列表中选择图片快速完成。

2．线条

矩形和直线可以使内容较长、较复杂的报表变得更加易读。可以使用直线来分隔控件，使用矩形将多个控件进行分组。在 Access 中使用矩形时，无须进行创建，而只需在设计视图中直接绘制，其使用方式与文本框和标签控件相同，可以在"属性表"窗格中调整和设置其属性。

5.6.4　插入日期和时间

在实际应用中，报表是记录实时数据的文档，在报表输出打印时，通常需要输出打印报表的创建日期和时间，例如工资报表、成绩报表。

插入日期和时间的操作步骤如下。

（1）选择需要插入日期和时间的报表，打开报表的设计视图。

（2）单击"日期和时间"命令按钮，打开"日期和时间"对话框，如图 5.78 所示。

图 5.78　"日期和时间"对话框

（3）在"包含日期"选项组中选择所需的日期格式，在"包含时间"选项组中选择所需的时间格式。

（4）单击"确定"按钮，系统将自动在报表页眉中插入显示日期和时间的文本框控件。如果报表中没有报表页眉，表示日期和时间的控件将被放置在报表的主体节中，可以自行将其调整到报表中指定的位置。

除了上述通过对话框添加日期和时间的方法外，还可以在报表中添加文本框，在属性表中将其"控件来源"属性设置为日期或时间的表达式，例如"=Date()"或"=Time()"。显示日期或时间的文本框控件可以放置在报表的任意位置，但一般放置在报表页脚节。

5.6.5　插入徽标

通常，企业、公司都有自己的特定徽标。单击"设计"选项卡中的"徽标"命令按钮，打开对话框，找到所需的图片，即可在报表页眉节添加一个 Logo 图片。

5.6.6　插入页码

当报表内容较多，需要多页输出时，可以在报表中添加页码，保证报表内容的输出次序。插入页码的操作步骤如下。

（1）选择需要插入页码的报表，打开报表的设计视图。

（2）在"设计"选项卡的"页眉/页脚"命令组中单击"页码"命令按钮，打开"页码"对话框，如图 5.79 所示。

图 5.79　"页码"对话框

（3）在"格式"选项组中，选择需要的页码格式，在"位置"选项组中选择需要的页码位置。在"对齐"下拉列表中，指定页码的对齐方式，勾选"首页显示页码"复选框。

（4）设置完成后，单击"确定"按钮，系统将在报表中指定的位置插入页码。

除了上述方法以外，还可以使用文本框控件向报表中添加页码，操作步骤如下。

（1）在"设计"选项卡的"控件"命令组中选择文本框控件，并将其放置到页面页脚节中。

（2）选择文本框的附加标签，将其内容更改为"页："。

（3）选择文本框控件，并直接在文本框中输入"=[Page]"，也可以打开其"属性表"窗格，在"控件来源"属性文本框中输入"=[Page]"。

5.6.7 强制分页

报表打印时的换页是由"页面设置"的参数和报表的版面布局决定的，内容满一页后，才会换页打印。实际上，在报表设计中，可以在某一节中使用分页符来标识需要另起一页的位置，即强制分页，但页面页眉和页面页脚节除外。例如，如果需要单独将报表标题打印在一页上，可以在报表页眉中显示标题的最后一个控件之后或下一页的第一个控件之前设置一个分页符。

添加分页符的操作步骤如下。

（1）在报表设计视图中，单击"设计"选项卡"控件"命令组中的"插入分页符"命令按钮。

（2）在报表中需要设置分页符的水平位置单击。注意，要将分页符设置在某个控件之上或之下，以免拆分控件中的数据。Access 将分页符以短虚线标记在报表的左边界上。

如果要将报表中的每个记录或分组记录均另起一页，可以通过设置主体节或组页眉、组页脚的"强制分页"属性实现。

5.6.8 使用主题

在 Access 中，主题是一个非常重要的概念。对于窗体和报表，可以通过设置主题来设置配色方案、选定字体、字体颜色以及字号。当将鼠标指针悬停在库中的主题图标上时，在布局视图中打开的报表会立即发生更改，外观为选定主题的外观。

每个主题都有一个名称，当想要在应用程序的文档或者电子邮件及其他信件中引用特定主题时，主题名称会非常有用。主题适用于所有 Office 文档（Word、Excel 和 Access），通过它来确定所有 Office 文档输出的样式非常容易。

5.7 导出与打印报表

在打印报表时，需要根据报表和纸张的实际情况进行页面设置，通过打印预览功能查看报表的显示效果，符合要求后，即可在打印机上输出。

在打印之前，首先确认使用的计算机是否连接打印机，是否已经安装了打印机驱动程序，还要根据报表的大小选择合适的打印纸。

5.7.1 导出报表

在 Access 中，可以将报表导出成 Excel、文本文件、PDF 或 XPS、Word 等多种格式的文件，"导出"选项卡如图 5.80 所示。

图 5.80 "导出"选项卡

将报表导出为 PDF 文件的操作步骤如下。

（1）打开要操作的数据库，单击左侧导航窗格中的"报表"对象列表。

（2）单击"报表"对象列表中要导出的某个报表。

（3）单击"外部数据"选项卡"导出"命令组中的"PDF 或 XPS"命令按钮，弹出"发布为 PDF 或 XPS"对话框。

（4）指定文件存放的位置、文件名以及类型（选择"PDF"），单击"发布"按钮。

5.7.2 页面设置

报表的页面设置内容包括设置打印纸、页边距以及列格式等信息。进行页面设置的操作步骤如下。

（1）选择需要进行页面设置的报表，打开设计视图。

（2）单击"页面设置"选项卡"页面布局"命令组内的"页面设置"命令按钮，打开"页面设置"对话框，如图 5.81 所示。

图 5.81 "页面设置"对话框

（3）设置相应的参数。

在"页面设置"对话框中可进行以下几类设置。

1. 打印选项

在"页边距（毫米）"设置区域中输入所打印数据和页面的上、下、左、右 4 边之间的距离，可以在"示例"区域中看到实际打印时的效果。

如果勾选了"只打印数据"复选框，则打印报表时只打印数据库中字段的数据或是计算而来的数据，不显示分隔线、页眉页脚等信息。这个复选框一般用于需要打印数据到已定制好的纸张上的情况。

2. 页

可以设置报表的打印方向、纸张大小、纸张来源，以及选择打印机。

3. 列

可以设置报表的列数、行间距、列间距、列尺寸。如果是多列报表，可以设置列的布局为"先行后列"或"先列后行"。

对报表进行页面设置后，参数将保存在对应的报表中，在打印预览或打印输出时将按照设置的格式显示。

5.7.3 打印报表

打印报表是指最终在纸上输出报表，操作步骤如下。

（1）选定要打印的报表对象。

（2）选择"文件"选项卡，选择"打印"中的"快速打印"或"打印"命令，或者直接在报表对象上单击鼠标右键，选择"打印"命令，打开"打印"对话框。

（3）指定打印机、打印范围以及打印份数，然后单击"确定"按钮即可开始打印。

单击功能区的"打印预览"选项卡中的"打印"命令按钮。报表将立即发送到默认打印机，不显示"打印"对话框。

习题 5

一、选择题

1. 以下关于报表的描述正确的是（　　　）。

    A. 报表只能输入数据　　　　　　　B. 报表只能输出数据

    C. 报表可以输入和输出数据　　　　D. 报表不能输入和输出数据

2. 报表的主要作用是（　　　）。

    A. 操作数据　　　　　　　　　　　B. 在计算机屏幕上查看数据

    C. 查看打印出的数据　　　　　　　D. 方便数据的输入

3. 既可以查看报表数据，也可以编辑报表的视图是（　　　）。

    A. 设计视图　　　B. 布局视图　　　C. 打印预览　　　D. 报表视图

4. 在报表每一页的底部都输出信息，需要设置的区域是（　　　）。

    A. 报表页眉　　　B. 报表页脚　　　C. 页面页眉　　　D. 页面页脚

5. 实现报表的分组统计的操作区域是（　　　）。

    A. 组页眉或组页脚　　　　　　　　B. 页面页眉或页面页脚

    C. 主体　　　　　　　　　　　　　D. 报表页眉或报表页脚

6. 在设计报表时，如果要统计报表中某个字段的全部数据，应将计算表达式放在（　　　）。

    A. 报表页脚　　　B. 页面页脚　　　C. 组页脚　　　D. 主体

7. 要在报表的主体节显示一条或多条记录，而且以竖直方式显示，应选择（　　　）。

    A. 标签报表　　　B. 图表报表　　　C. 表格式报表　　　D. 纵栏式报表

8. 报表对象的数据源可以是（　　　）。

    A. 表、查询和窗体　　　　　　　　B. 表、查询和报表

    C. 表和查询　　　　　　　　　　　D. 表、查询和 SQL 命令

9. 将报表控件与数据源字段绑定的控件属性是（　　　）。

    A. 字段　　　B. 标题　　　C. 记录源　　　D. 控件来源

10. 在报表中可以作为绑定控件，用于显示字段数据的控件是（　　　）。

    A. 标签　　　B. 文本框　　　C. 命令按钮　　　D. 图像

11. 在报表中对各门课程的成绩按班级分别计算和、平均值和最大值，则需要设置（　　　）。

    A. 分组级别　　　B. 汇总选项　　　C. 分组间隔　　　D. 排序字段

12. 关于报表分组的说法，不正确的是（　　　）。
  A. 在报表中，可以按多个字段实现多级分组
  B. 在报表中，可以根据任意类型字段进行分组
  C. 报表中分组的主要目的在于使具有相同值的记录连续显示
  D. 在报表中，既可以根据字段分组，也可以根据表达式分组
13. 要统计报表中所有学生"数学"课的平均成绩，应设置计算控件的表达式为（　　　）。
  A. =Sum([数学])　　B. Sum([数学])　　C. =Avg([数学])　　D. Avg([数学])
14. 在报表的设计中，用于修饰版面以达到更好的显示效果的控件是（　　　）。
  A. 直线和矩形　　B. 直线和圆形　　C. 直线和多边形　　D. 矩形和圆形

二、填空题
1. 根据布局形式的不同，常见的报表样式有6种，分别是＿＿＿＿＿＿、＿＿＿＿＿＿、＿＿＿＿＿＿、＿＿＿＿＿＿、＿＿＿＿＿＿和＿＿＿＿＿＿。
2. 报表有4种视图，分别是＿＿＿＿＿、＿＿＿＿＿、＿＿＿＿＿和＿＿＿＿＿。
3. 为使报表标题仅在第一页的开始位置出现，应将报表标题放在＿＿＿＿＿中。
4. 使用＿＿＿＿＿创建报表，可以完成大部分设计操作，加快创建报表的过程。
5. 用于在报表中显示说明性文本的控件是＿＿＿＿＿。
6. 在报表设计中，可以通过添加＿＿＿＿＿来实现另起一页输出显示。
7. 使用＿＿＿＿＿可以对整个报表控件设置格式。
8. 报表中不仅可以创建计算字段，而且可以对记录＿＿＿＿＿和＿＿＿＿＿。
9. 在报表中最多可以设置＿＿＿＿＿个分组级别和排序级别。
10. 设计子报表时，可以＿＿＿＿＿或＿＿＿＿＿添加子报表。

三、简答题
1. 报表与窗体有哪些异同？
2. 报表由哪几部分组成？各部分有何特性和作用？
3. 创建报表的方法有哪几种？
4. 怎样设置分组级别和排序级别？
5. 主/子报表有何特性和用途？

四、操作题
1. 使用报表向导创建按部门分组显示职工工号、姓名和基本工资并统计基本工资平均值的报表。
2. 创建显示各部门人数的比例关系的图表报表。
3. 创建打印职工工资单的标签报表。
4. 在设计视图中创建按年龄分组显示职工姓名、性别、身高、民族和实发工资并按身高降序排列和统计实发工资总数的报表。
5. 创建主/子报表，显示职工个人信息和相应的工资明细。

第6章 宏

Access 发展到今天，之所以还有很多的用户使用，除了它易学易用并且拥有强大的程序设计功能外，还因为它提供了一个功能强大且非常容易使用的"宏"。在 Access 中，宏作为一种自动完成各种任务的工具，是由一个或多个操作所组成的集合，这里的每个操作都能够自动地完成某些特定的功能。通过宏，用户不用 VBA 编程也可以轻松地完成在其他软件中必须通过编写程序才能够完成的功能。在 Access 2016 中，宏增加了一些新功能，其中包括改进的宏设计器、基于表的数据宏以及对表达式创建方式的变更。本章主要介绍宏的基本概念及操作，以及宏的创建、运行与调试等内容。

学习目标
- 了解宏的基本概念。
- 熟悉常用的宏操作。
- 掌握宏的创建、运行与调试。

6.1 宏概述

宏是 Access 数据库的对象之一，它的主要功能是进行自动操作，将查询、窗体等有机地结合起来，形成性能完善、操作简单的系统。通过宏，我们还可以了解计算机的编程语言，这对理解计算机的操作本质和后续 VBA 编程都非常有帮助。在 Access 2016 中，使用宏设计器，可创建更加灵活的宏，可以建立独立的标准宏，可以在数据表中使用数据宏，还可以在事件中使用标准宏或事件宏。

宏是一种工具，可以用它来自动完成任务，并向窗体、报表和控件中添加功能。例如，如果向窗体添加一个命令按钮，应当将按钮的 Click 事件与一个宏关联，并且该宏应当包含该按钮每次被单击时执行的命令。

6.1.1 宏的基本概念

在 Access 中，可以将宏看作一种简化的编程语言，这种语言是通过生成一系列要执行的操作来编写的。生成宏时，从下拉列表中选择每一个操作，然后填写每个操作所必需的信息。通过使用宏，无须在 VBA 模块中编写代码，即可向窗体、报表和控件中添加功能。宏提供了 VBA 中可用命令的子集，大多数人都认为构建宏比编写 VBA 代码更加容易。

宏是一个或多个操作组成的集合，其中的每个操作能够自动地实现特定的功能。在 Access 中，用户可以为宏定义各种类型的操作，例如打开和关闭窗体、显示及隐藏工具栏、预览或打印报表等。通过直接执行宏或者使用包含宏的用户界面，可以完成很多复杂的操作，而不需要编写任何的程序代码。

在 Access 中，宏可以分为标准宏、事件宏和数据宏。标准宏按宏操作的多少和组织方式，可分为宏、宏组和条件操作宏。事件宏嵌入窗体、报表或控件的任何事件属性中，成为所嵌入的对象或控件的一部分。数据宏是直接附加到 Access 表而不是各个字段的，允许设计者在表事件（如更改前、删除前、插入后、更新后和删除后等）中自动运行。标准宏显示在导航窗格的"宏"对象组中，事件宏和数据宏则不显示。

6.1.2 常用宏操作

在 Access 中，宏是由很多的基本宏操作组成的，这些基本操作还可以组合成很多其他的"宏组"操作。在使用中，我们很少单独使用基本宏命令，常常是将这些命令排成一组，按照顺序执行，以完成某个特定任务。这些命令可以通过窗体中控件的某个事件操作实现，或在数据库的运行过程中自动实现。图 6.1 所示是包含"打开窗体"、"打开报表"、"关闭窗体"和"关闭报表" 4 个基本宏操作的宏。

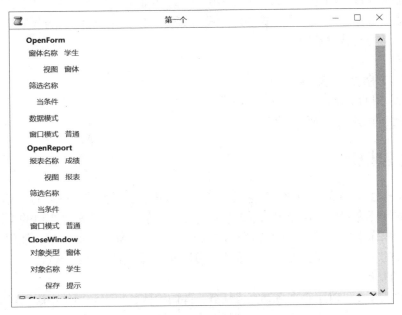

图 6.1 宏操作

在这一系列的基本宏操作中，基本上每个都有自己的参数，可以根据需要进行设置。Access 2016 中共有 66 个宏操作，这里给出常用的 17 个宏操作及其简单说明，如表 6.1 所示。

表 6.1 常用宏操作

操作	说明
Beep	通过计算机的扬声器发出蜂鸣声
CloseWindow	关闭指定的 Access 窗口。如果没有指定窗口，则关闭活动窗口
GoToControl	把焦点移到打开的窗体、窗体数据表、表数据表、查询数据表中当前记录的特定字段或控件上
MaximizeWindow	放大活动窗口，使其充满 Access 窗口。该操作可以使用户尽可能多地看到活动窗口中的对象

操作	说明
MinimizeWindow	将活动窗口缩小为 Access 窗口底部的小标题栏
MessageBox	显示包含警告信息或其他信息的消息对话框
OpenForm	打开指定窗体,并通过选择窗体的数据输入与窗口模式限制窗体所显示的记录
OpenReport	在设计视图或打印预览中打开报表或立即打印报表。也可以限制需要在报表中打印的记录
FindRecord	可以在活动数据表、窗体等对象查找符合参数条件的第一个数据实例
QuitAccess	退出 Access。QuitAccess 操作还可以指定在退出 Access 之前是否保存数据库对象
CancelEvent	可以取消一个事件
GoToPage	可以将活动窗体中的焦点移至指定页中的第一个控件
RunMacro	运行宏或宏组。该宏可以在宏组中
AddMenu	可以创建自定义菜单或自定义快捷菜单
OnError	指定当宏出现错误时如何处理
StopMacro	停止当前正在运行的宏
If	按照设定的条件执行宏操作,属于程序流程控制操作

6.1.3 设置宏操作参数

在宏中添加某个操作之后,可以在宏窗口的底部"操作参数列"区设置该操作的相关参数。这些参数可以向 Access 提供如何执行宏操作的附加信息。

关于设置宏操作参数的一些说明如下。

(1)可以在参数文本框中输入数值,或者在很多情况下,也可以从列表中选择某个操作。

(2)通常按参数排列顺序来设置操作参数是很好的方法,因为选择某一参数将决定该参数后面的参数的选择。

(3)如果通过从数据库窗口拖曳数据库对象的方式来向宏中添加操作,系统将自动为这个操作设置适当的参数。

(4)如果操作中有调用数据库对象名的参数,则可以将对象从数据库窗口中拖曳到参数文本框,从而由系统自动设置参数及其对应的对象类型参数。

(5)需要重复设置宏操作时,可以使用复制的方式。

(6)移动宏操作时,可以使用拖动的方式。

6.2 宏的创建

宏的创建方法与其他 Access 数据库对象一样,可以在设计视图中进行,在 Access 中宏的设计视图又称宏生成器。创建一个宏的主要工作包括设置宏所包含的操作和相应的参数。

打开宏生成器的方法是先打开数据库,单击"创建"选项卡"宏与代码"命令组中的"宏"命令按钮。打开宏生成器的同时,也会打开"操作目录"窗格,如图 6.2 所示。

宏生成器供用户设计宏使用,用户设计的宏所包含的所有操作都会显示在宏生成器中。在"操作目录"窗格中,分类列出了所有的宏操作命令,设计宏时可以直接选择所需要的操作。

在设计宏时，除了要有正确的宏操作名称外，还要根据需要设置相应的参数，在使用的时候用户一定要详细了解操作参数的含义。

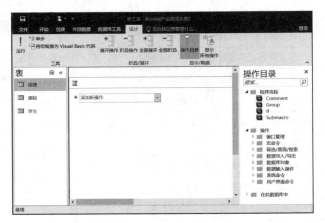

图 6.2　宏生成器和"操作目录"窗格

6.2.1　创建标准宏

创建的标准宏对象将显示在导航窗格的"宏"对象列表中。如果希望在应用程序的不同位置重复使用宏，则标准宏是非常有用的。通过从其他宏调用宏，可以避免在多个位置重复相同的代码。

1．创建宏

宏的创建是在宏生成器中进行的，创建一个宏包括设置宏所包含的操作和相应的参数。

【例 6.1】在"学籍管理"数据库中创建一个宏，其功能为打开学生信息窗体。

例 6.1

操作步骤如下。

（1）打开"学籍管理"数据库，单击"创建"选项卡"宏与代码"命令组中的"宏"命令按钮，打开宏生成器。

（2）在宏生成器的"添加新操作"文本框中单击下拉按钮，选择"OpenForm"操作，如图 6.3 所示，即可打开该宏的"操作参数列"区，参考图 6.4。

（3）在"窗体名称"下拉列表中选择"学生"，在"数据模式"下拉列表中选择"只读"，其他设置如图 6.4 所示。

图 6.3　选择操作

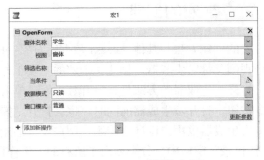

图 6.4　设置操作参数

（4）单击快速访问工具栏中的"保存"按钮，在"另存为"对话框中输入"学生"，单击"确定"按钮保存宏。

【例6.2】在"学籍管理"数据库中创建一个宏，该宏操作包括打开学生信息窗体、显示成功操作的消息对话框和把窗体最大化。

例6.2

操作步骤如下。

（1）打开"学籍管理"数据库，单击"创建"选项卡"宏与代码"命令组中的"宏"命令按钮，打开宏生成器。

（2）在宏生成器的"添加新操作"文本框中单击下拉按钮，选择"OpenForm"操作，在打开的"操作参数列"区的"窗体名称"下拉列表中选择"学生"，在"数据模式"下拉列表中选择"只读"。

（3）在宏生成器的"添加新操作"下拉列表中选择"MessageBox"操作，在打开的"操作参数列"区的"消息"文本框中输入"窗体打开成功!"，在"标题"文本框中输入"打开窗体"。

（4）在宏生成器的"添加新操作"下拉列表中选择"MaximizeWindow"操作，完成后如图6.5所示。

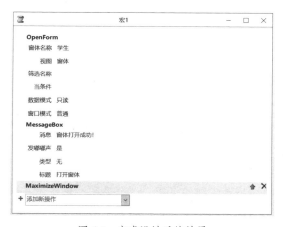

图6.5 完成设计后的效果

（5）单击快速访问工具栏中的"保存"按钮，在"另存为"对话框中输入"学生信息"，单击"确定"按钮保存宏。

2．创建宏组

宏组是指一个宏文件中包含一个或多个宏，这些宏称为子宏。宏组中的每个子宏都是独立的，互不相关，必须定义一个唯一的名称，方便调用。

【例 6.3】在"学籍管理"数据库中创建一个宏组并将其命名为"宏组操作"，其中包括 3 个子宏，分别是打开学生信息窗体、打开课程信息窗体和关闭窗体。其中第一个子宏包括打开学生信息窗体和显示"成功打开学生信息窗体!"消息对话框两个操作，第二个子宏包括打开课程信息窗体和显示"成功打开课程信息窗体!"消息对话框两个操作，最后一个子宏执行关闭窗体操作。

例6.3

操作步骤如下。

（1）打开"学籍管理"数据库，单击"创建"选项卡"宏与代码"命令组中的"宏"命令按钮，打开宏生成器。

宏 / 第6章

（2）创建第一个子宏。在"操作目录"窗格将程序流程中的子宏命令 Submacro 拖到"添加新操作"文本框中，在"子宏"文本框中，默认名称为 Sub1，将该名称改为"打开学生信息窗体"。在"添加新操作"下拉列表中选择"OpenForm"操作，在打开的"操作参数列"区的"窗体名称"下拉列表中选择"学生"，在"数据模式"下拉列表中选择"只读"；再在"添加新操作"下拉列表中选择"MessageBox"操作，在"操作参数列"区的"消息"文本框中输入"成功打开学生信息窗体！"，在"标题"文本框中输入"打开窗体"，如图 6.6 所示。

（3）创建宏组中的其他子宏。按照上述方法，在宏生成器中创建打开课程信息窗体及显示消息和关闭窗体的两个宏，如图 6.7 所示。

图 6.6　第一个子宏

图 6.7　完成后的宏组设计

（4）保存宏组。单击快速访问工具栏中的"保存"按钮，在"另存为"对话框中输入"宏组操作"，单击"确定"按钮。

> 💡提示
>
> 　　保存宏组时，指定的名字是宏组的名字。这个名字也是显示在数据库窗口中的宏和宏组列表的名字。如果要引用宏组中的子宏，请用格式"宏组名.子宏名"引用。

3．创建条件宏

在宏的使用中，有时可能希望仅当特定条件为真时才在宏中执行一个或多个操作，此时可以使用条件来控制宏的流程，也就是创建条件宏。创建条件宏的方法与创建宏组一样，是通过宏生成器来完成的，区别条件宏的创建是在宏生成器中使用程序流程控制的宏命令 If 操作。

If 操作相当于早期版本 Access 中使用的"条件"列，其添加方法是从"添加新操作"下拉列表中选择"If"，或者是将"If"从"操作目录"窗格拖动到宏设计器。If 操作是以"If 块"的形式显示在宏设计器中的，如果有多个执行条件，还可以使用"Else If"和"Else"块来扩展"If"块，其添加方法是单击"If"块右下角的"添加 Else"和"添加 Else If"。

不管是"If"还是"Else If"，都需要一个执行该块的条件表达式，该条件表达式必须为布尔表达式，也就是说这个表达式的计算结果必须为 True 或 False。"If"块最多可以嵌套 10 级。

【例 6.4】创建一个宏，用户只有在确认的情况下才能打开学生信息窗体，并要求有提示的声音。

例 6.4

操作步骤如下。

（1）打开"学籍管理"数据库，单击"创建"选项卡"宏与代码"命令组中的"宏"命令按钮，打开宏生成器。

（2）创建宏条件。在"操作目录"窗格将程序流程中的子宏命令 If 拖到"添加新操作"文本框中，在 If 文本框中输入"MsgBox("确认打开"学生基本信息窗体"窗体吗?",1)=1"。

（3）创建宏操作。在"添加新操作"下拉列表中选择"Beep"操作；再在"添加新操作"下拉列表中选择"OpenForm"操作，在"操作参数列"区的"窗体名称"下拉列表中选择"学生"，在"数据模式"下拉列表中选择"只读"，如图 6.8 所示。

图 6.8　单条件宏

（4）保存宏。单击快速访问工具栏中的"保存"按钮，在"另存为"对话框中输入"条件宏"，单击"确定"按钮。

（5）运行此宏时，系统会在执行 Beep 和 OpenForm 操作前先执行 MsgBox()函数，然后判断用户的选择，如果单击的是"确定"按钮，那么就执行 Beep 和 OpenForm 操作，否则不执行该操作。

在上例中，MsgBox()函数的构成"MsgBox("确认打开"学生基本信息窗体"窗体吗?",1)=1"运行的消息对话框如图 6.9 所示，其中显示提示语句和"确定""取消"两个按钮并默认选中"确定"按钮。我们还可以在文本框中输入"MsgBox("确认打开"学生基本信息窗体"窗体吗?",4+32+256,"请确认！")=6"，表示在消息对话框中显示提示语句和标题，4 表示显示"是"和"否"按钮，32 表示显示警告查询图标，256 表示默认选中第二个按钮"否"，6 表示返回用户的选择是选中了"是"按钮。MsgBox()函数具体参数取值和返回值表示参见第 7 章。

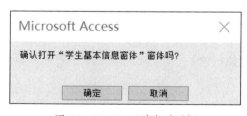

图 6.9　MsgBox()消息对话框

6.2.2　创建事件宏

事件宏与标准宏的不同之处在于，事件宏存储在窗体、报表或控件的事件属性中，是所嵌入对象的一部分。它们并不作为对象显示在导航窗格中的"宏"对象列表中。这使得数据库易于管理，因为不必跟踪包含窗体或报表的宏的单独宏对象。通常，事件宏的执行与窗体中的单击事件相结合，当单击命令按钮时执行相应的宏操作。

1．事件的概念

事件（Event）是在数据库中执行的某种特殊操作，是对象所能辨识和检测的动作。当此动作发生在某一个对象上时，其对应的事件便会被触发，如果已预先为此事件编写了宏或事件过程，此时就会执行宏或事件程序。例如，单击了窗体上的某个按钮，此按钮的 Click 事件便会被触发，指派给该 Click 事件的宏或事件程序便会被执行。

Access 2016 中的事件可以分为 11 类，分别如下。

窗口事件：窗体及报表事件，打开、关闭及调整大小。

数据事件：删除、更新或者成为当前项。

焦点事件：激活、输入或者退出。

键盘事件：按下或者释放一个键，以及按下和释放合在一起的击键事件。

鼠标事件：包括单击、双击、鼠标按下、鼠标释放和鼠标移动。

打印事件：包括打开、关闭报表，报表无数据，打印页前，打印出错等。

筛选事件：应用或删除筛选器时由窗体触发。

错误事件：错误发生时由获得焦点的窗体或报表触发。

时间事件：经过指定时间间隔后由窗体触发。

类模块事件：打开或关闭一个 VBA 类实例时触发。

引用事件：添加或删除一个对象或 References 集合中类型库的引用时触发。

事件是预先定义好的活动，也就是说一个对象拥有哪些事件是系统本身定义好的，至于事件被触发后执行什么内容，是由用户为此事件编写的宏或事件程序决定的。事件过程是为响应由用户或程序代码引发的事件或系统触发的事件而运行的过程。宏运行的前提是有触发宏的事件发生。

需要注意的是，触发事件的动作不仅仅是用户的操作，程序代码或操作系统都有可能触发事件。例如，当作用的窗体或报表发生执行错误，便会触发窗体或报表的 Error 事件；当窗体打开并显示其中的数据时，便会触发 Load 事件。

在窗体、报表或查询的设计过程中，可以通过对象的事件触发对应的宏。常用的触发宏的操作有以下几个。

（1）将宏和某个窗体、报表相连。

（2）用菜单或命令组中的某个命令按钮触发宏。

（3）将宏和窗体、报表中的某个控件相连。

（4）用快捷键事件触发执行宏。

（5）制作自动运行宏。

2．命令按钮上的事件宏

在对象的事件属性中，可以使用事件宏，这样，事件宏就成为创建它的窗体、报表或控件的一部分。最常见的是与命令按钮的 Click 事件相关的事件宏。

【例 6.5】创建一个窗体，在窗体上添加 3 个命令按钮，功能分别是打开"学生"表、打开学生窗体和退出。

操作步骤如下。

（1）打开"学籍管理"数据库，单击"创建"选项卡"窗体"命令组中的"空白窗体"命令按钮，打开窗体设计视图。

例6.5

（2）设计窗体。在窗体设计视图的空白窗体上面，分别添加3个命令按钮，其"标题"属性分别设置为"打开学生表"、"打开学生窗体"和"退出"，如图6.10所示。

（3）创建第一个事件宏。在窗体中选中"打开学生表"按钮，打开"属性表"窗格，切换到"事件"选项卡，单击"单击"后的"选择生成器"按钮，如图6.11所示，打开"选择生成器"对话框，如图6.12所示，选中"宏生成器"，单击"确定"按钮（或者在"打开学生表"按钮上单击右键，在弹出的快捷菜单中选择"事件生成器"命令）；打开宏生成器，在宏生成器的"添加新操作"下拉列表中选择"OpenTable"操作，在打开的"操作参数列"区的"表名称"下拉列表中选择"学生"表，在"数据模式"下拉列表中选择"只读"，如图6.13所示；单击快速访问工具栏中的"保存"按钮，在"属性表"窗格"事件"选项卡的"单击"文本框中显示"[嵌入的宏]"。

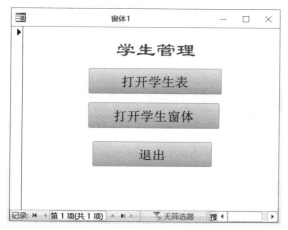

图6.10　学生管理窗体

图6.11　"属性表"窗格

图6.12　"选择生成器"对话框

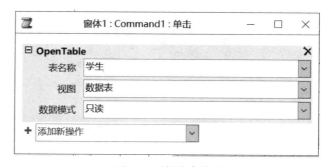

图6.13　"操作参数列"区

（4）创建其他事件宏。参考上面的方法，创建"打开学生窗体"和"退出"命令按钮的事件宏。设计好后"属性表"窗格"事件"选项卡的"单击"文本框中都会显示"[嵌入的宏]"，如图6.14所示。

（5）保存窗体，窗体名称为"学生管理"，切换到窗体视图，单击不同的命令按钮可以运行相应的宏操作。

3. 用户界面宏

在 Access 2016 中，附加到用户界面对象（例如命令按钮、文本框、窗体和报表）的宏称为用户界面宏。此名称可将它们与附加到表的数据宏区分开来。使用用户界面宏可使系统自动完成一系列操作，例如打开另一个对象、应用筛选器、启动导出操作以及许多其他任务。

例6.6

【例 6.6】创建"课程窗体"窗体，在窗体上单击"课程号"字段时，会打开一个详细的课程信息窗体。

操作步骤如下。

图 6.14　显示"[嵌入的宏]"

（1）打开"学籍管理"数据库，在导航窗格中选择"课程"表，选择"创建"选项卡"窗体"命令组中"其他窗体"下拉列表中的"数据表"选项，如图 6.15 所示。

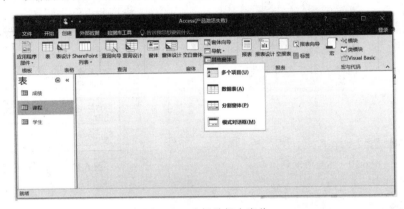

图 6.15　选择数据表窗体

（2）单击快速访问工具栏中的"保存"按钮，在弹出的"另存为"对话框中输入"课程窗体"，单击"确定"按钮，保存"课程窗体"，如图 6.16 所示。

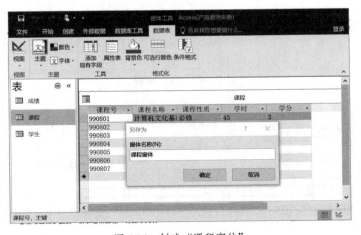

图 6.16　创建"课程窗体"

（3）在导航窗格中选择"课程"表，单击"创建"选项卡"窗体"命令组中的"窗体"命令按钮，弹出"课程窗体"，单击快速访问工具栏中的"保存"按钮，在弹出的"另存为"对话框中输入"课程详细窗体"，单击"确定"按钮，保存"课程详细窗体"，如图 6.17 所示。

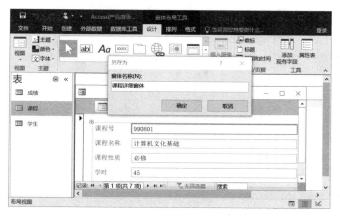

图 6.17　创建"课程详细窗体"

（4）窗体视图下打开"课程窗体"，单击"窗体工具"→"数据表"选项卡中的"属性表"命令按钮，打开"属性表"窗格，单击"课程号"字段后，再单击右边"属性表"窗格"事件"选项卡中"单击"后的"选择生成器"按钮，打开"选择生成器"对话框，如图 6.18 所示。

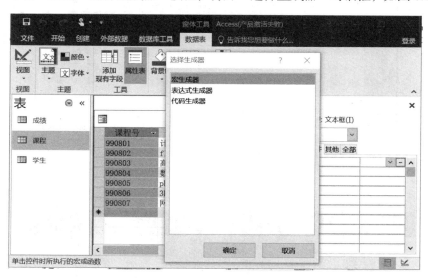

图 6.18　"选择生成器"对话框

（5）选择"宏生成器"选项，单击"确定"按钮，打开宏生成器，如图 6.19 所示。

（6）在"添加新操作"下拉列表中选择"OpenForm"操作，在下面"操作参数列"区的"窗体名称"下拉列表中选择"课程详细窗体"，在"数据模式"下拉列表中选择"编辑"，如图 6.20 所示。

（7）单击快速访问工具栏中的"保存"按钮，关闭宏生成器，进入"课程窗体"，"属性表"窗格"事件"选项卡的"单击"文本框中会显示"[嵌入的宏]"，如图 6.21 所示。

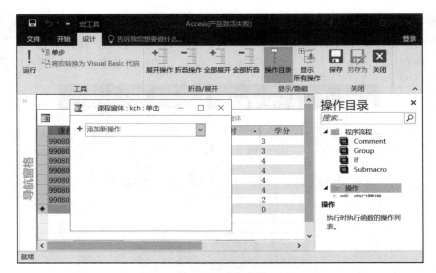

图 6.19　宏生成器

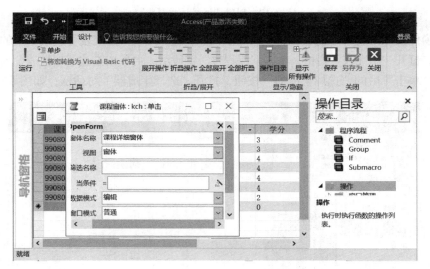

图 6.20　设置宏

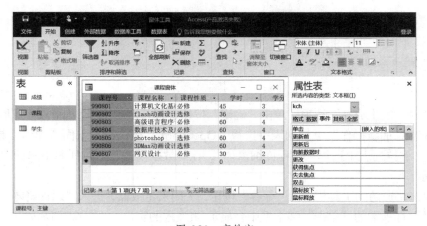

图 6.21　事件宏

（8）单击任意课程号，即会弹出"课程详细窗体"，如图 6.22 所示。

图 6.22　运行窗口

6.2.3　创建数据宏

除了标准宏外，还可以使用宏生成器来创建数据宏。数据宏是 Access 2010 之后版本中新增的一项新功能，它能根据事件更改数据。数据宏有助于支持 Web 数据库中的聚合，并且还提供了一种可以在任何 Access 2016 数据库中实现"触发器"的方法，允许设计者在表事件（如添加、更新或删除数据等）中添加逻辑。

在 Access 中，创建数据宏的位置和创建标准宏、事件宏都不相同，它是在表对象的数据表视图和设计视图中创建的。数据宏有事件驱动的数据宏和已命名的数据宏两种形式。

例如有一个"已完成百分比"字段和一个"状态"字段的表，可以使用数据宏进行如下设置：当"状态"设置为"已完成"时，将"已完成百分比"设置为 100%；当"状态"设置为"未开始"时，将"已完成百分比"设置为 0%。可以通过设置表的更新后事件的数据宏来实现。

【例 6.7】在"成绩"表中，有"成绩"字段，当修改或输入新的值时，要对成绩的值进行检查，如果不符合要求，则不允许更新。假设成绩的取值是 0 到 100。

操作步骤如下。

（1）打开"学籍管理"数据库，在导航窗格中双击"成绩"表，切换到"表格工具"→"表"选项卡，如图 6.23 所示。

例 6.7

图 6.23　"表"选项卡

185

（2）单击"更改前"命令按钮，打开宏生成器，如图 6.24 所示。

（3）在"添加新操作"下拉列表中选择"If"操作，在"条件表达式"文本框中输入"[成绩]>100 OR [成绩]<0"；在"添加新操作"下拉列表中选择"RaiseError"操作，在下面"操作参数列"区的"错误号"文本框中输入"1001"，在"错误描述"文本框中输入"成绩不能小于 0 或者大于 100!"，如图 6.25 所示。

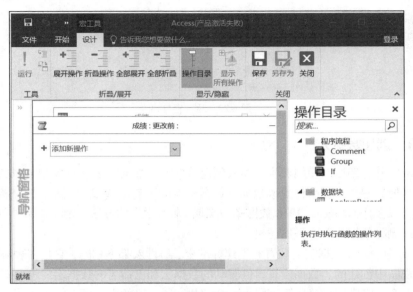

图 6.24　宏生成器

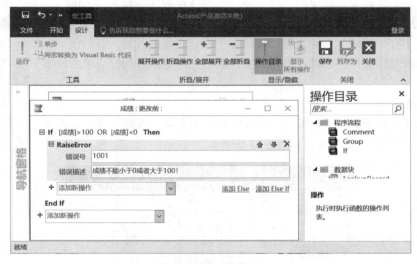

图 6.25　设置数据宏

（4）单击快速访问工具栏中的"保存"按钮，关闭宏生成器，进入"成绩"表视图，如图 6.26 所示。

（5）修改表中"成绩"字段的值为 120，完成输入再执行其他操作时弹出提示对话框，如图 6.27 所示。

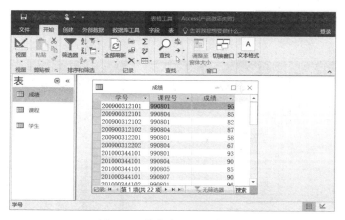

图 6.26　数据宏设置后的视图

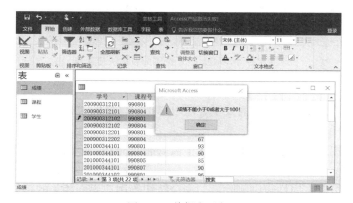

图 6.27　数据宏运行

6.2.4　宏的编辑

创建好的宏，如果不符合要求或者是错误的，可以对宏进行修改和删除操作。

1．宏的修改

用户对宏进行修改时，可以在宏生成器的任意位置添加或更改一个操作，还可以调整操作的顺序。

向宏添加操作可以通过"添加新操作"文本框和"操作目录"窗格完成，如图 6.28 所示。

图 6.28　添加宏操作

调整宏的操作顺序或删除宏可以通过右键快捷菜单或命令按钮完成，右键快捷菜单如图 6.29 所示。

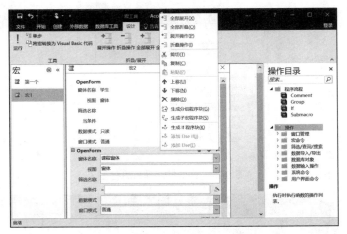

图 6.29 移动/删除宏操作的右键快捷菜单

2．宏的删除

在完成宏的设计以后，如果不需要了，还可以把设计好的宏删除，标准宏、事件宏和数据宏的删除有一些差别。

对于标准宏，用户可以在导航窗格中选中需要删除的宏，单击鼠标右键并选择"删除"命令，如图 6.30 所示。

对于事件宏，可以在属性表中删除。与命令按钮等用户界面相关的事件宏，根据对象打开其属性表，在"事件"选项卡中对应事件后的文本框中选中"[嵌入的宏]"几个字符删除即可完成删除宏的操作，如图 6.31 所示。

对于数据宏，可以在"数据宏管理器"中删除。与数据相关的数据宏，用户可以在"数据宏管理器"中，单击对应事件数据宏后的"删除"完成删除宏的操作，如图 6.32 所示。打开"数据宏管理器"的方法是，打开数据表，选择"表格工具"→"表"选项卡"已命名的宏"下拉列表中的"重命名/删除宏"选项，如图 6.33 所示。

图 6.30 标准宏删除

图 6.31 事件宏删除

图 6.32 "数据宏管理器"

图 6.33 打开 "数据宏管理器"

6.3 宏的运行

宏有多种运行方法，可直接运行宏，可运行宏组中的宏，也可在窗体、报表或控件的事件中运行宏等。运行宏时，系统按照宏中宏操作的排列顺序由上至下依次执行。

6.3.1 标准宏的运行

1．直接运行宏

通过下列操作方法之一可以直接运行宏。

（1）在宏生成器中运行宏。单击功能区中的"运行"命令按钮。

（2）在导航窗格中运行宏。单击"宏"对象列表，然后双击相应的宏名。

（3）在主窗口中运行宏。在"数据库工具"选项卡的"宏"命令组中单击"运行宏"命令按钮，在打开的"执行宏"对话框中选择要运行的宏。

2．运行宏组中的宏

通过下列操作方法之一可以直接运行宏组中的宏。

（1）将宏指定为窗体或报表的事件属性设置，或指定为 RunMacro 操作的宏名参数。引用格式为：宏组名.宏名。

（2）运行宏，单击"数据库工具"选项卡"宏"命令组中的"运行宏"命令按钮，在打开的"执行宏"对话框中选择要运行的宏。

3．从另一个宏中或 VBA 模块中运行宏

使用 RunMacro 宏操作，或者使用 DoCmd 对象的 RunMacro 方法，或者在 VBA 代码中，都可以运行宏。

4．通过窗体、数据表、报表或控件的属性表运行宏

可以在对象的"属性表"窗格的"事件"选项卡中，给各个事件绑定标准宏，在事件发生时即可运行宏。

5．自动运行宏

Access 提供了一个专用的宏名，即 AutoExec，也被称为启动宏，该宏在打开数据库时会自动运行。

如果用户想在首次打开数据库时执行指定的操作，可以使用 AutoExec 宏。创建 AutoExec 宏的方法如下。

（1）创建一个宏，其中包含在打开数据库时要执行的操作。

（2）以 autoexec 为名保存该宏，如图 6.34 所示。

（3）下次打开数据库时，Access 将自动运行该宏。

（4）如果不想在打开数据库时运行 AutoExec 宏，可在打开数据库时按住 Shift 键。

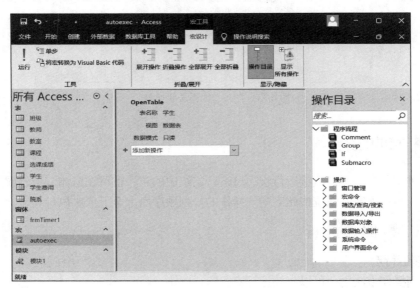

图 6.34　创建 AutoExec 宏

6.3.2　事件宏的运行

嵌入在窗体、报表或控件中的事件宏，可以通过以下两种方式运行。

- 用设计视图打开宏时，单击"设计"选项卡中的"运行"命令按钮运行宏。
- 以响应窗体、报表或控件中发生的事件运行宏。

6.3.3 数据宏的运行

包含在一个指定表格中的数据宏，可以通过从其他任何已命名或者事件驱动的数据宏，或者一个传统的用户界面宏中调用 RunDataMacro 操作来调用已命名的数据宏并运行。

6.4 宏的调试

如果宏内有设置不当的操作，运行时就可能会产生一些错误，出现错误提示对话框，如图 6.35 所示。

图 6.35 宏运行出错提示对话框

如果一个宏有很多操作，但只包含一个错误，可以使用"单步"命令运行宏进行调试，观察宏的流程和每一个操作的结果，可以排除导致错误或非预期结果的操作。

单步执行是 Access 数据库中用来调试宏的主要方式。

调试的步骤如下。

（1）打开宏生成器。

（2）在"设计"选项卡中单击"单步"命令按钮。

（3）在"设计"选项卡中单击"运行"命令按钮，打开"单步执行宏"对话框，如图 6.36 所示。该对话框显示与宏操作有关的信息和错误号，错误号如果为"0"，则表示未发生错误，如图 6.36 所示。

（4）单击"单步执行"按钮，以执行"操作名称"文本框中的操作，并可以看到单步执行的结果，如图 6.37 所示。

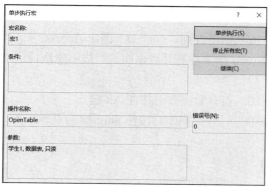

图 6.36 "单步执行宏"对话框

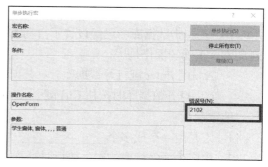

图 6.37 单步执行的结果

（5）单击"停止所有宏"按钮，以停止宏的运行并关闭对话框。

（6）单击"继续"按钮以关闭单步执行，并运行宏的未完成部分。

习题 6

一、选择题

1. 下列叙述中，错误的是（　　　）。
   - A. 宏能一次完成多个操作
   - B. 可以将多个宏组成一个宏组
   - C. 可以用编程的方法来实现宏
   - D. 宏命令一般由操作名和操作参数组成

2. 宏操作不能处理的是（　　　）。
   - A. 打开报表　　　B. 发送数据库对象　C. 显示提示信息　　D. 连接数据源

3. 使用宏组的目的是（　　　）。
   - A. 设计出功能复杂的宏
   - B. 设计出包含大量操作的宏
   - C. 减少程序内存消耗
   - D. 对多个宏进行组织和管理

4. 某窗体上有一个命令按钮，要求单击该按钮后调用一个标准宏，则设计该宏时应选择的宏操作是（　　　）。
   - A. RunApp　　　B. RunCode　　　C. RunMacro　　　D. RunCommand

5. 在宏的调试中，可配合使用的命令按钮是（　　　）。
   - A. 调试　　　　B. 单步　　　　C. 条件　　　D. 运行

6. 在运行宏的过程中，宏不能修改的是（　　　）。
   - A. 窗体　　　　B. 宏本身　　　C. 表　　　　D. 数据库

7. 不能使用宏的数据库对象是（　　　）。
   - A. 窗体　　　　B. 宏　　　　C. 数据表　　　D. 报表

8. 在宏的参数中，要引用窗体 F1 上 Text1 文本框的值，应该使用的表达式是（　　　）。
   - A. [forms]![F1]![text1]
   - B. text1
   - C. [F1].[text1]
   - D. [forms]_[F1]_[text1]

9. 宏操作 QuitAccess 的功能是（　　　）。
   - A. 关闭表　　　B. 退出宏　　　C. 退出查询　　　D. 退出 Access

10. 在一个数据库中已经设置了自动宏 AutoExec，如果在打开数据库的时候不想执行这个自动宏，正确的操作是（　　　）。
   - A. 用 Enter 键打开数据库
   - B. 打开数据库时按住 Alt 键
   - C. 打开数据库时按住 Ctrl 键
   - D. 打开数据库时按住 Shift 键

二、填空题

1. 宏是由一个或多个_____组成的。
2. 由多个操作构成的宏，执行时是按_____顺序执行的。
3. 若要在宏中打开某个数据表，应使用的宏操作命令是_____。
4. 宏运行时，要弹出消息对话框，相应的宏操作命令是_____。
5. 宏运行时，将当前窗口最大化的宏操作命令是_____。
6. 某窗体有一个命令按钮，在窗体视图中单击该命令按钮将打开一个查询，需要执行的宏操作是________________。

7. 在 Access 中，自动运行宏的名称必须是______________。

8. 宏运行时，打开报表和窗体的宏操作命令是__________和___________。

9. 宏可分为________________、________________和_________________3 种。

10. 宏运行时，运行其他宏的宏操作命令是__________________。

三、操作题

1. 在“职工信息管理”系统中，创建打开一个窗体和一个报表的标准宏。

2. 在“职工信息管理”系统中，创建一个宏。运行该宏，要求输入部门名称并显示该部门的职工基本信息，如图 6.38 和图 6.39 所示，可以使用参数查询。

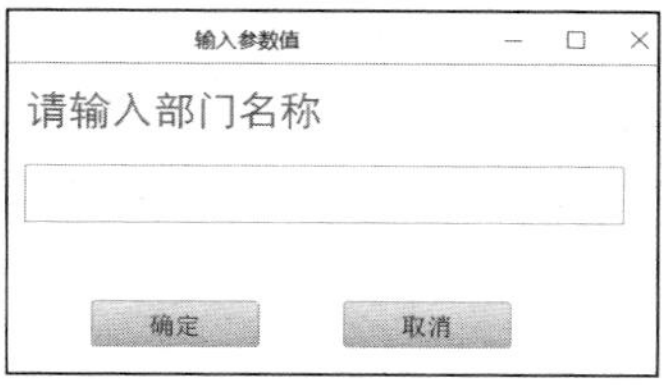

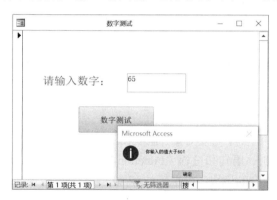

图 6.38 输入部门名称

部门名称	工号	姓名	性别	出生日期	学历	职称	基本工资
生产部	3731	庞智勇	男	1977/4/23	本科	中级	2100
生产部	3731	庞智勇	男	1977/4/23	本科	中级	2100
生产部	3731	庞智勇	男	1977/4/23	本科	中级	1800
生产部	3732	杨要学	男	1979/5/3	本科	中级	1700
生产部	3732	杨要学	男	1979/5/3	本科	中级	1700
生产部	3732	杨要学	男	1979/5/3	本科	中级	1700
生产部	3733	王林林	女	1981/10/2	本科	中级	1700
生产部	3733	王林林	女	1981/10/2	本科	中级	1700
生产部	3733	王林林	女	1981/10/2	本科	中级	1700

图 6.39 显示结果

3. 创建一个宏组，把上面两个宏保存在宏组中。

4. 创建一个事件宏，判断用户输入的数据，运行结果如图 6.40 所示。

图 6.40 测试运行图

5. 在“工资”表中增加一个“收入情况”字段，根据实发工资自动标注个人收入情况。个人收入情况分“高”、“中等”和“低” 3 档，收入高于 4500 元为“高”档，低于 3000 元为“低”档，否则为“中等”档，使用数据宏来实现。

第7章

模块和 VBA 程序设计

在 Access 系统中，借助于宏对象可以实现事件的响应处理，完成一些操作任务。宏的优点是无须编写代码，系统已将主要代码集成。但宏也有一定的局限性：一是宏不能处理较复杂的操作；二是宏对数据库对象的处理能力比较弱。因此，为了解决实际开发中复杂的数据库应用问题，Access 数据库系统提供了"模块"。也可以将宏转换为 VBA 代码然后进行编辑修改。

学习目标

- 理解模块的概念，掌握创建模块的基本方法。
- 掌握 VBA 程序设计的基础知识。
- 掌握 VBA 程序设计的基本方法。
- 掌握过程的基本使用方法。

7.1 模块的基本概念

7.1 模块的基本概念

7.1.1 模块简介

模块是 Access 系统中的一个重要对象，是 Access 数据库中用于保存 VBA 程序代码的容器。模块是将 VBA 代码的声明、语句和过程（Function 或 Sub）作为一个单元进行保存的集合。

在 Access 中有两种类型的模块：标准模块和类模块。

1. 标准模块

标准模块一般用于存放供其他 Access 数据库对象使用的公共过程。标准模块通过"模块"对象创建代码过程，通常与特定的数据库对象无关联，通过一些公共变量或过程供类模块里的过程调用。在各个标准模块内部，也可以定义私有变量和私有过程仅供本模块内部使用。

标准模块中的公共变量和公共过程具有全局特性，其作用范围为整个应用程序，生命周期伴随着应用程序的运行而开始，伴随着应用程序的关闭而结束。

2. 类模块

类模块是包含类的定义的模块，包括其属性和方法的定义。类模块的形式有 3 种：窗体模块、报表模块和自定义模块。窗体模块和报表模块从属于各自的窗体和报表。

窗体模块和报表模块通常都含有事件过程，可以使用事件过程来控制窗体或报表的行为，以及它们对用户操作的响应，如单击窗体上的某个命令按钮。窗体模块和报表模块中的过程可以调用标准模块中已经定义好的过程。

为窗体或报表创建第一个事件过程时，Access 将自动创建与之关联的窗体或报表模块。

窗体模块、报表模块具有局限性，其作用范围局限在其所属窗体、报表内部，而生命周期则伴随着窗体、报表的打开或关闭而开始或结束。

用户可以创建自定义类，该模块包含特定概念的方法函数或过程函数。可以像引用 Access 内置类一样引用自定义类的方法和属性。

3．模块的组成

模块是 VBA 代码的容器，通常一个模块包含一个声明区域和一个（或多个）子过程或函数过程。模块的声明区域用来定义变量、常量、自定义类型和外部过程等。

（1）Sub 过程，又称子过程。它执行一系列操作，无返回值。定义格式如下：

```
[Private | Public ][Static] Sub 过程名( [形参表] )
    语句块
    [Exit Sub]
    语句块
End Sub
```

VBA 提供关键字 Call 来调用该过程。此外，也可以使用过程名来调用该子过程。

（2）Function 过程，又称为函数过程。它执行一系列操作，有返回值。定义格式如下：

```
[Private | Public] [Static] Function 函数名([形参表]) [ As 类型]
    语句块
    [函数名=返回值]
    [Exit Function ]
    语句块
    [Return 返回值]
End Function
```

函数过程需要直接引用函数过程名调用。

💡提示

有关 Sub 过程和 Function 过程的详细介绍在 7.6 节。

4．宏与模块

Access 能够自动将宏转换为 VBA 的事件过程或模块，这些事件过程或模块的执行结果与宏操作的结果相同。可以转换窗体（或报表）中的宏，也可以转换不附加于特定窗体（或报表）的全局宏。

例如，将名为"操作序列的独立宏"的宏转换为 VBA 程序代码模块的操作步骤如下。

（1）在 Access 数据库窗口中，右键单击宏对象"操作序列的独立宏"，在弹出的快捷菜单中选择"设计视图"命令，打开宏设计视图。

（2）单击"宏工具"→"设计"选项卡"工具"命令组中的"将宏转换为 Visual Basic 代码"命令按钮，打开"转换宏"对话框。

（3）单击该对话框中的"转换"按钮，Access 自动进行转换，转换完毕后，显示"转换完毕"消息对话框。

（4）单击该对话框中的"确定"按钮，返回到该宏的设计视图。导航窗格的"模块"对象组中，添加了名为"被转换的宏—操作序列的独立宏"的模块，如图 7.1 所示。

（5）双击模块"被转换的宏—操作序列的独立宏"，即可查看相应代码，如图 7.2 所示。

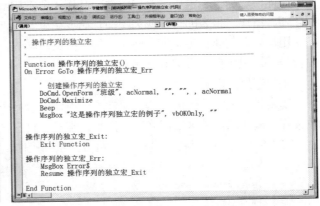

图 7.1　导航窗格中的"模块"对象组　　　　　图 7.2　查看代码

7.1.2　VBA 程序设计概述

VBA 语言是 Office 的内置语言，具有面向对象特性和可视化编程环境，语法与 Visual Basic 兼容且是其子集。Access 利用 VBA 语言编写代码，可以实现用其他对象无法完成的功能，使 Access 数据库功能自动化，以进一步实现数据的收集、整理、分析和共享。VBA 程序的编写和运行依赖于 Access。

在进行 VBA 编程前，必须理解对象、属性、事件和方法等面向对象程序设计的基本概念。

1．对象

对象是面向对象程序设计方法中最基本的概念。在现实世界中，一个对象就是一个实体，如一个人、一辆车、一本书等都是对象。在 Access 中，任何可操作的实体都是对象，如表、查询、窗体、报表、宏、文本框、命令按钮等。

每个对象均有名称，称为对象名。每个对象都有属性、事件、方法等。

对象名必须符合 Access 的命名规则：窗体、报表、字段等对象的名称长度不能超过 64 个字符，控件对象名称不能超过 255 个字符。在设计视图（如窗体设计视图或报表设计视图等）中，如果要修改某个对象名，可在该对象的属性表中，赋予"标题"属性新的对象名。

2．属性

属性是指每个对象所具有的特征和状态。如汽车有颜色和型号等属性，命令按钮有标题、位置和名称等属性。不同类别的对象具有不同的属性，同类别对象不同的实例，属性也有差异。在面向对象的程序设计中，既可以用属性表设置对象的属性，也可以用代码设置对象的属性，前者是属性的静态设置，后者是属性的动态设置。

属性设置的格式如下：

```
对象名.属性名=属性值
Comd1.forecolor=255              '设置按钮 Comd1 的前景色为红色
Label1.caption="学生成绩表"       '设置标签 Label1 的标题为"学生成绩表"
```

可以通过 VBE 的"属性表"窗格查看或设置某对象的属性，如图 7.3 所示。

3．事件及事件过程

事件是 Access 窗体或报表及其控件等对象可以识别的动作，是对象对外部操作的响应。事件是预先定义的特定的操作。不同的对象能够识别不同的事件。Access 中的事件主要有键盘事件、鼠标事件、窗口事件、对象事件、操作事件等。

（1）键盘事件

键盘事件是操作键盘所触发的事件，如"按下键"（KeyDown）、"释放键"（KeyUp）和"击键"（KeyPress）。

（2）鼠标事件

鼠标事件是操作鼠标所触发的事件。鼠标事件是应用最广泛的事件，主要有"单击"（Click）、"双击"（DblClick）、"鼠标移动"（MouseMove）、"鼠标按下"（MouseDown）、"鼠标释放"（MouseUp）等。

（3）窗口事件

窗口事件是操作窗口所引起的事件。常用的窗口事件有"打开"（Open）、"加载"（Load）、"激活"（Activate）、"卸载"（Unload）、"关闭"（Close）等。

图 7.3　"属性表"窗格

（4）对象事件

对象事件通常是指选择对象操作所引起的事件。常用的对象事件有"获得焦点"（GotFocus）、"失去焦点"（LostFocus）等。

（5）操作事件

操作事件是指与操作数据有关的事件。常用的操作事件有"删除"（Delete）、"插入前"（BeforeInsert）、"插入后"（AfterInsert）等。

事件驱动是面向对象编程和面向过程编程之间的重要区别，在视窗操作系统中，用户在操作系统下的各个动作都可以看作激发了某个事件，比如单击某个按钮，就相当于激发了该按钮的单击事件。

Access 数据库系统可以通过两种方式来处理窗体、报表或控件的响应。一是使用宏对象；二是编写 VBA 代码，完成指定操作，这样的代码称为事件响应代码或事件过程。

事件过程是事件处理程序，与事件一一对应。它是为响应由用户或程序代码引发的事件或由系统触发的事件而运行的过程。过程包含一系列的 VBA 语句，用以执行操作或计算值。

事件过程的格式如下：

```
Private  Sub 对象名_事件名()
    事件过程 VBA 程序代码
End  Sub
```

4．方法

方法是对象可以执行的行为。每个对象都有自己的若干方法，从而构成该对象的方法集。可以把方法理解为对象的内部函数，用来完成该对象的某种特定的功能。

对象方法的引用格式如下：

```
[对象名.]方法[参数名表]
```

说明：方括号内的内容是可选的。

例如，将光标定位于 Text0 文本框内，要引用 SetFocus 方法，引用方式为：

```
Text0.SetFocus
```

Access 应用程序的各个对象都有一些特定的方法可供调用。在 VBE 窗口中，输入某一对象名及"."后，在弹出的属性/方法列表中会列出该对象可用的属性名或方法名。

7.1.3 模块的编程界面 VBE

Access 的编程界面称为 VBE，它以 Visual Basic 编程环境的布局为基础，提供集成的开发环境。

1. 进入 VBE 编程环境

在 Access 中，进入 VBE 编程环境的方法以模块的类型而定。

（1）进入类模块编程环境

类模块与一个控件关联，进入类模块的常用方法如下。

方法 1：在窗体或报表的设计视图中选定控件，打开对象的"属性表"窗格，如图 7.4 所示；在该"属性表"窗格中选择"事件"选项卡，在该选项卡中选定某个事件（如"单击"），再单击该事件属性右侧的 按钮，显示"选择生成器"对话框，如图 7.5 所示；选择"选择生成器"对话框中的"代码生成器"选项，单击"确定"按钮，即打开 VBE 窗口，进入 VBE 编程环境。

图 7.4 "属性表"窗格   图 7.5 "选择生成器"对话框

方法 2：在窗体或报表的设计视图中右键单击某控件，弹出快捷菜单，选择"事件生成器"命令，显示"选择生成器"对话框，选择"选择生成器"对话框中的"代码生成器"选项，单击"确定"按钮。

方法 3：在窗体或报表的设计视图中，单击"宏工具"→"设计"选项卡"工具"命令组中的"将宏转换为 Visual Basic 代码"命令按钮。

（2）进入标准模块编程环境

方法 1：在 Access 窗口中，单击"创建"选项卡"宏与代码"命令组中的"模块"命令按钮，打开 VBE 窗口，进入 VBE 编程环境，如图 7.6 所示。

方法 2：在 Access 窗口中，双击导航窗格中"模块"对象列表的某个模块名，即可打开 VBE 窗口，进入 VBE 编程环境，并显示该模块已有的代码，如图 7.7 所示。

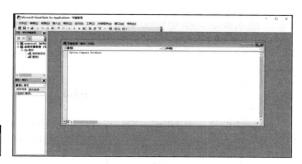

图 7.6　单击"创建"选项卡"宏与代码"命令组中的"模块"命令按钮打开 VBE 窗口

图 7.7　双击导航窗格中"模块"对象列表的"模块 1"打开 VBE 窗口

2．VBE 窗口

VBE 窗口主要由标准工具栏、工程资源管理器窗口、属性窗口、代码窗口、立即窗口等组成，如图 7.8 所示。

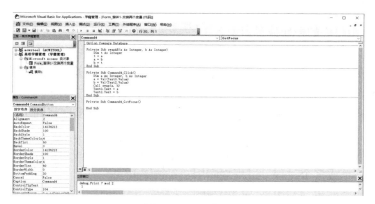

图 7.8　VBE 窗口

（1）标准工具栏

标准工具栏包括创建模块时常用的命令按钮，如图 7.9 所示。各按钮功能简要说明如下。

图 7.9　标准工具栏

"视图 Microsoft Access"按钮 ：切换 Access 数据库窗口。单击此按钮将切换到 Access 数据库窗口。

"插入模块"按钮■：用于插入新模块。单击此按钮右侧的下拉按钮，打开下拉菜单，含有"模块"、"类模块"和"过程"3个命令。

"运行子过程/用户窗体"按钮▶：单击此按钮运行模块中的程序。

"中断"按钮■：单击此按钮中断正在运行的程序。

"重新设置"按钮■：单击此按钮结束正在运行的程序。

"设计模式"按钮■：单击此按钮在设计模式与非设计模式之间切换。

"工程资源管理器窗口"按钮■：用于打开工程资源管理器窗口。

"属性窗口"按钮■：用于打开属性窗口。

"对象浏览器"按钮■：用于打开对象浏览器。

（2）工程资源管理器窗口

工程资源管理器窗口简称工程窗口，工程资源管理窗口的列表框中列出了应用程序的所有模块文件。窗口标题栏有3个按钮（见图7.8）：单击"查看代码"按钮可以打开相应代码窗口；单击"查看对象"按钮可以打开相应对象窗口；单击"切换文件夹"按钮可显示或隐藏对象分类文件夹。

另外，双击工程资源管理器窗口中的模块或类对象，就可打开相应的代码窗口。

（3）属性窗口

选择 VBE 窗口菜单栏"视图"菜单中的"属性窗口"命令（或按 F4 键），即可打开属性窗口。在属性窗口中，列出了所选对象的所有属性，分为"按字母序"和"按分类序"两种查看形式。

（4）代码窗口

在代码窗口中可以输入和编辑 VBA 代码。打开代码窗口可采用下列方法之一。

- 选择 VBE 窗口菜单栏"视图"菜单中的"代码窗口"命令。
- 双击工程窗口中的模块或类对象。
- 按 F7 键。

用户可以打开多个代码窗口，且可以方便地在代码窗口之间进行复制和粘贴。

代码窗口包含两个组合框，左边是"对象"组合框，右边是"过程"组合框。"对象"组合框中列出的是所有可用的对象名，选择某一对象后，"过程"组合框中将列出该对象所有的事件过程。

窗口中央是代码区，最上方是声明区，用来声明模块中使用的变量等项目。声明区的下方是过程区，显示一个或多个过程，过程之间用一条线隔开。

窗口底部有两个按钮，左边是"过程视图"按钮，单击该按钮，窗口只显示当前过程；右边是"全模块视图"按钮，单击该按钮，窗口显示全部过程。

在代码窗口中输入程序代码时，VBE 提供了一些编辑的辅助功能。

自动显示提示信息：在代码窗口中输入命令时，VBE 会自动弹出关键字列表、参数列表（子过程或函数过程必要的参数以及参数的顺序）等提示信息。在列表中选择所要的信息，按 Enter 键或 Tab 键可完成选择。也可以使用输入关键字首字的方法，按 Ctrl+J 组合键调出列表。

上下文关联的帮助信息：可以将鼠标指针悬停在某个命令上，按 F1 键打开 VBA 帮助信息；也可以在代码窗口中，先选择某个属性名或方法名，然后按 F1 键，系统会自动提供该属性或方法的功能说明、语法格式及使用范例等帮助信息，如图7.10、图7.11所示。

图 7.10 选择 "Caption"

图 7.11 按 F1 键显示的脱机与联机帮助信息

（5）立即窗口

立即窗口是进行表达式计算、简单方法的操作及程序测试的工作窗口。

如果要使用立即窗口来检查某一 VBA 代码行的执行结果，可以直接在该窗口中输入相应的语句行，并按 Enter 键。

如果要进行表达式的计算，可以在立即窗口中先输入"？"或"Print"命令，接着输入表达式，最后按 Enter 键来查看表达式的运行结果，如图 7.12 所示。

图 7.12 利用立即窗口查看结果

也可以在立即窗口中使用 Debug 对象的 Print 方法输出数据，例如计算半径为 2.5 的球的体积，并输出结果，如图 7.13 所示。

图 7.13 使用 Debug 对象的 Print 方法输出数据

3．简单程序实例

【例 7.1】创建第一个类模块。

要求：新建窗体，在其上放置一个按钮（Command0），Command0 的标题设置为"创建程序"，单击该按钮显示含有"学习创建第一个 VAB 程序"的消息对话框。

操作步骤如下。

（1）新建窗体，打开窗体的设计视图，在窗体上添加一个命令按钮 Command0，将该按钮的"标题"属性设置为"创建程序"，如图 7.14 所示。

（2）右键单击该按钮，弹出快捷菜单，选择"事件生成器"命令，显示"选择生成器"对话框，如图 7.15 所示。

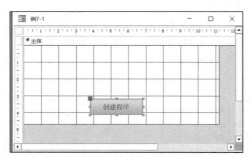

图 7.14　窗体的设计视图　　　　　　　图 7.15　"选择生成器"对话框

（3）选择"选择生成器"对话框中的"代码生成器"，单击"确定"按钮，进入 VBA 的编程环境，即新建窗体的类模块代码编辑区，如图 7.16 所示。

（4）在该命令按钮的 Click 事件过程模板中添加 VBA 如下代码：

```
Private Sub Command0_Click()
    MsgBox "学习创建第一个VBA程序", vbInformation, "第一个简单程序"
End Sub
```

这里的 MsgBox 语句的作用是显示含有"学习创建第一个 VBA 程序"文字的消息对话框。

（5）单击工具栏中的"保存"按钮，完成上述操作的保存。

（6）关闭该窗体类模块编辑区并返回到窗体设计视图。单击窗体视图中的"创建程序"按钮，系统将响应 Click 事件过程，其结果是显示图 7.17 所示的消息对话框。

图 7.16　代码窗口中创建 Click 事件过程模板　　　　图 7.17　Click 事件的运行结果

【例 7.2】创建第一个标准模块。

要求：建立标准模块，包含一个 Sub 过程，计算长方形的面积，用消息对话框显示结果。新建窗体，其中含有两个文本框和一个按钮，在文本框中输入长方形的长和宽，单击按钮调用标准模块计算面积。

操作步骤如下。

（1）打开"学籍管理"数据库，单击"创建"选项卡"宏与代码"命令组中的"模块"命令按钮，进入 VBE 编程环境。

（2）在 VBE 编程环境中加入如下代码：

```
Public Sub jisuan(x As Integer, y As Integer)
    Dim s As Integer
    s = x * y
    MsgBox "长方形的面积是" & s, vbInformation, "求面积"
End Sub
```

第一个标准模块如图 7.18 所示。

（3）单击工具栏的"保存"按钮，以"第一个标准模块"为名保存标准模块。

（4）新建窗体并设计所需控件。

（5）编写按钮 Comd1 的 Click 事件过程代码：

```
Private Sub Comd1_Click()
    Dim a As Integer, b As Integer
    a = Text1: b = Text2
    Call jisuan(a, b)        '调用标准模块中的jisuan过程
End Sub
```

（6）切换窗体视图，在两个文本框中分别输入 1 和 2，单击"计算长方形面积"按钮，弹出消息对话框显示计算结果，如图 7.19 所示。

图 7.18　第一个标准模块

图 7.19　运行结果

7.2 VBA 程序设计基础

VBA 编程涉及数据类型、常量、变量、表达式及函数等基础知识。

7.2.1　数据类型

在编写程序代码前，必须了解数据类型。数据类型决定了如何将数据存储到计算机的内存中。在 VBA 中，不同类型的数据有不同的操作方式和不同的取值范围。

7.2　VBA 程序设计基础

VBA 的数据类型分为系统定义和用户自定义两种，系统定义的数据类型称为标准数据类型，这里只介绍标准数据类型。

VBA 支持多种数据类型，表 7.1 列出了 VBA 程序中的标准数据类型。

表 7.1　VBA 程序中的标准数据类型

数据类型	关键字	类型符	所占字节数	取值范围
字节型	Byte	无	1 字节	$0 \sim 255$
布尔型	Boolean	无	2 字节	True 或 False
整型	Integer	%	2 字节	$-32768 \sim 32767$
长整型	Long	&	4 字节	$-2147483648 \sim 2147483647$
单精度浮点型	Single	!	4 字节	负数：$-3.402823E+38 \sim -1.401298E-45$ 正数：$1.401298E-45 \sim 3.402823E+38$
双精度浮点型	Double	#	8 字节	负数：$-1.79769313486232E+308 \sim$ $-4.94065645841247E-324$ 正数：$4.94065645841247E-324 \sim$ $1.79769313486232E+308$

模块和 VBA 程序设计 **第 7 章**

数据类型	关键字	类型符	所占字节数	取值范围
货币型	Currency	@	8 字节	−922337203685477.5808～922337203685477.5807
日期型	Date	无	8 字节	100 年 1 月 1 日～9999 年 12 月 31 日
字符串型	String	&	与串长有关	0～65535
变体型	Variant	无	根据分配确定	

说明如下。

（1）Variant 类型是 VBA 默认的数据类型。在 VBA 编程中，如果没有特别定义变量的数据类型，系统一律将其默认为变体型。变体型是一种特殊数据类型，除了定长字符串和用户自定义类型外，可以包含任何其他类型的数据。

（2）布尔型也称逻辑型，只有 True 和 False 两个值。若把布尔型数据转换为数值型数据，则 True 转换为−1，False 转换为 0。若把数值型数据转换为布尔型数据，则 0 转换为 False，非零值转换为 True。

（3）字符串是用双引号引起来的一组字符，数据所占字节数由字符个数决定，每个字符占 1 字节。字符串有两种：定长字符串和变长字符串。如果定义字符串类型时用 String*n 格式，其中的 n 是一个整数，代表字符串的长度，这样定义的字符串数据称为定长字符串，占 n 字节，n 的取值范围为 1 到大约 6.5 万（2^{16}）。变长字符串的长度是不确定的，最多可包含大约 21 亿（2^{31}）个字符。

（4）日期类型数据必须用"#"号括起来，允许用各种表示日期和时间的格式。日期数据的年、月、日之间可以用"/"".""-"隔开，时间数据的时、分、秒用半角的冒号":"隔开。例如，#2013-09-01 16:26#、#08-08-2008#等都是有效的日期型数据，在 VBA 中自动转换成 mm/dd/yyyy（月/日/年）的形式。

7.2.2　常量和变量

1．常量

常量是指在程序运行过程中其值始终保持不变的量，即数据本身。VBA 的常量包括直接常量、符号常量、内部常量。

（1）直接常量

直接常量是以数值或字符等形式直接出现的常量。根据数据类型的不同，直接常量可以分为数值型常量（Numeric）、字符型常量（String）、日期/时间型常量（Date）和逻辑型常量（Boolean）。其中，数值型常量又可以分为整型（Integer）、长整型（Long）、单精度浮点型（Single）、双精度浮点型（Double）、货币型（Currency）和字节型（Byte）。

数值型常量：−34、3.14159、1.23E+5。

字符型常量："中原工学院 2013 级新生"。

日期型常量：#2022-11-4#。

布尔型常量：True 和 False。

（2）符号常量

符号常量是指用一个标识符代表一个具体的常量值。使用符号常量的目的是提高代码可读性，以及批量修改数据。

符号常量使用 Const 语句进行声明。语法格式为：

```
Const 常量名 [As 数据类型] = 表达式
```

例如：

```
Const PI As Single = 3.14
Const number1% =10
```

说明如下。

① 在常量声明的同时赋值。

② Const 声明的常量在程序运行过程中不能被重新赋值。

③ 声明符号常量时，可以在常量名后加上类型说明符。

④ 在程序中引用符号常量时，通常省略类型说明符。

（3）内部常量

内部常量是 Access 内部定义的常量。所有内部常量都可以在宏或 VBA 代码中使用。通常，内部常量通过前两个字母来指明定义该常量的对象库，"ac"代表 Access 常量，"vb"代表 VBA 的常量。可以通过对象浏览器查看所有对象库中的内部常量列表，如图 7.20 所示。

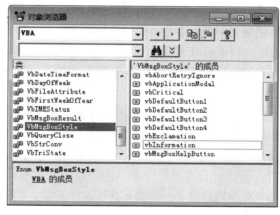

图 7.20　对象浏览器

2．变量

变量是指在程序运行过程中其值可以改变的量，通常使用变量存储及引用数据。

（1）变量的命名规则

为了区别存储着不同数据的变量，需要给变量命名。在 Visual Basic 中，变量的命名要遵循下面的规则。

● 变量名必须以英文字母（或汉字）开头，由字母（或汉字）、数字和下划线组成。

● 变量名中不能出现句号、空格或者类型声明字符!、#、@、$、%、&等。

● 组成变量名的字符数不得超过 255 个，且变量名不区分大小写。

● 变量名在有效的范围内必须是唯一的。

● 变量名不能是 VBA 的关键字、对象名和属性名。

（2）变量的声明

变量一般遵循先声明后使用的原则。声明变量一是指定变量的数据类型，二是指定变量的使用范围。通常使用 Dim 语句来声明一个变量，其格式为：

```
Dim 变量名 [As 类型]
```

变量名：用户定义的标识符，应遵循变量的命名规则。

As 类型：可选项，其中"类型"用来定义声明变量的数据类型或者对象类型。变量的数据类型可以是 VBA 提供的各种标准类型名称，也可以是用户自定义类型。

例如：

```
Dim number1 As Integer        ' 把 number1 定义为整型变量
Dim xm As String              ' 把 xm 定义为字符串型变量
```

当省略 As 子句时，系统默认变量为可变类型。

说明如下。

① 使用 Dim 语句声明一个变量后，VBA 自动将变量初始化，给数值型变量赋初值为 0，给字符串型变量赋初值为空串。

② 除了可以用 As 子句说明变量的类型外，还可以把类型符放在变量名的尾部来标识不同类型的变量。例如：

```
Dim number1%                  ' 把 number1 定义为整型变量
Dim xm$                       ' 把 xm 定义为变长字符串型变量
```

③ 符号"$"可以声明变长字符串变量，但是不能声明定长字符串变量。声明定长字符串变量必须使用 As 子句完成。使用 As 子句可以声明变长字符串，也可以声明定长字符串。变长字符串的长度取决于赋给它的字符串值的长度，定长字符串的长度通过加上"*数值"来决定。例如：

```
Dim xh*12 As String    ' 把 xh 定义为长度为 12 的定长字符串型变量
```

④ 一个 Dim 语句可以定义多个变量，变量之间以逗号进行分隔，例如：

```
Dim number1 As Integer, xm As String
```

（3）变量的隐式声明

在 VBA 中，使用一个变量之前并不一定要先声明这个变量。如果使用一个变量之前没有声明，则称为隐式声明。隐式声明的变量的类型为变体型。例如：

```
number1 = 5                   ' number1 为整型变量
xm = "王晓红"                  ' xm 为字符型变量
```

使用隐式声明虽然很方便，但是如果把变量名拼错了的话，可能会导致难以查找的错误。

（4）变量的显式声明

为了避免写错变量名引起的麻烦，可以要求使用变量前必须先进行声明。

要强制显式声明变量，可以在模块顶部的声明部分加入语句：

```
Option Explicit
```

或者打开 VBE 窗口，在"工具"菜单中选择"选项"命令，打开"选项"对话框，选择"编辑器"选项卡，勾选"要求变量声明"复选框，如图 7.21 所示。Access 将自动在数据库所有新模块的声明部分生成一个 Option Explicit 语句。

图 7.21　强制显示声明变量的对话框设置

7.2.3 运算符

VBA 编程语言提供了许多运算符来完成各种形式的运算和处理。主要有 4 种类型的运算符：算术运算符、关系运算符、逻辑运算符和连接运算符。

1．算术运算符

算术运算符用于算术运算，VBA 提供了 8 种基本的算术运算符，如表 7.2 所示。

表 7.2　算术运算符

运算符	运算关系	优先级	例子
^	指数运算	1	2^4 结果为 16
–	取负	2	–5 结果为–5，–(–5)结果为 5
*	乘法	3	4*5 结果为 20
/	浮点除法	3	10/4 结果为 2.5
\	整数除法	4	10\4 结果为 2，11.5\4 结果为 3
Mod	取模运算	5	4 Mod 3 结果为 1，–12.7 Mod 5 结果为–3
+	加法运算	6	4+16\3 结果为 9，6+8 Mod 5 结果为 9
–	减法运算	6	4*3+2^3 结果为 20

说明如下。

（1）浮点除法"/"执行通常意义的算术除法，结果为浮点数。

（2）整数除法"\"结果为整数，操作数一般为整数，若为小数则四舍五入取整后再运算。运算结果若为小数则舍去小数部分取整。

（3）取模运算的操作数若为小数则四舍五入取整后再运算。运算结果的符号与左操作数的符号相同。

2．关系运算符

关系运算符用于关系运算，关系表达式的运算结果为逻辑值。若关系成立，结果为 True，若关系不成立，结果为 False。关系运算符有 6 个，分别是=、<、>、>=、<=、<>，如表 7.3 所示。

表 7.3　关系运算符

运算符	名称	例子	说明
<	小于	"3" < 5	值为 True，强制转换为数值型
<=	小于或等于	3 <= 5	值为 True
>	大于	0 > (1 > 0)	值为 True，强制转换为数值型
>=	大于或等于	"aa" >= "ab"	值为 False
=	等于	1 = True	值为 False，强制转换为数值型
<>	不等于	1<> True	值为 True，强制转换为数值型

说明：字符型数据按其 ASCII 值进行比较。在比较两个字符串时，首先比较两个字符串的第一个字符，其中 ASCII 值较大的字符所在的字符串大；如果第一个字符相同，则比较第二个……，依此类推，直到某一位置上的字符不同或全部位置上的字符比较完毕。

　　　　模块和VBA程序设计 第7章

3．逻辑运算符

VBA 提供的逻辑运算符有 6 种：And、Or、Not、Xor、Eqv 和 Imp。其中常用的是前 3 种，如表 7.4 所示。

表 7.4　逻辑运算符

运算符	名称	例子	说明	
And	与	(5 > 6) And (2 < 4)	值为 False，两个表达式的值均为真，结果才为真，否则为假	
Or	或	(5 > 6) Or (2 < 4)	值为 True，两个表达式中只要有一个值为真，结果就为真，只有两个表达式的值均为假，结果才为假	
Not	非	Not (1 > 0)	值为 False，由真变假或由假变真，进行取"反"操作	

说明如下。

（1）逻辑运算符两侧若有数值数据出现，则将数值数据转换为二进制数（补码形式）进行按位运算。此时，1 为真，0 为假。

（2）逻辑运算真值表如表 7.5 所示。

表 7.5　逻辑运算真值表

a	b	a And b	a Or b	Not a
True	True	True	True	False
True	False	False	True	False
False	True	False	True	True
False	False	False	False	True

4．连接运算符

连接运算用于将两个字符串连接生成一个新字符串。用来进行连接的运算符有两个：&和+。

&运算符用来强制进行两个字符串的连接，对于非字符串类型的数据，先将其转换为字符串类型，再进行连接运算。

+运算符：如果两个表达式都为字符串，则将两个字符串连接；如果一个是字符串而另一个是数值型数据，则先将字符串转换为数值，再进行加法运算。如果该字符串无法转换为数值型数据，则出现错误。例如：

```
"你好！"  ＆  "朋友"       ' 结果为 "你好！朋友"
"你好！"  ＋  "朋友"       ' 结果为 "你好！朋友"
"111"  ＆  "222"          ' 结果为 "111222"
"111"  ＋  "222"          ' 结果为 111222
"111"  ＆  222            '结果为"111222"
111  ＆  222             '结果为"111222"
111  ＋  "aaa"            '提示出错信息
```

5．运算符的优先顺序

当一个表达式中存在多种操作时，VBA 会按一定的顺序进行求值，这个顺序称为运算符的优先顺序。

运算符的优先顺序如表 7.6 所示。

表 7.6　运算符的优先顺序

优先顺序	运算符类型	运算符
1	算术运算符	^（指数运算）
2		-（取负）
3		*、/（乘法和浮点除法）
4		\（整数除法）
5		Mod（取模运算）
6	算术运算符	+、-（加法和减法）
7	连接运算符	&、+（字符串连接）
8	关系运算符	=、<>、<、>、<=、>=
9	逻辑运算符	Not
10		And
11		Or

说明如下。

（1）同级运算按照它们从左到右出现的顺序进行计算。

（2）可以用括号改变优先顺序，强制表达式的某些部分优先运行。

（3）括号内的运算总是优先于括号外的运算，在括号之内，运算符的优先顺序不变。

7.2.4　VBA 常用函数

VBA 提供了近百个内置的标准函数，可以帮助用户方便地完成许多操作。

标准函数一般用于表达式中，有的能和语句一样使用。

标准函数的调用格式：

```
函数名([<参数 1>] [,<参数 2>]…[,<参数 n>])
```

其中，函数名必不可少，参数可以是一个或多个常量、变量或表达式，个别函数是无参函数。每个函数被调用时，都会返回一个值。函数的参数和返回值都有一个特定的数据类型相对应。

下面分类介绍一些常用标准函数的使用方法。

1．数学函数

常用的数学函数如表 7.7 所示。

表 7.7　常用的数学函数

函数名	功能	示例
Sin(x)	返回 x 的正弦值，x 为弧度	Sin(30 * 3.141593 / 180) 结果为 0.50000005000000569
Cos(x)	返回 x 的余弦值，x 为弧度	Cos(3.141593 / 4) 结果为 0.70710671994929331
Tan(x)	返回 x 的正切值，x 为弧度	Tan(0) 结果为 0
Atn(x)	返回 x 的反正切值，x 为弧度	Atn(0) 结果为 0
Sqr(x)	返回 x 的平方根	Sqr(25) 结果为 5
Abs(x)	返回 x 的绝对值	Abs(-3.3) 结果为 3.3

函数名	功能	示例
Sign(x)	判断 x 的符号，若 x>0，返回值为 1；若 x<0，返回值为-1；若 x=0，返回值为 0	Sgn(6) 结果为 1
Exp(x)	返回以 e 为底的指数（e^x）	Exp(1) 结果为 2.7182818284590451
Log(x)	返回 x 的自然对数（ln x）	Log(1) 结果为 0
Round(x)	返回 x 进行四舍五入取整	Round(6.5) 结果为 6
Int(x)	返回不大于 x 的最大整数	Int(3.25)结果为 3，Int(-3.25)结果为-4
Fix(x)	返回 x 的整数部分	Fix(3.25)结果为 3，Fix(-3.25)结果为-3
Rnd[(x)]	产生一个(0,1)范围内的随机数	

函数 Rnd()的说明如下。

随机函数 Rnd()用来产生一个 0～1 的随机数（不包括 0 和 1），格式如下：

```
Rnd[(x)]
```

其中，x 是可选参数，x 的值将直接影响随机数的产生过程。当 x＜0 时，每次产生相同的随机数。当 x＞0（系统默认情况）时，产生与上次不同的新随机数。当 x＝0 时，本次产生的随机数与上次产生的随机数相同。

在实际操作时，要先使用无参数的 Randomize 语句初始化随机数生成器，以产生不同的随机数序列，每次调用 Rnd()可得到这个随机数序列中的一个。

Rnd()函数产生的随机数为单精度数，若要产生随机整数，可利用取整函数来实现。例如，要产生区间[m,n]的随机整数，可用如下表达式来实现：

```
Int(Rnd() * (n-m+1) + m))
```

2．字符串函数

字符串函数用于完成字符串的处理，常用的字符串函数如表 7.8 所示。

表 7.8 常用字符串函数

函数名	功能	示例
LTrim(s)	删除字符串 s 左边的空格	LTrim(" A B ")结果为"A B "
RTrim(s)	删除字符串 s 右边的空格	RTrim(" A B ")结果为" A B"
Trim(s)	删除字符串 s 两边的空格	Trim(" AB ")结果为"AB"
Left(s, n)	截取字符串 s 左边的 n 个字符，生成子串	Left("ABC123",4)结果为"ABC1"
Right(s, n)	截取字符串 s 右边的 n 个字符，生成子串	Right("ABC123",4)结果为"C123"
Mid(s, m, n)	从字符串 s 的第 m 个字符位置开始，取出 n 个字符	Mid("ABC123",2,3)结果为"BC1"
Len(s)	求字符串 s 的长度（字符数）	Len("人数 1234")结果为 6
Space(n)	返回由 n 个空格组成的字符串	"A" + Space(3) + "B"结果为"A B"
Ucase(s)	将字符串 s 中的小写字母转换为大写字母	Ucase("Hello")结果为"HELLO"
Lcase(s)	将字符串 s 中的大写字母转换为小写字母	Lcase("Hello")结果为"hello"
InStr(s1,s2)	检索字符串 s2 在字符串 s1 中最早出现的位置	InStr("ABC123","123")结果为 4

3．日期与时间函数

常用的日期与时间函数如表 7.9 所示。

表 7.9 常用的日期与时间函数

函数名	功能	示例
Date()	返回系统当前的日期	Date()结果为 2023/10/24（当前日期）
Time()	返回系统当前的时间	Time()结果为 13:45:05（当前时间）
Now[()]	返回系统当前的日期和时间	Now()结果为 2023/10/24 13:45:36（当前日期和时间）
Hour(<时间表达式>)	返回时间表达式中小时的整数	Hour(#8:45:15#)结果为 8
Minute(<时间表达式>)	返回时间表达式中的分钟的整数	Minute(#8:45:15#)结果为 45
Second(<时间表达式>)	返回时间表达式中的秒的整数	Second(#8:45:15#)结果为 15
Year(<日期表达式>)	返回日期表达式中的年份	Year(#2022-11-4#)结果为 2022
Month(<日期表达式>)	返回日期表达式中的月份	Month(#2022-11-4#)结果为 11
Day(<日期表达式>)	返回日期表达式中的日期	Day(#2022-11-4#)结果为 4
DateSerial(表达式 1,表达式 2,表达式 3)	返回由表达式 1 为年、表达式 2 为月、表达式 3 为日组成的日期值	DateSerial(2022,11,4)结果为#2022/11/4#

4．类型转换函数

类型转换函数的功能是将一种特定的数据类型转换成指定的数据类型。常用的类型转换函数如表 7.10 所示。

表 7.10 常用的类型转换函数

函数名	功能	示例
Val(<字符串表达式>)	将字符串表达式转换成对应的数值	Val("-123.45")结果为-123.45
Str(<数值表达式>)	将数值表达式转换成对应的字符串	Str(123.45)结果为"123.45"
UCase(s)	将 s 中的小写字母转换为大写字母，其余不变	UCase("About")结果为"ABOUT"
LCase(s)	将 s 中的大写字母转换为小写字母，其余不变	LCase("About")结果为"about"
Chr(n)	将 ASCII 值 n 转换成对应的字符	Chr(65)结果为"A"
Asc(s)	将字符串 s 中的首个字符转换为 ASCII 值	Asc("BCD")结果为 66

说明如下。

（1）Val()函数可将数字字符串转换为数值，当遇到非数字字符时，结束转换。例如，Val("a1")返回 0，Val("1a1")返回 1。但有以下两种特殊情况。

转换时忽略数字之间的空格。例如，Val("12 34")返回数值 1234。

能识别指数形式的数字字符串，例如，Val("1.234e2")或者 Val("1.234d2")都可得到数值 123.4。其中的字母也可以是大写的 E 或者 D。

（2）Str()函数将数值转换成对应的字符串，数值为负数时，结果为直接在数值两端加上双引号，如 Str(-123.45)结果为"-123.45"；数值为正数时，结果为在数值前面空一格（正号的符号位）并且两端再加上双引号，如 Str(123.45)结果为" 123.45"。

5．检查函数

检查函数返回逻辑值，判断检查条件是否成立。常用的检查函数如表 7.11 所示。

表 7.11　常用的检查函数

函数名	功能	示例
IsDate(表达式)	判断表达式是否为日期，返回 Boolean 值	IsDate (#2013-10-10#)结果为 True
IsEmpty(变量)	判断变量是否已被初始化。若已经初始化，返回 0，否则返回 1	——
IsNumeric(表达式)	判断表达式是否为数值型数据，返回 Boolean 值	IsNumeric("北京")结果为 False
IsNull(表达式)	判断表达式是否不包含任何有效数据	

7.3　VBA 常用语句

7.3　VBA 常用语句

VBA 程序由若干条 VBA 语句构成。一条 VBA 语句是能够完成某项操作的一个完整命令。

7.3.1　语句的书写规则

在编写程序代码时要遵循一定的规则，这样写出的程序既能被 VBA 正确地识别，又具有较高的可读性。

（1）一条语句写在一行上，如果将多条语句写在一行上，语句之间要用英文冒号"："隔开。

（2）当一条语句较长而且一行写不下时，可以使用续行功能，用续行符"_"将较长的语句分为两行或多行。使用续行符时，至少要在它前面加一个空格，并且续行符只能出现在行尾。

（3）在 VBA 代码中，不区分字母的大小写。

（4）当输入一行语句并按 Enter 键后，该行代码若以红色文本显示，代表一个出错信息，必须找出语句中的错误并更正它。

7.3.2　注释语句

注释语句用于对程序或语句的功能给出解释或说明，以增加程序代码的可读性。

在 VBA 中，注释语句可以添加到程序模块的任何位置，一般显示为绿色文本。注释语句有以下两种添加方式。

（1）Rem 语句，格式如下：

```
Rem　注释内容
```

这种注释语句需要单独占一行写。若写在某个语句之后，则需要用英文冒号"："隔开。

（2）'注释内容

这种注释语句可以直接放在其他语句之后而不需要分隔符。

例如：

```
Rem　声明 3 个变量
Dim r As Single, S As Single, V As Single
S = pi * r ^ 2      '计算圆的面积
V = 4 / 3 * pi * r ^ 3 : Rem 计算球的体积
```

此外，可以选中一行或多行代码后，选择菜单栏中的"视图"→"工具栏"→"编辑"命令，在"编辑"工具栏（见图 7.22）中单击"设置注释块"按钮或"删除注释块"按钮来对该代码块添加注释或删除注释符号"'"。

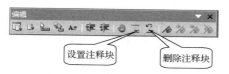

图 7.22 "编辑"工具栏

7.3.3 VBA 赋值语句

赋值语句用于将指定的值赋给某个变量（或对象的某个属性）。

赋值语句的格式为：

```
[Let]名称 = 表达式
```

说明如下。

（1）Let 是可选项，表示赋值，通常省略。在 VBA 编程中使用 ADO 对象操作数据库时，对 ADO 对象赋值需用 Set 关键字。

（2）名称：变量或属性的名称。

（3）表达式：可以是数学表达式、字符串表达式、关系表达式或逻辑表达式。计算所得的表达式值将赋给赋值号 "=" 左边的变量或对象的属性。但是必须注意，赋值号两边的数据类型必须一致，否则会出现 "类型不匹配" 的错误。

（4）赋值语句是先计算（表达式），然后再赋值。

例如：

```
N=-4+3*7 MOD 5^(2\4)            '把右端表达式的值-4赋给变量N
Label1.Caption="班级名称"        '把字符串"班级名称"赋给标签Label1的Caption属性
```

7.3.4 输入/输出语句

对于一些简单信息的输入和输出，可以使用对话框实现用户与应用程序之间交换信息。VBA 提供的内部对话框有两种：消息对话框和输入对话框，分别由函数 InputBox() 和 MsgBox() 实现。

1. InputBox() 函数

InputBox() 函数的功能是显示一个能接收用户输入的对话框，并返回用户在此对话框中输入的信息。其语法格式为：

```
InputBox(prompt[, title] [, default] [, xpos] [, ypos])
```

说明如下。

（1）prompt：必选参数，用于显示对话框中的信息，形式为字符串表达式。

（2）title：可选参数，指定对话框标题栏中显示的信息，形式为字符串表达式。如果省略 title，系统会把应用程序名放入标题栏中。

（3）default：可选参数，指定对话框中文本框内的显示内容，形式为字符串表达式，其作用是在没有其他输入时作为函数返回值的默认值。如果省略 default，则文本框为空。

（4）xpos 和 ypos：都是可选参数，指定对话框的左边与屏幕左边的水平距离和对话框的上边与屏幕上边的距离，形式是数学表达式。如果省略 xpos，则对话框会在水平方向居中。如果省略 ypos，则对话框被放置在屏幕竖直方向距下边大约三分之一的位置。

如果用户单击 "确定" 按钮或按 Enter 键，则 InputBox() 函数返回文本框中的内容。如果用户单击"取消"按钮，则此函数返回一个长度为 0 的字符串。

注意：如果要省略某些位置的参数，则必须加入相应的逗号分隔符。

例如：

```
Dim s As String
s = InputBox("请输入你的年龄: ", "输入年龄", "18", 1000, 200)
```

上述语句运行时显示一个输入对话框，如图 7.23 所示。

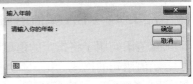

图 7.23 输入对话框

2. MsgBox() 函数

该函数的功能是打开一个消息对话框，等待用户单击按钮，然后返回一个整数，指示用户单击了哪个按钮。

MsgBox() 函数的调用格式如下：

```
MsgBox(prompt[,buttons] [,title])
```

说明如下。

（1）prompt：必填参数，用于显示对话框中的消息，形式为字符串表达式。（跟前面介绍的 Inputbox() 函数的风格不一样。）

（2）buttons：可选参数，指定对话框显示的按钮数目及按钮类型，使用的图标样式，默认按钮的标识以及消息对话框的样式等，形式为整型表达式。如果省略 buttons，则默认值为 0。buttons 参数的整型表达式中的各项值如表 7.12 所示。

表 7.12 buttons 参数的整型表达式中的各项值

分组	常量	值	说明
按钮类型与数目	0	vbOKOnly	确定按钮
	1	vbOKCancel	确定和取消按钮
	2	vbAbortRetryIgnore	终止、重试和忽略按钮
	3	vbYesNoCancel	是、否和取消按钮
	4	vbYesNo	是和否按钮
	5	vbRetryCancel	重试和取消按钮
图标样式	16	vbCritical	停止图标
	32	vbExclamation	感叹号（！）图标
	48	vbQuestion	问号（？）图标
	64	vbInformation	信息图标
默认按钮	0	vbDefaultButton1	指定默认按钮为第一按钮
	256	vbDefaultButton2	指定默认按钮为第二按钮
	512	vbDefaultButton3	指定默认按钮为第三按钮

✒ **注意**

将这些数字以"+"号连接起来生成 buttons 参数值时，只能从每组值中取用一个数字。

（3）title：可选参数，用于指定对话框的标题，形式为字符串表达式。如果省略本参数，则将应用程序名作为对话框的标题。

（4）MsgBox() 函数调用时有函数返回值，返回的值指明了在对话框中选择哪一个按钮。MsgBox() 函数的返回值如表 7.13 所示。

表7.13　MsgBox()函数的返回值

返回值	常量	按钮
1	vbOK	确定按钮
2	vbCancel	取消按钮
3	vbAbort	终止按钮
4	vbRetry	重试按钮
5	vbIgnore	忽略按钮
6	vbYes	是
7	vbNo	否

（5）如果省略了某些可选项，必须加入相应的逗号分隔符。

（6）若不需要返回值，则可以使用 MsgBox 的命令形式：

图 7.24　消息对话框

```
MsgBox 消息内容 [，对话框类型[，对话框标题]]
```

例如，msg = MsgBox("请确认输入的数据是否正确!", 3 + 48 + 0, "数据检查")，将显示图 7.24 所示的消息对话框。

7.4　VBA 程序流程控制语句

虽然 VBA 程序设计采用了事件驱动的编程机制，将一个程序分成几个较小的事件过程，但就某一个事件过程内的程序流程来看，仍然采用结构化的程序设计方法，由顺序结构、选择结构和循环结构 3 种基本结构组成。

7.4.1　顺序结构

7.4.1　顺序结构

顺序结构是指程序的执行总是按照语句出现的先后次序，自顶向下地顺序执行的一种线性流程结构，它是程序设计过程中最基本、最简单的程序结构。在该结构中，各操作块（简称块，对应程序中的"程序段"）按照出现的先后顺序依次执行。它是程序的主体基本结构，即使在选择结构或循环结构中，也常使用顺序结构作为其子结构。

图 7.25　"求圆面积"程序界面

【例 7.3】计算圆面积，圆的半径要求从键盘输入文本框中，计算结果显示在标签中，计算由命令按钮控制，程序界面如图 7.25 所示。

窗体中命令按钮"计算"的 Click 事件代码如下：

```
Private Sub Cmd1_Click()
    Const PI = 3.14                '设置圆周率常量
    Dim r, s As Single
    r = Text0.Value                '将输入文本框的数据赋给变量 r
    s = PI * r * r                 '计算圆面积
    Text1.Value = s                '将计算结果输出到文本框中
End Sub
```

7.4.2 选择结构

7.4.2 选择结构

在程序设计中经常遇到需要判断的问题,需要根据不同的情况采取不同的解决问题的方法。

在 VBA 中,能够实现选择结构的语句有以下 3 种。

(1)单行结构 If 语句。

(2)多行结构 If 语句。

(3)多分支控制结构 Select Case 语句。

1. 单行结构 If 语句

单行结构 If 语句的格式为:

```
If 条件 Then  语句块1 [ Else 语句块2 ]
```

说明如下。

(1)"条件"是一个逻辑表达式,或数据类型可隐式转换为 Boolean 类型的表达式。若"条件"为真,则执行语句块 1。若"条件"为假且存在 Else 子句,则执行语句块 2。

(2)语句中的"Else 语句块 2"部分可以省略,此时将语句块 2 看作一个空操作,即不做任何处理。省略 Else 部分后,If 语句的格式变为:

```
    If 条件 Then 语句块1
```

(3)语句块 1 和语句块 2 可以是一个语句,也可以是用冒号分隔的多个语句。

例如,实现从 x 和 y 中选择较大的一个加 1 后赋值给变量 c:

```
    If x>y Then x=x+1: c=x  Else y=y+1: c=y
```

(4)单行结构 If 语句一般不提倡编写得太复杂。

2. 多行结构 If 语句(块结构 If 语句)

块结构 If 语句是将单行结构 If 语句分成多行来书写,其语法结构如下:

```
If 条件 Then
    语句块1
[Else
    语句块2]
End If
```

说明如下。

(1)块结构 If 语句的各组成部分说明同单行结构 If 语句。If 和 End If 必须成对出现。

(2)当语句块 1 和语句块 2 中包含多个语句时,可以将多个语句写在一行,用冒号分隔;也可以分成多行书写,一个语句占一行。

【例 7.4】根据下面的公式,输入 x,计算 y 的值。

$$y = \begin{cases} x^2 + 1 & (x \geqslant 0) \\ x^3 - 2x + 1 & (x < 0) \end{cases}$$

(1)新建一个名为"计算分段函数"的窗体。

(2)编写 Cmd1 命令按钮的单击事件过程的 VBA 代码如下:

```
Private Sub Cmd1_Click()
    Dim x As Single, y As Single
    x = Text0.Value
    If x >= 0 Then y = x ^ 2 + 1 Else y = x ^ 3-2 * x + 1
```

```
        Text1.Value = y
    End Sub
```

本例中命令按钮 Cmd1 的单击（Click）事件代码采用单行 If 语句编写，也可将其改为多行 If 语句，代码如下：

```
Private Sub Cmd1_Click()
    Dim x As Single, y As Single
    x = Text0.Value
    If x >= 0 Then
        y = x ^ 2 + 1
    Else
        y = x ^ 3-2 * x + 1
    End If
    Text1.Value = y
End Sub
```

【例 7.5】输入 3 个数，按从大到小的顺序输出。

分析如下。

（1）将 a 与 b 比较，把较大者放入 a 中，较小者放入 b 中。

（2）将 a 与 c 比较，把较大者放入 a 中，较小者放入 c 中，此时 a 为三者中的最大者。

（3）将 b 与 c 比较，把较大者放入 b 中，较小者放入 c 中，此时 a、b、c 已由大到小顺序排列。

设计步骤如下。

（1）新建一个名为"3 个数从大到小排序"的窗体，在窗体上添加 6 个文本框、2 个标签和 1 个命令按钮。

（2）编写 Cmd1 命令按钮的单击事件过程的 VBA 代码如下：

```
Private Sub Cmd1_Click()
    Dim a As Single, b As Single, c As Single
    Dim t As Single
    a = Val(Text1.Value)
    b = Val(Text2.value)
    c = Val(Text3.value)
    If a < b Then t = a : a = b : b = t
    If a < c Then t = a : a = c : c = t
    If b < c Then t = b : b = c : c = t
    Text4.value = a
    Text5. value = b
    Text6. value = c
End Sub
```

运行程序，在文本框中输入 3 个数，单击"排序"按钮，结果如图 7.26 所示。

请读者尝试将 Cmd1 的 Click 事件过程中的单行 If 语句改为多行 If 语句结构。

3．多分支选择结构 If…Then…ElseIf 语句

当要处理的问题有多个可能出现的情况时，必然需要提供多个分支。VBA 提供的多分支选择结构的语法格式为：

```
If 条件1 Then
  语句块1
```

图 7.26　3 个数从大到小排序

```
[ElseIf 条件 2 Then
  语句块 2
...]
[Else
  其他语句块]
End If
```

说明如下。

（1）Else 和 ElseIf 子句都是可选部分，且可以有任意多个 ElseIf 子句。

（2）程序运行时，先测试"条件 1"的值，如果值为 True，则执行 Then 后面的语句块 1，如果值为 False，则按顺序测试每个 ElseIf 后面的条件表达式（如果有的话）。当某个 ElseIf 后的条件取值为 True 时，就执行该条件 Then 后面的语句块。如果所有条件取值都为 False，才会执行 Else 部分的"其他语句块"。

（3）当某个条件为真并执行完与之相关的语句块后，程序将不再判断其后的条件，而直接执行 End If 后面的语句。

【例 7.6】某百货公司为了促销，采用购物打折的优惠办法：

（1）消费在 1000 元及以上者，按九五折优惠；

（2）消费在 2000 元及以上者，按九折优惠；

（3）消费在 3000 元及以上者，按八五折优惠；

（4）消费在 5000 元及以上者，按八折优惠。

编写程序，输入购物款数，计算并输出优惠价。

分析：设购物款数为 x 元，优惠价为 y 元，优惠付款公式如下。

$$y = \begin{cases} x & (x<1000) \\ 0.95x & (1000 \leq x < 2000) \\ 0.9x & (2000 \leq x < 3000) \\ 0.85x & (3000 \leq x < 5000) \\ 0.8x & (x \geq 5000) \end{cases}$$

设计步骤如下。

（1）新建一个名为"购物优惠"的窗体，在窗体上添加 2 个文本框、2 个标签和 1 个命令按钮。

（2）编写 Cmd1 命令按钮的单击事件过程的 VBA 代码如下：

```
Private Sub Cmd1_Click()
  Dim x As Single, y As Single
  x = Text1          '文本框的.Value 可省略
  If x < 1000 Then
    y = x
  ElseIf x < 2000 Then
    y = 0.95 * x
  ElseIf x < 3000 Then
    y = 0.9 * x
  ElseIf x < 5000 Then
    y = 0.85 * x
  Else
    y = 0.8 * x
```

```
      End If
      Text2 = y
End Sub
```

4. 多分支选择结构 Select Case 语句

在实现多分支选择时，除了使用带有 ElseIf 子句的 If 语句外，还可以采用 VBA 提供的 Select Case 语句。Select Case 语句的语法格式为：

```
Select Case 测试条件
  Case 表达式表 1
    语句块 1
  [Case 表达式表 2
    语句块 2
  …]
  [Case Else
    其他语句块]
End Select
```

说明如下。

（1）测试条件：必要参数，形式为数字表达式或字符串表达式。

（2）在 Case 子句中，"表达式表"为必要参数，用来测试其中是否有值与"测试条件"相匹配。Case 子句中的"表达式表"是一个或多个表达式的列表，如表 7.14 所示。

表 7.14 Case 子句中的"表达式表"

形式	示例	说明
表达式	Case 100 * a	数值或字符串表达式
表达式 To 表达式	Case 1000 To 2000 Case "a" To "n"	用来指定一个值范围，较小的值要出现在 To 之前
Is 关系表达式	Case Is < 3000	可以配合关系运算符来指定一个数值范围。如果没有提供，则 Is 关键字会被自动插入

当使用多个表达式时，表达式与表达式之间要用逗号隔开。

（3）语句块：可选参数，是一条或多条语句，当"表达式表"中有值与"测试条件"相匹配时执行。

（4）Case Else 子句用于指明其他语句块，当测试条件和所有的 Case 子句"表达式表"中的值都不匹配时，则会执行这些语句。虽然不是必要的，但是在 Select Case 语句中，最好还是加上 Case Else 语句来处理不可预见的测试条件值。如果没有 Case 值匹配测试条件，而且也没有 Case Else 语句，则程序会从 End Select 之后的语句继续执行。

【例 7.7】在例 7.6 中使用 Select Case 语句来计算优惠价，只需将其中命令按钮 Cmd1 的单击（Click）事件代码改为：

```
Private Sub Cmd1_Click()
  Dim x As Single, y As Single
  x = Text1
  Select Case x
      Case Is < 1000
        y = x
      Case Is < 2000
```

```
            y = 0.95 * x
        Case Is < 3000
            y = 0.9 * x
        Case Is < 5000
            y = 0.85 * x
        Case Else
            y = 0.8 * x
    End Select
    Text2 = y
End Sub
```

📖 **注意**

在 Case 子句中使用多个表达式时，所列表达式的形式可以不相同，既可以使用值，又可以使用条件或范围，还可以混合使用；表达式与表达式之间要用逗号隔开，表示表达式之间的"或者"关系。

除上述条件语句外，VBA 还提供了 IIf()函数来完成相应选择操作：

```
IIf(<条件表达式>,<表达式 1>,<表达式 2>)
```

该函数根据"条件表达式"的值来决定函数返回值。"条件表达式"的值为 True，函数返回"表达式 1"的值；"条件表达式"的值为 False，函数返回"表达式 2"的值。

说明如下。

（1）函数中的 3 个参数都不能省略，并且"表达式 1"和"表达式 2"的值的类型应保持一致。

（2）可以将 IIf()函数看作一种简单的 If…Then…Else 结构。

例如，将变量 a 和 b 中值大的存放在变量 Max 中：

```
Max=IIf(a>b,a,b)
```

7.4.3 循环结构

在程序中，经常遇到某一程序段需要重复执行，这种重复执行的程序结构叫循环结构，被重复执行的程序段称为循环体。

VBA 提供常用的循环结构：

7.4.3 循环结构

（1）计数循环（For...Next 语句）；

（2）Do 循环（Do...Loop 语句）。

1. For…Next 语句

当循环次数已知时，常常使用计数循环语句 For...Next 来实现循环。For...Next 语法结构如下：

```
For 循环变量 = 初值 To 终值 [Step 步长]
    语句块1
    [Exit For]
    语句块2
Next [循环变量]
```

说明如下。

（1）循环变量为必要参数，是数值型变量，是用来控制循环语句执行次数的循环计数器。

（2）步长是每次循环后循环变量的增量，可以是正数或负数，默认值为1。步长如果为正，循环变量将逐渐增加，初值应小于等于终值；步长如果为负，循环变量将逐渐减小，初值应大于等于终值，否则，循环语句将无法执行。注意，步长为0将出现死循环。

（3）每次循环后都要根据步长自动改变循环变量的值，循环终止的条件是循环变量的值"越过"终值，而不是等于。这里"越过"的含义随着步长的正负取值不同而有所不同。步长为正时，"越过"代表循环变量要大于终值；步长为负时，代表循环变量要小于终值。

（4）在 For 和 Next 之间可以存在一个或多个 Exit For 语句，遇到该语句表示无条件退出循环，并执行 Next 之后的语句。Exit For 语句一般用在选择结构语句（如 If...Then）中，即当满足给定条件时退出循环。

（5）For 循环的次数可由初值、终值和步长三者来确定，计算公式是：

$$循环次数=Int((终值-初值)/步长+1)$$

【例 7.8】利用 For...Next 语句求 1+2+3+...+100 的值。

分析：采用累加的方法，用变量 s 来存放累加的和（开始为 0），用变量 i 来存放"加数"（加到 s 中的数）；这里 i 也是循环计数器，从 1 开始到 100 为止。

编写 Cmd1 命令按钮的单击事件过程的 VBA 代码如下：

```
Private Sub Cmd1_Click()
    Dim i As Integer, sum As Integer
    sum = 0
    For i = 1 To 100
      sum = sum + i
    Next i
    MsgBox "1+2+3+…+100=" & Str(sum)        'For 循环求累加和
End Sub
```

【例 7.9】输入一个大于 2 的正整数，利用 For...Next 语句判断其是否素数。

分析：所谓"素数"是指除了 1 和该数本身，不能被任何整数整除的数；判断一个自然数 n（$n \geq 3$）是否为素数，只要依次用 $2 \sim n-1$ 作除数去除 n，若 n 不能被其中任何一个数整除，则 n 为素数。

💡提示

设置标志变量 flag，初始化为 True，即默认输入数值 n 是素数。当其可以被 $2 \sim n-1$ 的数整除，将 flag 更改为 False，即代表其不满足素数条件。最终根据 flag 的值判断 n 是否素数。

编写 Cmd1 命令按钮的单击事件过程的 VBA 代码如下：

```
Private Sub Cmd1_Click()
    Dim n As Integer, i As Integer, flag As Boolean
    n = InputBox("请输入一个大于 2 的正整数")
    flag = True
    For i = 2 To n-1
      If n Mod i = 0 Then
        flag = False
        Exit For
      End If
    Next i
    If flag Then
```

```
          MsgBox Str(n) & "是素数"
      Else
          MsgBox Str(n) & "不是素数"
      End If
  End Sub
```

【例 7.10】编写程序，要求输出所有的水仙花数。水仙花数是指一个 3 位数的个位、十位和百位的立方和等于该数本身。例如，$153=1^3+5^3+3^3$，则 153 是一个水仙花数。

分析：根据题意，要寻找的水仙花数 n 的取值范围在 100 到 999 之间，对循环范围内的每一个循环变量 n 首先需要将 n 的个位、十位和百位分解开来，然后判断它们的立方和是否等于 n 本身，如果满足条件则此数 n 是水仙花数，将其输出。

编写命令按钮 Cmd1 的 Click 事件过程代码如下：

```
Private Sub Cmd1_Click()
   Dim n As Integer
   Dim a As Integer, b As Integer, c As Integer
   For n = 100 To 999
      a = n \ 100                        '分解数n，a表示其百位数
      b = (n \ 10) Mod 10                '分解数n，b表示其十位数
      c = n Mod 10                       '分解数n，c表示其个位数
      If n = a ^ 3 + b ^ 3 + c ^ 3 Then  '判断条件是否成立
         Text1.Value = Text1.Value & n & " "
      End If
   Next
End Sub
```

2．Do…Loop 语句

Do…Loop 语句根据给定条件成立与否决定是否执行循环体内的语句，有两种语法形式。
前测型循环结构：

```
Do [ While | Until 条件]
   语句块1
   [Exit Do]
   语句块2
Loop
```

后测型循环结构：

```
Do
   语句块1
   [Exit Do]
   语句块2
Loop [ While | Until 条件]
```

说明如下。

（1）Do While…Loop 是（前测型）当型循环语句，当"条件"为真（True）时执行循环体，"条件"变为假（False）时终止循环。

Do Until…Loop 是（前测型）直到型循环语句，"条件"为假时执行循环体，直到"条件"变为真时终止循环。

（2）Do…While Loop 是（后测型）当型循环语句，当"条件"为真（True）时继续执行循

环体，"条件"变为假（False）时终止循环。

Do…Until Loop 是（后测型）直到型循环语句，"条件"为假时继续执行循环体，直到"条件"变为真时终止循环。

（3）条件：条件表达式，为循环的条件。其值为 True 或 False。如果省略"条件"（Null），则"条件"会被当作 False。

（4）语句块：一条或多条语句（循环体）。

（5）在 Do…Loop 中可以在任何位置放置任意个数的 Exit Do 语句，随时跳出 Do…Loop 循环。Exit Do 通常用于条件判断之后，例如 If…Then，在这种情况下，Exit Do 语句将控制权转移到紧接在 Loop 命令之后的语句。

【例 7.11】用 Do…Loop 语句求 1+2+3+…+100 的值。

分析：对于已知循环次数的问题，应优先采用 For…Next 循环，但也可以采用 Do…Loop 循环来实现。以下给出两种形式的 Do…Loop 循环代码。

（前测型）当型循环：

```
Private Sub Cmd1_Click()
  Dim i As Integer, sum As Integer
  sum = 0 : i = 1
  Do While i <= 100
    sum = sum + i
    i = i + 1
  Loop
  MsgBox "1+2+3+…+100=" & Str(sum)        '累加求和
End Sub
```

（后测型）直到型循环：

```
Private Sub Cmd1_Click()
  Dim i As Integer, sum As Integer
  sum = 0 : i = 1
  Do
    sum = sum + i
    i = i + 1
  Loop Until i > 100
  MsgBox "1+2+3+…+100=" & Str(sum)        '累加求和
End Sub
```

【例 7.12】输入一个大于 2 的正整数，用 Do…Loop 语句判断其是否是素数。

```
Private Sub Cmd1_Click()
  Dim n As Integer, i As Integer, flag As Boolean
  n = InputBox("请输入一个大于 2 的正整数")
  flag = True : i=2
  Do While i <= n-1 And flag = True
    If n Mod i = 0 Then
      flag = flase
    Else
      i = i + 1
    End If
  Loop
  If flag Then
```

```
     MsgBox Str(n) & "是素数"
   Else
     MsgBox Str(n) & "不是素数"
   End If
End Sub
```

【例 7.13】 输入两个正整数，求它们的最大公约数。

分析：求最大公约数可以用辗转相除法，方法如下。

（1）以大数 m 作被除数，小数 n 作除数，相除后余数为 r。

（2）若 $r \neq 0$，则 $m \leftarrow n$，$n \leftarrow r$，继续相除得到新的 r。若仍有 $r \neq 0$，则重复此过程，直到 $r = 0$ 为止。

（3）最后的 n 就是最大公约数。

编写命令按钮 Cmd1 的 Click 事件过程代码如下：

```
Private Sub Cmd1_Click()
   Dim m As integer,n As integer,t As integer,r As integer
   m = Text1.Value
   n = Text2. Value
   If n * m = 0 Then
     MsgBox "两数都不能为0!"
     Exit Sub
   End If
   If m < n Then
     t = m: m = n: n = t
   End If
   Do
     r = m Mod n
     m = n
     n = r
   Loop While r <> 0
   Text3.Value = m '在循环中将操作顺序进行了调整，所以最后结果放在变量 m 中
End Sub
```

💡 **提示**

相对于前测型循环，辗转相除法求最大公约数更适合后测型循环，请读者自行思考原因。

7.5 数组

7.5 数组

前面介绍了多种数据类型的变量，比如数值型、字符型、逻辑型等，但都属于简单变量。但是当处理的问题涉及多个变量时，简单变量就很难胜任了。假设需要处理班上 26 个学生的姓名，像下面这样的操作显然是不明智的：

Dim sname1 As string, sname2 As string, sname3 As string, …

使用数组可以将一批具有相同性质的数据用同一个名称来表示。因此，上述问题中的 26 个学生姓名可以表示为 sname(0)、sname(1)、sname(2)、……、sname(25)。sname 数组相当于一个姓名列表，允许用 sname(i) 来表示第 i 个学生的姓名。这样，就可以采用循环结构方便、高效

地解决问题了。

7.5.1　数组的概念

一个数组表示一组数据类型相同的值。数组是单一类型的组合变量，可以存储很多值，而常规的变量只能存储一个值。定义数组之后，可以引用整个数组，也可以只引用数组的个别元素。

同一个数组的变量具有相同的名称，使用下标对其中每个变量进行区分，如 sname(0)、sname(1)、sname(2)。通常，将数组中的变量称为数组元素。数组元素由下标进行标识，因此又可称为下标变量。

用数组名和下标可以唯一标识一个数组元素。但是下标不一定从 1 开始。数组名称与下标规则如下。

（1）数组的命名规则与简单变量规则相同。

（2）下标必须是整数，否则系统将四舍五入取整。

（3）下标必须用括号括起来。

（4）在引用数组元素时，下标可以是整型常量、变量或表达式，还可以是一个整型数组元素。

（5）下标的最大值和最小值分别被称为数组的上界和下界，下标是上、下界范围内的一组连续整数。引用数组元素时，不可超出数组声明时的上、下界范围。

7.5.2　数组的声明

数组的声明方式和其他的变量是一样的，可以使用 Dim、Static 或 Global 语句来声明。数组可以声明为任何基本数据类型，包括 Variant。一个数组里的所有元素应该具有相同的数据类型。

数组下标下界默认值是 0，但可以在模块的声明部分使用 Option Base 语句进行更改：

```
Option Base 1
```

此模块中的所有数组下标默认从 1 开始。

也可以使用 To 关键字来更改数组下标下界：

```
Dim temp(1 To 15) As String
```

下标的个数决定了数组的维数。一维数组仅有一个下标，二维数组则有两个下标……，依此类推。二维数组可以对应一张二维表，"学生费用"表如图 7.27 所示。

学号	助学贷款	困难补助	奖学金	勤工助学	学费	住宿费	书本费
200900312101	￥4,000.00	￥500.00	￥500.00	￥200.00	￥2,000.00	￥800.00	￥410.43
200900312102	￥3,500.00	￥500.00	￥1,500.00	￥0.00	￥2,000.00	￥1,000.00	￥455.78
200900312201	￥4,000.00	￥1,000.00	￥0.00	￥400.00	￥2,500.00	￥800.00	￥432.55
200900312202	￥3,000.00	￥0.00	￥0.00	￥0.00	￥2,000.00	￥800.00	￥400.01
201000344101	￥3,500.00	￥1,500.00	￥1,100.00	￥0.00	￥2,000.00	￥800.00	￥577.71
201100344101	￥3,000.00	￥0.00	￥0.00	￥0.00	￥2,500.00	￥0.00	￥334.56

图 7.27　"学生费用"表

可以将表中费用定义为一个二维数组：

```
Dim fares(25,6) As Single
```

三维数组可以这样定义：

```
Dim temp1(10,3,4) As String
```

但是由于三维以上的数组耗费资源过多，在实际使用中往往会受到内存容量的限制。五维数组被认为是能安全使用的最大维数数组。

在声明时指定维数和每一维上、下界的数组，称为静态数组。静态数组元素的个数是固定的。在事先无法确定数组元素个数的情况下，需要使用动态数组，以在运行时改变数组的大小。使用动态数组可以更加有效地利用内存。

动态数组的声明方法与静态数组的声明方法类似，不同的是需要提供一个空维列表，建立一个空维数组：

```
Dim temp2() As String
```

然后在过程中使用 Redim 语句重新定义数组大小：

```
Redim temp2(10)
```

Redim 语句只能在过程中使用，并且不能改变数组维数以及数组的数据类型。每次执行 Redim 语句，通常会自动把数组原有数据清空。如果希望保留数组中的数据，需要使用 Preserve 关键字：

```
Redim Preserve temp2(100)
```

7.5.3 数组的应用

【例 7.14】使用数组输出 Fibonacci 数列的前 20 项。

分析：Fibonacci 数列又称黄金分割数列、兔子数列，指的是这样的数列：1,1,2,3,5,8,13,…。Fibonacci 数列第一、二项都为 1，从第三项开始的值为其前两项之和。

```
Public Sub arrayFibonacci()
  Dim arrayFibo(1 To 20) As Integer
  Dim intI As Integer
  arrayFibo(1) = 1
  arrayFibo(2) = 1
  For intI = 3 To 20
    arrayFibo(intI) = arrayFibo(intI-1) + arrayFibo(intI-2)
  Next
  For intI = 1 To 20
    Debug.Print arrayFibo(intI)
  Next
End Sub
```

【例 7.15】计算一个 5×5 方阵主对角线之和。

分析：$n \times n$ 方阵的主对角线为其左上角(0,0)到右下角($n-1,n-1$)的对角线，副对角线为其右上角($n-1,0$)到左下角($0,n-1$)的对角线。

提示：数组元素的初始值在[1,100]区间随机得到；主对角线数之和即所有数组元素 arrayA（intI,intI）之和。

```
Public Sub arraySum()
  Dim arrayA(4, 4) As Integer
  Dim intI, intJ As Integer
  Dim intS As Integer
  Dim strS As String
  strS = ""
  For intI = 0 To 4
    For intJ = 0 To 4
      arrayA(intI, intJ) = Int(100 * Rnd) + 1
      strS = strS & arrayA(intI, intJ) & " "
    Next intJ
    strS = strS & vbLf
```

```
    Next intI
    Debug.Print strS
    intS = 0
    For intI = 0 To 4
      intS = intS + arrayA(intI, intI)
    Next intI
    Debug.Print intS
End Sub
```

7.6 过程的创建和调用

一个模块中通常包含一个或多个过程，模块功能的实现就是通过执行具体的过程来完成的，本节将通过实例介绍过程创建、过程调用和参数传递。

VBA 程序中的过程分为两种：Sub 过程和 Function 过程。

7.6 过程的创建和调用

7.6.1 Sub 过程

1．Sub 过程的定义

Sub 过程的定义如下：

```
[Private | Public ][Static] Sub 过程名( [形参表] )
    语句块
    [Exit Sub]
语句块
End Sub
```

说明如下。

（1）可以将 Sub 过程放入标准模块和类模块中。

（2）Private | Public 中如果使用 Public，表示过程在标准模块和类模块之外可以访问；如果使用 Private，则过程仅能在标准模块和类模块的内部访问。如果用 Static，则该过程中所有局部变量的存储空间只分配一次，且这些变量的值在整个程序运行期间都被保留下来。

（3）"过程名"遵循与变量相同的命名规则。

（4）"语句块"是 VBA 程序段。代码中可用 Exit Sub 退出过程。

（5）"形参表"描述过程的需求，形式类似于声明变量。它指明了从主调过程传递给被调过程变量的个数和类型，各变量名之间用逗号分隔。形参表中的语法为：

```
[ByVal | ByRef] 变量名[()] [As 类型]
```

其中：ByVal 表示该参数按值传递，ByRef（默认值）表示该参数按地址传递，"变量名"代表参数变量的名称，后面带有一对圆括号表示形参为数组，"As 类型"表示参数变量或数组的数据类型。

（6）在过程内部，不能再定义过程，但可以调用其他 Sub 过程或 Function 过程。

2．Sub 过程的创建

Sub 过程的创建有以下两种方法。

（1）在标准模块或类模块的代码窗口直接输入。

【例 7.16】编写一个 Sub 过程，用来交换两个变量的值。

```
Public Sub swap(x As Single, y As Single)
```

```
    Dim t As Single
    t = x: x = y: y = t
End Sub
```

（2）使用"添加过程"对话框。

使用"添加过程"对话框建立过程的方法如下。

① 在数据库窗口，双击模块 2 打开该模块。

② 选择"插入"菜单中的"过程"命令，打开"添加过程"对话框，如图 7.28 所示。

③ 在"名称"文本框中输入过程名 swap。从"类型"组中选择"子程序"（Sub），从"范围"组中选择"公共的"（Public）。

④ 单击"确定"按钮，建立一个名称为 swap 的 Sub 过程，如图 7.29 所示。

图 7.28 "添加过程"对话框

图 7.29 添加过程后的代码窗口

3．Sub 过程的调用

Sub 过程的调用是通过一条语句实现的，有以下两种形式。

（1）使用 Call 语句：

```
Call 过程名([实参表])
```

（2）直接使用过程名：

```
过程名 [实参表]
```

【例 7.17】从键盘任意输入 3 个数，按从大到小的顺序输出。

分析：由例 7.5 可知，排序算法涉及数据的交换，因此可以利用例 7.16 中交换两个变量值的 Sub 过程的 swap 来解决该问题。

代码如下：

```
Private Sub Cmd1_Click()
    Dim a As Single, b As Single, c As Single
    Dim t As Single
    a = Val(Text1.Value)
    b = Val(Text2.value)
    c = Val(Text3.value)
    If a < b Then swap a,b    '可改为 If a < b Then call swap(a,b)
    If a < c Then swap a,c
    If b < c Then swap b,c
    Text4.value = a
    Text5.value = b
    Text6.value = c
End Sub
```

7.6.2 Function 过程

1．Function 过程的定义

Function 过程与 Sub 过程一样，也有过程名（一般称为函数名）和形参表，不同的是 Function 过程需要向主调用过程返回一个值，其语法格式如下：

```
[Private | Public] [Static] Function 函数名([形参表]) [ As 类型]
    语句块
    [函数名=返回值]
    [Exit Function ]
    语句块
    [Return 返回值]
End Function
```

说明如下。

（1）"函数名"是 Function 过程的名称。

（2）"As 类型"指定 Function 过程返回值的类型，可以是 Integer、Long、Single、Double、Currency、String 或 Boolean 等，默认是 Variant。

（3）"返回值"是一个与"As 类型"指定类型一致的表达式，其值即函数的结果。

通过 Function 过程返回值的方法有两种：

① 函数名=返回值，通过给函数名赋值的方法返回结果；

② Return 返回值，通过 Return 语句返回结果。

（4）"语句块"是 Visual Basic.NET 程序段，其中可用一个或多个 Exit Function 语句退出函数。

Function 语法中其他未说明部分的含义与 Sub 相同，创建 Function 过程也与创建 Sub 过程方法类似。

2．Function 过程的调用

可以像使用 VBA 的内部函数那样来调用 Function 过程，即将函数使用在表达式中。

调用形式：

```
函数过程名([实参1] [,实参2] [,…])
```

【例 7.18】编写一个求整数阶乘的 Function 过程，3 次调用它，计算 1!+3!+5!的值。

操作步骤如下。

（1）在"学籍管理"数据库中，新建一个名为"标准模块-求阶乘"的标准模块。在该标准模块的代码窗口添加 VBA 代码如下：

```
Public Function fact(x As Integer) As Long
    Dim p As Long, i As Integer
    p = 1
    For i = 1 To x
      p = p * I
    Next I
    fact = p
End Function
```

注意：在 Function 前面一定要使用 Public 关键字，以使 fact()函数的作用域为全局范围。

（2）在"学籍管理"数据库中，新建一个名为"调用函数过程 fact 求阶乘"的窗体。该窗体包含一个名为 Cmd1 的命令按钮，下面给出命令按钮 Cmd1 的 Click 事件代码：

```
Private Sub Cmd1_Click()
  Dim sum As Long, i As Integer
  For i = 1 To 5 step 2
    sum = sum + fact(i)
  Next i
  MsgBox "1!+3!+5!= " & str(sum)
End Sub
```

7.6.3 过程调用中的参数传递

1. 形式参数和实际参数

形式参数是指在定义通用过程时，出现在 Sub 或 Function 语句子过程名/函数名后的变量名，是接收来自主调过程数据的变量。形参表中的各个变量之间用逗号分隔。

实际参数是指在调用 Sub 或 Function 过程时，主调过程传送给被调用的 Sub 或 Function 过程的常量、变量或表达式。实参表可由常量、表达式、有效的变量名、数组名（后跟左、右括号）组成，实参表中各参数用逗号分隔。

2. 参数传递

传递参数的方式有两种：如果调用语句中的实际参数是常量或表达式，或者定义过程时选用 ByVal 关键字，则按值传递（也称传值）；如果调用语句中的实际参数为变量，或者定义过程时选用 ByRef 关键字，则按地址传递（也称传址）。

默认情况下，按地址传递参数。

（1）按地址传递

按地址传递是在调用过程时，将实参的地址传给形参。因此，如果在被调用过程中修改了形参的值，则主调用过程中实参的值也跟着发生变化。

【例 7.19】按地址传递参数示例。

子过程：

```
Public Sub Getdata1(ByRef x As Integer)
  x = x + 5
End Sub
```

主调用过程：

```
Private Sub Cmd1_Click()
  Dim y As Integer
  y = 5
  Call Getdata1(y)
  MsgBox "y的值=" & y
End Sub
```

主调用过程执行后，y 的值变为 10。

（2）按值传递

按值传递是主调用过程将实参的值复制后传给被调用过程的形参。因此，即使在被调用过程中修改了形参的值，主调用过程中实参的值也不会跟着发生变化。

【例 7.20】按值传递参数示例。

子过程：

```
Public Sub Getdata2(ByVal x As Integer)
  x = x + 5
End Sub
```

主调用过程：

```
Private Sub Cmd1_Click()
    Dim y As Integer
    y = 5
    Call Getdata1(y)
    MsgBox "y 的值=" & y
End Sub
```

主调用过程执行后，y 的值仍为 5。

请读者思考，若将例 7.16 中的 swap 子过程参数传递方式设置为 ByVal，是否仍可以实现交换功能？

```
Public Sub swap(ByVal x As Single, ByVal y As Single)
    Dim t As Single
    t = x: x = y: y = t
End Sub
```

7.7　事件及事件驱动

7.7　事件及事件驱动

7.7.1　事件及事件驱动的定义

事件是能够被窗体或控件识别的动作。事件驱动程序在事件被触发时执行事件代码。VBA 的每个窗体和控件都有一套预先定义好的事件。事件一旦被触发，相关事件过程的代码就会执行。

VBA 的对象能够自动识别一套预定义的事件，但是它们是否响应事件以及如何响应是由程序员在事件过程 Event Procedure 中编写的代码来决定的。

很多对象能够识别相同的事件，但是执行的是不同的事件过程的代码。比如，当用户单击了窗体 userform，事件过程 userform_click 中的代码就会被执行；当用户单击了名为 Command1 的命令按钮，事件过程 Command1_click 中的代码就会被执行。

7.7.2　事件的分类

1．键盘事件

键盘事件是用户操作键盘引发的事件。常用的键盘事件有 KeyDown、KeyUp、KeyPress。

（1）KeyDown 事件

在某对象上按下键盘任意键都会触发该事件：

```
Private Sub 对象名_KeyDown(KeyCode As Integer,Shift As Integer )
…
End Sub
```

参数 KeyCode 为按键的位置码，Shift 为 Shift、Ctrl 和 Alt 3 个状态键的状态。

（2）KeyUp 事件

在某对象上释放键盘任意键都会触发该事件：

```
Private Sub 对象名_KeyUp(KeyCode As Integer,Shift As Integer )
…
End Sub
```

（3）KeyPress 事件

在某对象上按键盘任意字符键都会触发该事件：

```
Private Sub 对象名_KeyPress(KeyAscii As Integer )
…
End Sub
```

参数 KeyAscii 为按下的字符键对应的 ASCII 值。

【例 7.21】测试键盘事件发生的先后顺序。

分析：键盘有 KeyUp、KeyDown 和 KeyPress 3 个事件，通过输入键盘上任意一个字符来测试 3 个事件发生的先后顺序，界面设计如图 7.30 所示。上面文本框用来显示事件发生的顺序，名称设置为"txtshow"，"滚动条"属性设置为"垂直"；下面文本框用来从键盘上输入某一个键，名称设置为"txtInput"。代码如下：

```
Option Compare Database
Private Sub Form_Load()
  txtshow = ""
End Sub
Private Sub txtInput_KeyDown(KeyCode As Integer, Shift As Integer)
  txtshow = txtshow + "你输入了" + Chr(KeyCode) + "字符,KeyDown 事件发生!" + vbCrLf
End Sub
Private Sub txtInput_KeyPress(KeyAscii As Integer)
  txtshow = txtshow + "你输入了" + Chr(KeyAscii) + "字符,KeyPress 事件发生!" + vbCrLf
End Sub
Private Sub txtInput_KeyUp(KeyCode As Integer, Shift As Integer)
  txtshow = txtshow + "你输入了" + Chr(KeyCode) + "字符,KeyUp 事件发生!" + vbCrLf
End Sub
```

图 7.30　键盘事件测试的界面设计

从运行结果可以看出，当从键盘上输入一个字符时，首先执行 KeyDown 事件，然后执行 KeyPress 事件，最后执行 KeyUp 事件。

2．鼠标事件

鼠标事件是在操作鼠标时引发的事件。常用的鼠标事件有 Click、DblClick、MouseDown、MouseUp、MouseMove 等。

（1）Click 事件

在某对象上单击鼠标左键触发的事件：

```
Private Sub 对象名_Click()
…
End Sub
```

（2）DblClick 事件

在某对象上双击鼠标左键触发的事件：

```
Private Sub 对象名_DblClick(Cancel As Integer )
…
End Sub
```

参数 Cancel 决定该操作是否有效。

（3）MouseDown 事件

在某对象上按下鼠标左键触发的事件：

```
Private Sub 对象名_MouseDown(Button As Integer, Shift as Integer, X As Single, Y As Single )
…
End Sub
```

参数 Button 为按键信息，Shift 为 3 个状态键（Ctrl、Shift 和 Alt）的状态，X 和 Y 表示鼠标指针所在的位置。

（4）MouseUp 事件

在某对象上释放鼠标左键触发的事件：

```
Private Sub 对象名_MouseUp(Button As Integer, Shift as Integer, X As Single, Y As Single )
…
End Sub
```

参数 Button 为按键信息，Shift 为 3 个状态键（Ctrl、Shift 和 Alt）的状态，X 和 Y 表示鼠标指针所在的位置。

（5）MouseMove 事件

在某对象上鼠标发生位移时触发的事件：

```
Private Sub 对象名_MouseMove(Button As Integer, Shift as Integer, X As Single, Y As Single )
…
End Sub
```

参数 Button 为按键信息，Shift 为 3 个状态键（Ctrl、Shift 和 Alt）的状态，X 和 Y 表示鼠标指针所在的位置。

【例 7.22】测试鼠标事件，当单击窗体的主体节时窗体背景色显示为红色，双击时显示为绿色，单击鼠标右键时显示为蓝色。

分析：新建一个窗体，然后在窗体的 Click、DbClick 以及 MouseDown 事件下，书写代码，通过设置窗体的 BackColor 属性以达到改变窗体背景色的目的。

代码如下：

```
Private Sub 主体_Click()
  Me.主体.BackColor = vbRed
End Sub
Private Sub 主体_DblClick(Cancel As Integer)
  Me.主体.BackColor = vbGreen
End Sub
Private Sub 主体_MouseDown(Button As Integer, Shift As Integer, X As Single, Y As Single)
  If Button = acRightButton Then   '通过 Button 参数判断是否是单击了鼠标右键
      Me.主体.BackColor = vbBlue
  End If
End Sub
```

3．窗口事件

窗口事件是指操作窗口时触发的事件。常用的事件有 Open、Load、Resize、Activate、Current、UnLoad、DeActivate 和 Close 事件等。

（1）Open 事件

在打开一个窗体或报表时触发该事件：

```
Private Sub 对象名_Open(Cancel As Integer)
…
End Sub
```

参数 Cancel 决定操作是否有效。当 Cancel 取值为 0 时窗口打开，当 Cancel 取值为 1 时则不打开。

（2）Close 事件

在关闭一个窗体或报表时触发该事件：

```
Private Sub 对象名_Close()
…
End Sub
```

（3）Load 事件

在一个窗体或报表被加载时触发该事件：

```
Private Sub 对象名_Load()
…
End Sub
```

该事件通常用来进行窗体的初始化工作。

（4）UnLoad 事件

在一个窗体或报表被卸载时触发该事件：

```
Private Sub 对象名_UnLoad(Cancel As Integer)
…
End Sub
```

【例 7.23】测试窗口事件发生的先后顺序。

当运行一个窗体的时候，常用的窗口事件执行顺序是什么呢？可以新建一个窗体，然后在窗体的不同事件下弹出一个消息对话框，以验证窗口事件的执行顺序。

代码如下：

```
Option Compare Database
Private Sub Form_Activate()
  MsgBox "Active 事件正在执行! "
End Sub
Private Sub Form_Current()
  MsgBox "Current 事件正在执行! "
End Sub
Private Sub Form_Load()
  MsgBox "Load 事件正在执行! "
End Sub
Private Sub Form_Open(Cancel As Integer)
  MsgBox "Open 事件正在执行! "
End Sub
```

```
Private Sub Form_Resize()
    MsgBox "Resize 事件正在执行! "
End Sub
```

运行该窗体，从弹出的消息对话框可以知道，运行一个窗体依次执行 Open 事件、Load 事件、Resize 事件、Activate 事件和 Current 事件；用同样方法我们也可以发现当关闭一个窗体时依次执行 Unload 事件、DeActivate 事件和 Close 事件。了解事件的执行顺序，有助于编写面向对象的可视化程序。

4．对象事件

对象事件是指当对对象进行操作时所触发的事件，也称操作事件。常用的对象事件有 GotFocus、LostFocus、BeforeUpdate 和 Change。

（1）GotFocus 事件

当一个对象由没有获得焦点的状态变为获得焦点的状态时触发的事件：

```
Private Sub 对象名_GotFocus()
…
End Sub
```

（2）LostFocus 事件

当一个对象由获得焦点的状态变为失去焦点的状态时触发的事件：

```
Private Sub 对象名_LostFocus()
…
End Sub
```

（3）BeforeUpdate 事件

对象中的数据被修改时，当按下键或将焦点从该对象上移开时所触发的事件：

```
Private Sub 对象名_BeforeUpdate(Cancel As Integer)
…
End Sub
```

该事件可以检验输入数据的有效性。当输入无效数据时，可以将参数 Cancel 设置为 1，此时就无法将焦点从该对象上移开。

（4）Change 事件

当对象中数据的修改得到认可后触发的事件：

```
Private Sub 对象名_Change()
…
End Sub
```

【例 7.24】对于图 7.31 所示的学生信息录入窗体，要求对学号文本框控件（名称为 txtSno）进行数据校验，要求该文本框内只能够输入 12 位字符，否则不能更新到数据库。

分析：这里可以使用 BeforeUpdate 事件，当数据不满足要求时将 Cancel 参数设置为 1，无法将焦点从该对象上移开，必须输入合法的数据。

代码如下：

```
Private Sub txtSno_BeforeUpdate(Cancel As Integer)
    If Len(txtSno) <> 12 Then
        MsgBox "学号应为12位", vbCritical, "警告"
        Cancel = 1  '无法将焦点从该对象上移开, 直至输入合法数据
    End If
End Sub
```

图 7.31　学生信息录入窗体

5. Timer 事件

Timer 事件发生在窗体的 TimerInterval 属性指定的时间间隔内：

```
Private Sub 对象名_Timer()
…
End Sub
```

当 Timer 事件发生时运行宏或事件过程，可以控制在每一计时器时间间隔内需要 Access 完成的操作。比如，可以在规定的时间间隔内重新查询记录或重画屏幕。

窗体的 TimerInterval 属性以毫秒为单位，用于指定时间间隔。间隔可以为 0～2147483647ms。TimerInterval 属性为 0 时，将阻止 Timer 事件的发生。

【例 7.25】使用 Timer 事件实现标签文字的动态效果。

分析：新建一个窗体，在窗体上添加一个标签，名称为 label1，利用 Timer 事件，按照一定时间间隔，使 label1 的标题不断发生变化，从而实现标签文字的动态效果。

代码如下：

```
Dim i As Integer            '在通用段声明
Private Sub Form_Load()
  Me.TimerInterval = 500
End Sub
Private Sub Form_Timer()
  i = i + 1
  label1.Caption = Left("欢迎进入学籍管理系统", i)
  If i > 10 Then
    i = 0
  End If
End Sub
```

7.7.3　事件驱动的程序设计方法

事件驱动就是程序在执行一个进程时可以接受一个外部事件的驱动进入另一个进程，而不必先关闭并退出当前进程。事件驱动程序设计意图是把灵活的工作环境交给用户，用户使用程序时，可以在一个事件（正在进行工作时）尚未结束时驱动另一个事件的发生。事件驱动程序设计是一种全新的程序设计方法，它不是由事件的顺序来控制，而是由事件的发生来控制，而这种事件的发生是随机的、不确定的，并没有预定的顺序，这样就允许程序的用户用各种合理的顺序来安排程序的流程。

对于需要用户交互的应用程序来说，事件驱动的程序设计有着过程驱动方法无法替代的优点。它是一种面向用户的程序设计方法，它在程序设计过程中除了完成所需功能之外，更多地考虑了用户可能的各种输入，并针对性地设计相应的处理程序。它是一种"被动"式程序设计方法，程序开始运行时，处于等待用户输入事件的状态。

7.8 DoCmd 对象

Access 提供了一个非常重要的对象——DoCmd，在 VBA 编程中经常用 DoCmd 对象的相关方法操作 Access 数据库的对象，比如打开窗体、关闭窗体、运行查询、打开报表、设置控件属性值等功能。本节将讲解该对象常用的几个方法。

7.8.1 程序导航

1. 打开窗体操作

利用 DoCmd 对象的 OpenForm 方法可以打开一个窗体，语法格式为：

```
DoCmd.OpenForm
FormName[,View][,FilterName][,WhereCondition][,DataMode][,WindowMode][,OpenArgs]
```

参数说明如下。

（1）FormName，必选项，字符串表达式，表示当前数据库中的窗体名称。

（2）View，可选项，指定将在其中打开窗体的视图模式，取值如表 7.15 所示。默认值为 acNormal，表示在窗体视图中打开。

表 7.15　View 选项取值

名称	值	说明
acDesign	1	在设计视图中打开窗体
acFormDS	3	在数据表视图中打开窗体
acFormPivotChart	5	在数据透视图视图中打开窗体
acFormPivotTable	4	在数据透视表视图中打开窗体
acLayout	6	在布局视图中打开窗体
acNormal	0	在窗体视图中打开窗体
acPreview	2	在打印预览中打开窗体

（3）FilterName，可选项，字符串表达式，表示当前数据库中查询的有效名称。

（4）WhereCondition，可选项，字符串表达式，不包含 WHERE 关键字的有效 SQL。

（5）DataMode，可选项，指定窗体的数据输入模式，取值如表 7.16 所示，默认值为 acFormPropertySettings。

表 7.16　DataMode 选项取值

名称	值	说明
acFormAdd	0	用户可以添加新记录，但是不能编辑现有记录
acFormEdit	1	用户可以编辑现有记录和添加新记录
acFormPropertySettings	1	用户只能更改窗体的属性
acFormReadOnly	2	用户只能查看记录

（6）WindowMode，可选项，指定打开窗体时采用的窗口模式，取值如表 7.17 所示，默认值为 acWindowNormal。

表7.17　WindowMode 选项取值

名称	值	说明
acDialog	3	以对话框方式（即模态方式）打开窗体或报表
acHidden	1	窗体或报表处于隐藏状态
acIcon	2	窗体或报表在 Windows 任务栏中以最小化方式打开
acWindowNormal	0	窗体或报表在由其属性设置的模式中打开

除了必须指定 FormName，其他参数都可以省略。例如打开"学生信息维护"窗体，语句如下：

```
DoCmd.OpenForm "学生信息维护"
```

如果以对话框方式打开"学生信息维护"窗体，则语句如下：

```
DoCmd.OpenForm "学生信息维护", , , , , acDialog
```

这里可选参数可以省略，但分隔号不能够省略。

2. 关闭操作

利用 DoCmd 对象的 Close 方法可以关闭窗体、报表、查询、表等。语法格式为：

```
DoCmd.Close [ObjectType][, ObjectName][, Save]
```

参数说明如下。

（1）ObjectType，可选参数，关闭对象的类型，取值如表 7.18 所示。

表7.18　ObjectType 选项取值

名称	值	说明	名称	值	说明
acDatabaseProperties	11	数据库属性	acQuery	1	查询
acDefault	−1	默认为当前窗体	acReport	3	报表
acDiagram	8	数据库图表	acTable	0	表
acForm	2	窗体	acTableDataMacro	12	数据宏
acMacro	4	宏	acModule	5	模块

（2）ObjectName，可选项，表示 ObjectType 参数所选类型的对象的有效名称。

（3）Save，可选项，对象关闭时的保存性质，可以设为 acSaveYes（保存）、acSaveNo（不保存），默认为 acSavePrompt（提示保存）。

DoCmd.Close 命令广泛应用于关闭 Access 的各种对象，所有参数都可以省略，表示关闭当前窗体。举例说明如下。

（1）关闭"学生信息维护"窗体：

```
DoCmd.Close acForm,"学生信息维护"
```

如果该窗体为当前窗体，则可简化为 DoCmd.Close。

（2）关闭"班级学生信息"报表：

```
DoCmd.Close acReport ,"班级学生信息"
```

（3）关闭"学生基本信息"查询：

```
DoCmd.Close acQurey ,"学生基本信息"
```

（4）关闭"学生"表：

```
DoCmd.Close acTable, "学生"
```

3．打开报表

利用 DoCmd 对象的 OpenReport 方法可以打开报表，语法格式为：

```
DoCmd.OpenReport
ReportName[,View][,FilterName][,WhereCondition][,WindowMode][,OpenArgs]
```

各种参数说明和 DoCmd.OpenForm 参数介绍基本一样，这里不再介绍，详见帮助文档。

例如，打开"班级学生信息"报表的语句为：

```
Docmd.OpenReport  "班级学生信息"
```

4．打开查询

利用 DoCmd 对象的 OpenQuery 方法可以执行某个查询，语法格式为：

```
DoCmd.OpenQuery QueryName[, View][, DataMode]
```

各种参数说明详见帮助文档。例如，打开"学生选课查询"的语句为：

```
DoCmd.OpenQuery  "学生选课查询"
```

5．打开宏

利用 DoCmd 对象的 RunMacro 方法可以运行某一个宏，语法格式为：

```
DoCmd.RunMacro MacroName[, RepeatCount][, RepeatExpression]
```

各种参数说明详见帮助文档。例如，运行"打开学生窗体"的宏的语句为：

```
DoCmd.RunMacro  "打开学生窗体"
```

7.8.2 控制大小和位置

1．最大化窗体

利用 DoCmd 对象的 Maximize 方法可以放大活动窗口，使其充满 Access 窗口。往往在该窗体的 Load 事件中书写代码 DoCmd.Maximize，使窗体最大化显示。

2．最小化窗体

利用 DoCmd 对象的 Minimize 方法可以最小化活动窗口。

3．还原窗口

利用 DoCmd 对象的 Restore 方法可将最小化窗口恢复为以前的大小。

4．移动或调整窗口

使用 DoCmd 对象的 MoveSize 方法可以移动活动窗口或调整其大小，单位为像素。例如下面的语句：

```
DoCmd.MoveSize 1440, 2400,1500, 2000
```

该语句将移动当前活动窗口，更改其宽度为 1500、高度为 2000，窗体左上角坐标为 (1440,2400)。

7.9 程序调试和错误处理

调试是查找和解决 VBA 程序代码错误的过程。为了避免不必要的错误，应该保持良好的编程风格。通常，应遵循以下几条原则。

（1）模块化。除了一些定义全局变量的语句以及其他的注释语句之外，其他代码都要尽量地放在 Sub 过程或 Function 过程中，以保持程序的简洁性，并清晰明了地按功能来划分模块。

（2）多注释。编写代码时要加上必要的注释，以便以后或其他用户能够清楚地了解程序的功能。

（3）变量显式声明。在每个模块中加入 Option Explicit 语句，强制对模块中的所有变量进行显式声明。

（4）良好的命名格式。为了方便地使用变量，变量的命名应采用统一的格式，尽量做到能够"顾名思义"。

（5）少用变体类型。在声明对象变量或其他变量时，应尽量使用确定的对象类型或数据类型。

7.9.1 调试工具的使用

VBA 提供了"调试"菜单和"调试"工具栏，"调试"工具栏如图 7.32 所示。选择"视图"菜单的"工具栏"子菜单中的"调试"命令，即可打开"调试"工具栏。

图 7.32 "调试"工具栏

"调试"工具栏上各个按钮的说明如表 7.19 所示。

表 7.19 "调试"工具栏上各个按钮的说明

命令按钮	按钮名称	功能说明
	设计模式	打开或关闭设计模式
	运行子窗体/用户窗体	如果光标在 Sub 过程中则运行当前过程，如果用户窗体处于激活状态，则运行用户窗体，否则将运行宏
	中断	终止程序的执行，并切换到中断模式
	重新设置	清除执行堆栈和模块级变量并重新设置工程
	切换断点	在当前行设置或清除断点
	逐语句	一次执行一句代码
	逐过程	在代码窗口中一次执行一个过程或一句代码
	跳出	执行当前执行点处的过程的其余行
	本地窗口	显示"本地窗口"
	立即窗口	显示"立即窗口"
	监视窗口	显示"监视窗口"
	快速监视	显示所选表达式的当前值的"快速监视"对话框
	调用堆栈	显示"调用堆栈"对话框，列出当前活动过程调用

7.9.2 VBA 的错误类型及处理方式

1. 编译错误

编译错误是由不正确的代码语法结构造成的。比如使用了对象不存在的属性或方法，或 For

缺少了 Next、If 缺少了 End If 与之配对等。

在运行代码时，编译器首先会检查这类错误。如果发现这样的错误，编译会停止，代码将不会运行，并且会在发现的第一个错误的地方给出一个错误信息。避免出现这类错误最好的方法就是编写代码时遵守语法规则。

2．运行错误

运行错误发生在代码执行时。比如，程序尝试打开一个不存在的文件，或进行了除数为 0 的除法。这样的错误会有一个错误信息提示，并且中断代码的执行。因为没有违反语法规则，这样的错误在编译时并不会被发现。

3．逻辑错误

当程序的运行结果与预期的结果不相符合时，也许就是程序的逻辑错误造成的。这样的错误没有任何错误信息的提示，但是运行结果不对。发现逻辑错误非常困难，需要逐行检查代码，甚至需要使用到所有的调试工具。但是当找到这个错误时你会发现也许这是一个非常简单的错误，是在程序设计时没有想到的问题。

7.9.3 VBA 程序调试的方法

在 VBA 编写应用程序的 3 种工作模式：设计、运行和中断。在中断模式下可以进行调试。

1．设置断点

- 在代码执行时按 Ctrl+Break 组合键就会强制中断执行。
- 按 F9 键插入一个断点，再次按 F9 键可以将断点移除。
- 在菜单栏中选择"调试"→"切换断点"命令。

此时进入调试模式，如图 7.33 所示。在代码窗口中，待执行的代码行将会以黄色高亮显示。将鼠标指针悬停在任意一个此过程内的变量上面，能够看到它的当前值。

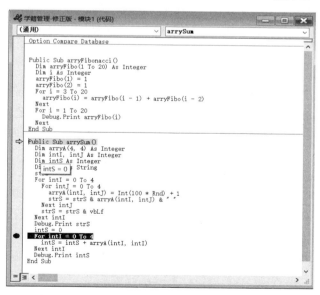

图 7.33　调试模式

也可以使用鼠标拖动黄色高亮条左边的手柄 ⇨ 到要执行的下一条语句处。这个方法非常有用，可以在修改代码后重启一个循环或 If 结构。

设置断点后代码将在断点处挂起。接下来可以使用 F8 键逐语句执行代码并检查各个变量的值，也可以选择"调试"菜单中的"逐过程"命令（或按 Shift+F8 组合键），或者"运行到光标处"命令（或按 Ctrl+F8 组合键）。同时也可以打开监视窗口，以查看表达式的值。当重新打开数据库时使用 F9 键设置的断点会被全部清除。

Stop 语句也可以设置断点。与 F9 键设置的断点有所不同，Stop 语句只有被删除或转换为注释语句时才会失效。所以当程序调试完成后需要把所有的 Stop 语句删除掉。

2．代码的执行

（1）单步执行

单步执行方式可以逐语句运行代码，同时检查变量和表达式的取值。按 F8 键或选择菜单命令"调试"→"逐语句"就可以启动单步执行方式。除此之外，将光标定位在可执行语句行内之后，按 Ctrl+F8 组合键可以快速定位到光标所在处。

（2）逐过程执行

在有 Sub 过程或函数被调用，并且 Sub 过程和函数已经通过调试的情况下，可以按 Shift+F8 组合键或选择菜单栏中的"调试"→"逐过程"命令。逐过程执行可以将 Sub 过程或函数按照一条可执行语句的方式执行。

（3）跳出执行代码

如果希望执行当前过程中的剩余代码，可以按 Ctrl+Shift+F8 组合键或选择菜单栏中的"调试"→"跳出"命令。在执行"跳出"命令时，VBA 会将该过程未执行的语句全部执行完，包括在过程中调用的其他过程。执行完过程后，程序返回到调用该过程的过程，"跳出"命令执行完毕。

（4）运行到光标所在处

按 Ctrl+F8 组合键或选择菜单栏中的"调试"→"运行到光标处"命令，VBA 就会运行到光标所在处。当用户可确定某一范围的语句正确，而对后面语句的正确性不能保证时，可用该命令运行程序到某条语句，再在该语句后逐步调试。这种调试方式通过光标来确定程序运行的位置，十分方便。

（5）设置下一语句

在 VBA 中，用户可自由设置下一步要执行的语句。当程序已经挂起时，可在代码中把光标放在要执行的下一条代码行内，单击鼠标右键，在弹出的快捷菜单中选择"设置下一条语句"命令，或选择菜单栏中的"调试"→"设置下一条语句"命令。这与前面所述拖动黄色高亮条左边的手柄效果一样。

（6）调用堆栈对话框

在中断模式下按 Ctrl+L 组合键可以调出"调用堆栈"对话框，如图 7.34 所示。它显示了所有"活动的"过程，即已经开始但还没有完成的过程。它可以帮助追踪程序的调用情况，特别是在有程序嵌套的情况下。

Access 会在列表的最上方显示最近被调用的过程，接着是早些时候被调用的过程，依次类推。

3．查看变量值

（1）在代码窗口中查看数据

在调试程序时，如果希望随时查看程序中的变量和常量的值，只要将鼠标指针指向要查看的变量和常量，屏幕上就会显示当前值。这种方式最简单，但是只能查看一个变量或常量。如果要查看几个变量或一个表达式的值，或需要查看对象以及对象的属性，就不能直接通过鼠标指针指向该对象或表达式在代码窗口中查看了。

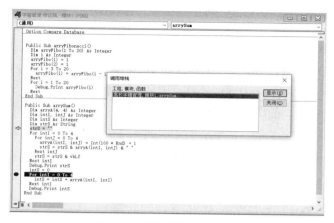

图 7.34　"调用堆栈"对话框

（2）在本地窗口中查看数据

可选择"视图"菜单中的"本地窗口"命令打开本地窗口。本地窗口有 3 个列表，分别显示"表达式"、表达式的"值"和表达式的"类型"。有些变量，如用户自定义类型、数组和对象等，可包含级别信息，这些变量的名称左边有一个加号按钮，可通过它控制级别信息的显示。

列表中的第一个变量是一个特殊的模块变量。对于类模块，它的系统定义变量为 Me。Me 是对当前模块定义的当前类实例的引用。因为它是对象引用，所以能够展开显示当前类实例的全部属性和数据成员。对于标准模块，它是当前模块的名称，并且也能展开显示当前模块中所有模块级变量。在本地窗口中查看变量，如图 7.35 所示。

（3）在监视窗口查看变量和表达式

监视窗口可以在代码运行时显示变量或属性的取值情况，用于在调试时帮助分析程序可能发生的错误。

选择菜单栏中的"调试"→"添加监视"命令，打开"添加监视"对话框，如图 7.36 所示。在"表达式"文本框里输入想要监视的变量或表达式，"上下文"自动设置但是可更改。也可以选择在变量值为真（即非零）时中断，或者在变量值发生改变时中断。监视窗口里变量或表达式的值会随着代码的执行不断更新。

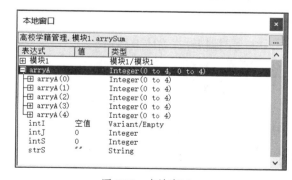

图 7.35　本地窗口

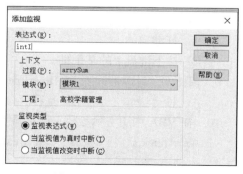

图 7.36　"添加监视"对话框

（4）使用立即窗口查看结果

使用立即窗口可检查一行 VBA 代码的结果。可以输入或粘贴一行代码，然后按 Enter 键来执行该代码。可使用立即窗口检查控件、字段或属性的值，显示表达式的值，或者为变量、字段或属性赋予一个新值。立即窗口是一种中间结果暂存器窗口，在这里可以立即求出语句、方法和 Sub 过程的结果。

4．调试时可能引起问题的事件

有一些事件在调试时引起的问题可能会让调试过程更复杂、更让人迷惑。在 MouseDown、KeyDown 事件处设置断点可能会使 MouseUp、KeyUp 事件无法触发。在 GotFocus、LostFocus 事件处设置断点可能会得到前后矛盾、不合逻辑的结果。

习题 7

一、选择题

1. 下列选项中，合法的变量名是（　　　　）。

    A．My_name   B．sum   C．"s1"   D．5a

2. 表达式 sqr(25) + 8 mod 5 的值是（　　　　）。

    A．16   B．8   C．3   D．32

3. 下列赋值语句中（　　　）是有效的。

    A．x = x*x   B．2 = a + 2   C．a + b = sum   D．"a " =b / 3

4. 函数 Int(99*Rnd)+1 的值的范围是（　　　　）。

    A．[1,98]   B．[1,100]   C．[1,99]   D．[2,99]

5. 设变量 x=4、y=−1、a=7、b=−8，以下表达式的值为假的是（　　　　）。

    A．a=b or x>y   B．x>y and a>b

    C．x+y>a+b and not (y<b)   D．x+a<=b−y

6. 设有如下数组声明语句：

```
Dim A(4,1 to 4)
```

则数组 A 中共有（　　　　）个元素。

    A．4   B．16   C．20   D．25

7. 在设计有参函数时，要实现某个参数的"双向"传递，就应当说明该参数为"传址"调用，对应的选项是（　　　　）。

    A．ByRef   B．Optional   C．ByVal   D．ParamArray

8. 能够触发窗体的 MouseDown 事件的操作是（　　　　）。

    A．拖动窗体   B．鼠标指针在窗体上移动

    C．按下键盘上的某个键   D．单击鼠标左键

9. 窗体的"计时器间隔"（TimerInterval）属性值的计量单位是（　　　　）。

    A．秒   B．毫秒   C．微秒   D．分钟

10. 在 VBA 中用实际参数 a 和 b 调用有参过程 Area(k,s)的正确语句是（　　　　）。

    A．Area k,s   B．Call Area(k,s)   C．Area (a,b)   D．Call Area(a,b)

二、填空题

1. 类模块和标准模块的不同点在于_____。
2. 标准模块的数据存在于_____，类模块的数据存在于_____。
3. 窗体模块和报表模块属于_____模块。
4. 属性是每一个对象的_____，事件是对象对_____的响应，方法是对象可以执行的_____。
5. 结构化程序设计的 3 种基本结构是顺序结构、_____、_____。
6. VBA 的续行符采用_____；若要在一行上写多条语句，则各条语句之间应加分隔符_____。
7. 表达式 4+6 * 2 ^3/4 Mod 9 的值是_____。
8. 宏可以转换成_____，该操作是在"工具"菜单中进行的。
9. 在调用过程时，_____参数传递方式不会影响实参的值。
10. 将 TimerInterval 属性设置为 0 时，将阻止_____事件的发生。

三、设计题

1. 在"职工信息管理"系统中，新建一个窗体，在其中创建一个文本框和一个按钮。编写按钮的单击事件，实现如下功能：在文本框中输入内容，单击按钮，可以将其显示在窗体标题栏上。

2. 在"职工信息管理"系统中，新建一个窗体，完成如下功能：在文本框中输入一个数，判断是否能被 5 和 7 同时整除，结果显示在标签中。

3. 在"职工信息管理"系统中，新建一个窗体，完成如下功能：随机生成一个数组元素在 [1，50]内的 5×5 的二维数组，按行列显示在标签中并求所有元素之和。

4. 在"职工信息管理"系统中，新建一个窗体，使用 Timer 事件实现标签文字"欢迎进入学籍管理系统"的滚动效果。

5. 在"职工信息管理"系统中，新建一个窗体，使用 DoCmd 命令实现对窗体的最大化、最小化和还原。

6. 在"职工信息管理"系统中，新建一个窗体，使用 DoCmd 命令实现打开某个窗体、打开某个报表、打开某个查询和打开某个宏运行，DoCmd 对象练习窗体如图 7.37 所示。

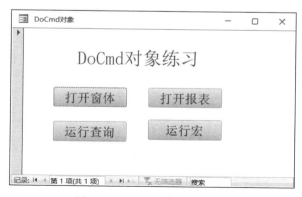

图 7.37　DoCmd 对象练习窗体

第8章

VBA 数据库编程

前面章节介绍了 Access 2016 数据库的几个对象，通过这些对象可以访问和修改数据库中的数据，但如果想要开发功能更强大、功能更为丰富的数据库应用系统，需要通过编程实现。本章主要讲解 VBA 的数据库编程方法。

学习目标

- 了解 Access 2016 访问数据库的几种接口技术。
- 了解 DAO 数据库编程方法。
- 掌握 ADO 数据库编程的方法。

8.1 VBA 数据库编程基础知识

8.1 VBA 数据库
编程基础知识

8.1.1 VBA 数据库应用程序一般框架

VBA 编写的数据库应用程序一般框架如图 8.1 所示，它由 3 部分组成，其中应用程序界面是用户和应用程序的接口，用来输入和展现数据信息；数据库负责数据的存储；数据库引擎概念稍微比较难理解，数据库引擎实际上是一组动态链接库（Dynamic Link Library，DLL）文件，当程序运行时连接到 VBA 程序从而实现对数据库数据的访问功能。从图 8.1 可以看出，数据库引擎是应用程序与物理数据库之间的桥梁，是一种通用接口，不管哪种类型的数据库，对用户而言都具有统一的形式和相同的数据访问与处理方法。

图 8.1　数据库应用程序一般框架

VBA 通过 Microsoft Jet Database Engine 数据库引擎工具来支持对数据库的访问，我们在编写数据库应用程序的时候，只需要设计应用程序界面和相应的数据库，数据库引擎是一种规范，按照一定的标准设置即可。

8.1.2 VBA 数据库访问接口

在 VBA 中，主要提供了以下 3 种数据库访问接口。

（1）开放式数据库互连（Open Data Base Connectivity，ODBC）

ODBC 是微软公司开发的一套开放数据库系统应用程序接口规范，目前它已成为一种工业标准，它提供了统一的数据库应用程序编程接口（Application Programming Interface，API），为应用程序提供了一套高层调用接口规范和基于动态链接库的运行支持环境。使用 ODBC 开发数据库应用时，应用程序调用的是标准的 ODBC 函数和 SQL 语句，数据库底层操作由各个数据库的驱动程序完成。因此，利用 ODBC 开发的数据库应用程序可以连接多种类型的数据源，有很好的适应性和可移植性。

（2）数据访问对象（Data Access Object，DAO）

DAO 提供了一种通过程序代码创建和操纵数据库的机制。DAO 操作 Jet 数据库非常方便，在性能上也是操作 Jet 数据库最好的技术接口之一。此外，利用 DAO 技术还可以访问文本文件、大型后台数据库等多种格式的数据。

（3）ActiveX 数据对象（ActiveX Data Object，ADO）

ADO 是基于组件的数据库编程接口，是一个和编程语言无关的 COM 组件系统。使用它可以方便地连接任何符合 ODBC 标准的数据库。ADO 作为新的数据库访问模式，简单易用，所以微软公司已经明确表示今后把重点放在 ADO 上，对 DAO、远程数据对象（Remote Data Object，RDO）不再升级，ADO 已经成为当前数据库开发的主流。

8.1.3 VBA 访问的数据库类型

VBA 访问的数据库有 3 种。

（1）本地数据库

本地数据库文件格式与 Access 相同。Jet 引擎直接创建和操作这些数据库。

（2）外部数据库

访问符合索引顺序访问方法（Indexed Sequential Access Method，ISAM）的数据库，包括 dBase Ⅲ、dBase Ⅳ、Foxpro 2.0 和 2.5，以及 Paradox 3.x 和 4.x。

（3）ODBC 数据库

访问符合 ODBC 标准的客户机/服务器数据库，如 Microsoft SQL Server。

8.2 数据访问对象

8.2 数据访问对象

数据访问对象（DAO）是 VBA 语言提供的一种数据访问接口，可以完成数据库、表和查询的创建等功能，通过运行 VBA 程序代码可以灵活地控制数据访问的各种操作。

8.2.1 DAO 库的引用方法

如果想使用 DAO 的各个访问对象，首先要增加 DAO 库的引用，引用方法如下。

① 选择"创建"选项卡，在"宏与代码"命令组中单击"模块"命令按钮，进入 VBE 编辑环境。

② 打开"工具"菜单，选择"引用"命令，打开设置引用的对话框，如图 8.2 所示。

③ 在"可使用的引用"列表框中，勾选"Microsoft Office 16.0 Access database engine Object Library"复选框，在 Windows 10 环境下，默认勾选该引用。

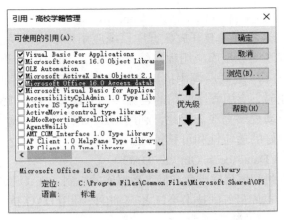

图 8.2　设置引用的对话框

只有勾选该引用，VBA 才能够识别 DAO 的各个访问对象，实现 DAO 数据库编程。

8.2.2　DAO 模型层次结构

DAO 模型结构包含了一个复杂的可编程数据关联对象的层次，提供了管理关系数据库系统操作对象的属性和方法，能够实现数据库的创建、表的定义、字段和索引的定义、表之间关系的建立、指针的定位、数据的查询等功能。微软公司提供的 DAO 模型结构比较复杂，图8.3 所示为 DAO 模型的简图。DAO 模型提供了不同的对象，不同对象分别对应被访问数据库的不同部分。下面对 DAO 模型各个对象分别进行介绍。

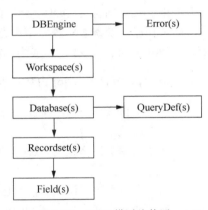

图 8.3　DAO 模型的简图

① DBEngine 对象：表示数据库引擎，包含并控制模型中的其他对象。

② Workspace 对象：表示工作区。

③ Database 对象：表示操作的数据库对象。

④ Recordset 对象：表示数据操作返回的记录集，可以来自表、查询或 SQL 语句的运行结果。

⑤ Field 对象：代表在数据集中的某一列。

⑥ QueryDef 对象：表示数据库查询信息。

⑦ Error 对象：包含使用 DAO 对象产生的错误信息。

8.2.3　利用 DAO 访问数据库的一般步骤

DAO 是完全面向对象的，利用 DAO 编写数据库访问程序时，首先应该创建对象，然后通过对象变量的方法和属性，实现数据库的各种访问。利用 DAO 访问数据库的一般步骤如下。

（1）定义各个对象变量：

```
Dim ws As DAO.Workspace          '定义 Workspace 对象
Dim db As DAO.Database           '定义数据库对象
Dim rs As DAO.Recordset          '定义记录集对象
```

（2）为各个对象赋值：

```
Set ws = DBEngine.Workspaces(0)                '将默认工作空间赋给 ws
Set db = ws.OpenDatabase("需要打开的数据库")        '打开指定的数据库
Set rs = db.OpenRecordset(<表、查询、SQL 语句>)    '打开指定记录集并赋值给 rs
```

（3）一般利用循环操作记录集：

```
Do While Not rs.EOF
...
rs.MoveNext
Loop
```

（4）关闭并回收对象所占内存：

```
rs.Close                '关闭记录集
db.Close                '关闭数据库
Set rs = Nothing        '释放 rs 对象内存空间
Set db = Nothing        '释放 db 对象内存空间
```

可对记录集进行的操作包括编辑、添加、删除、移动记录指针等，记录集常用操作方法如表 8.1 所示。

表8.1　记录集常用操作方法

方法	作用	方法	作用
rs.Edit	编辑记录	rs.MoveNext	向前移动一条记录
rs.UpDate	更新记录	rs.MovePrevious	向后移动一条记录
rs.Delete	删除记录	rs.MoveLast	移动记录指针到最后一条记录
rs.AddNew	增加一条新记录	rs.Move　rowCount	将记录移动到 rowCount 指定行
rs.MoveFirst	移动记录指针到第一条记录		

【例 8.1】利用 DAO 对象操作"学籍管理"数据库，将"学生"表中非汉族学生的"民族"记录替换为"少数民族"。

分析：利用 DAO 对象打开"学生"表，从第一条记录开始判断该学生是否为汉族，如果不是，则将其"民族"记录设置为"少数民族"，然后将记录指针向下移动一条记录，继续判断，直至记录指针移动到记录集的末尾。

例 8.1

设计步骤如下。

打开"学籍管理"数据库，新建一个名称为"模块 1"的模块，在模块 1 中新建一个过程"DAOTest"，过程中书写如下 VBA 代码：

```
Public Sub DAOTest()
    Dim ws As DAO.Workspace              '定义 Workspace 对象
    Dim db As DAO.Database               '定义数据库对象
    Dim rs As DAO.Recordset              '定义记录集对象
    Set ws = DBEngine.Workspaces(0)      '将默认工作空间赋给 ws
    '打开指定的数据库
    Set db = ws.OpenDatabase("F:\数据库实例\学籍管理.accdb")
    Set rs = dB. OpenRecordset("学生")    '打开"学生"表，并将记录集赋给 rs
    '循环操作记录集
```

```
        Do While Not rs.EOF
            If rs.Fields("mz") <> "汉族" Then
                rs.Edit
                rs.Fields("mz") = "少数民族"
                rs.Update
            End If
            rs.MoveNext
        Loop
        rs.Close                          '关闭记录集
        db.Close                          '关闭数据库
        Set rs = Nothing                  '释放 rs 对象内存空间
        Set db = Nothing                  '释放 db 对象内存空间
    End Sub
```

本例演示了利用 DAO 数据库编程的一般方法：先打开某个指定的数据库，获得数据集，然后对数据集进行操作，最后关闭 DAO 的各个访问对象。实际上，对于打开当前的数据库，Access 的 VBA 提供了一种 DAO 数据库打开的快捷方式，即 Set db=CurrentDB()，它可以方便地连接当前已经打开的数据库。

8.3 ActiveX 数据对象

ActiveX 数据对象（ADO）是目前 Windows 环境中比较流行的客户端数据库编程技术。ADO 是建立在 OLE DB 底层技术之上的高级编程接口，它因兼具强大的数据处理功能（处理各种不同类型的数据源、分布式的数据处理等）和极其简单、易用的编程接口，得到了广泛的应用。

8.3.1 ADO 库的引用方法

Access 2016 新的数据引擎 ACE 不支持 ADO 数据库访问对象，要使用 ADO 的各个数据对象进行编程，首先也要在 VBA 中增加对 ADO 库的引用。其引用方法和 DAO 库的操作方法相同，当出现图 8.2 所示的对话框时，勾选列表框中的 "Microsoft ActiveX Data Objects 2.1 Library" 复选框，并单击 "确定" 按钮即可。

8.3.1 ADO 库的引用方法

需要说明的是，当在引用中增加 DAO 和 ADO 库的引用后，VBA 便同时支持 DAO 和 ADO 数据库编程操作，但两者存在一些同名对象，如 Recordset、Field 对象等。为区分开来，在应用 ADO 对象时，前面明确加上前缀 "ADODB"，以说明使用的是 ADO 库的对象。

例如：

```
Dim rs As New ADODB.Recordset
```

8.3.2 ADO 模型层次结构

ADO 对象功能很强大，模型层次结构比较复杂，图 8.4 所示为 ADO 模型的简图。从图 8.4 可以看出，该模型是一系列对象的集合，通过对象变量调用对象相应的方法，设置对象的属性，实现对数据库的各种访问。不过 ADO 与 DAO 不同，ADO 对象没有分级结构，除 Field 对象和 Error 对象之外，其他对象均可以直接创建。

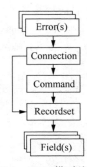

图 8.4 ADO 模型的简图

ADO 模型主要对象的介绍如下。

（1）Connection 对象

Connection 对象用来建立与数据库的连接，相当于在应用程序和数据库中建立一条数据传输通道。

（2）Command 对象

Command 对象用来对数据库执行命令，如查询、添加、删除、修改记录。

（3）Recordset 对象

Recordset 对象用来得到从数据库返回的记录集。这个记录集可能是一个连接的数据库中的表，也可能是 Command 对象执行结果返回的记录集。所有对数据的操作几乎都是在 Recordset 对象中完成的，可以完成指定行、移动行、添加记录、删除记录和修改记录操作。

（4）Field 对象

Field 对象表示记录集中的字段数据信息。

（5）Error 对象

Error 对象表示程序出错时的扩展信息。

8.3.3　主要 ADO 对象的使用

ADO 对象模型包括很多对象，其中 Connection 对象和 Recordset 对象是 ADO 中最主要的对象，Recordset 对象可以分别与 Connection 对象和 Command 对象联合使用，下面分别对 Connection 对象、Command 对象、Recordset 对象做详细的介绍。

1．Connection 对象

ADO 数据库编程首先要建立和数据库的连接，利用 Connection 对象可以创建一个数据源的连接。定义一个 Connection 对象的方法如下：

```
Dim cnn As ADODB.Connection
```

Connection 对象必须实例化后才可以使用，实例化方法如下：

```
Set cnn=New ADODB.Connection
```

Connection 对象的属性很多，在进行对象的实例化后，需要指定该对象的 OLE DB 数据库提供者的名称和相关的连接信息。Provider 属性指定用于连接的提供程序的名称，ConnectionString 属性指示用于建立到数据源的连接信息。常见的设置方法如下。

* 设置数据库提供者的名称：

```
cnn.Provider = "Microsoft.ACE.OLEDB.12.0"   'Access 2016数据库提供者名称
```

* 指定连接的数据库名称：

```
cnn.ConnectionString = "Data Source=F:\数据库实例\学籍管理.accdb"
```

也可以通过 DefaultDatabase 属性指定 Connection 对象的默认数据库，如要连接"学籍管理"数据库，可以设置 DefaultDatabase 的属性值为：

```
cnn.DefaultDatabase="F:\数据库实例\学籍管理.accdb"
```

Connection 对象的常用方法有 Open、Close。当设置完 Connection 对象后，可以调用 Open 方法打开连接：

```
cnn.Open
```

如果 Connection 对象没有设置相关属性，也可以利用带参数选项的 Open 方法打开连接，Open 方法的语法格式为：

```
连接对象名.Open ConnectionString,UserId,Password,Options
```

这 4 个参数都是可选项, 在这里 ConnectionString 参数包含一系列用分号分隔的 Connection 对象所需的必要连接参数信息, 如数据库提供者名称以及连接的数据源的名称等信息。例如, 上述连接"学籍管理"数据库可以写为:

```
cnn.Open "Provider =Microsoft.ACE.OLEDB.16.0;Data Source=F:\数据库实例\学籍管理.accdb "
```

当连接不使用时, 一定要断开连接, 比如断开 cnn 对象的连接:

```
cnn.Close
```

【例 8.2】利用 ADO 编程连接"学籍管理"数据库实例。

在标准模块下建立一个过程 MyConnection, 代码如下:

```
Public Sub MyConnection()
  Dim cnn As ADODB.Connection              '声明 Connection 对象
  Set cnn = New ADODB.Connection           '实例化该对象
  'flag_begin
  cnn.Provider = "Microsoft.ACE.OLEDB.16.0"   'Access 2016 数据库提供者的名称
  '指定连接的数据库名称
  cnn.ConnectionString = "Data Source=F:\数据库实例\学籍管理.accdb"
  'flag_end
  cnn.Open                                 '打开连接
  cnn.Close                                '关闭连接
  Set cnn = Nothing                        '撤销连接
End Sub
```

该模块练习连接对象的声明、实例化、打开、关闭和撤销方法, 需要注意的是, Connection 对象的 Close 方法只是断开数据库连接, 在数据库连接关闭后, 为了将 Connection 对象从内存中删除, 还应该将当前 Connection 对象设置为"Nothing", 撤销该对象。

Access 2016 数据库编程时往往要连接的是当前打开的数据库, 可以使用系统提供的当前活动连接 CurrentProject.Connection, 即将注释 flag_begin 和 flag_end 之间的语句修改为:

```
cnn.Open CurrentProject.Connection
```

2. Command 对象

ADO 的 Command 对象用来执行对数据源的请求, 获得数据集。Command 对象也需要先定义, 方法如下:

Command 对象

```
Dim cmd As ADODB.Command           '声明 Command 对象
Set cmd = New ADODB.Command        '实例化该对象
```

Command 对象常用属性有 ActiveConnection 属性和 CommandText 属性。ActiveConnection 属性用来指明 Command 对象所要关联的连接对象; CommandText 属性指明查询命令的文本内容, 可以是一个表, 也可以是 SQL 语句。

设置完 Command 对象的 ActiveConnection 属性和 CommandText 属性后, 最后调用 Command 的 Execute 方法返回所需要的记录集。Execute 方法的语法结构如下。

- 对于以记录集返回的 Command 对象:

```
Set recordset = cmd.Execute( RecordsAffected, Parameters, Options )
```

- 对于不返回记录集的 Command 对象:

```
command.Execute RecordsAffected, Parameters, Options
```

实际应用中，这 3 个参数都是可选的。RecordsAffected 为一个长整型变量，提供程序向其返回操作所影响的记录数；Parameters 用 SQL 语句传递变量型参数值数组；Options 为长整型值，用于指示提供程序评估 Command 对象的 CommandText 属性的方式。

【例 8.3】利用 ADO 编程，将学生高考成绩统一加 10 分。

分析：可以将 Command 对象的 CommandText 属性设置为 SQL 语句，建立当前数据库的连接，然后执行 Command 对象的不返回记录集的 Execute 方法。代码如下：

```
Public Sub MyCommand()
  Dim cmd As ADODB.Command
  Set cmd = New ADODB.Command
  '将当前连接作为 cmd 对象的活动连接
  cmd.ActiveConnection = CurrentProject.Connection
  '将 CommandText 属性设置为 SQL 语句
  cmd.CommandText = "update 学生 set gkcj=gkcj+10"
  '执行不返回记录集的操作
  cmd.Execute
End Sub
```

运行该过程，然后打开"学生"表，会发现高考成绩已经增加了 10 分。

3. Recordset 对象

Recordset 对象是最常用的一个 ADO 对象，从后台数据库中查询所需要的记录就存放在记录集中。记录集由行和列组成，像二维表一样，利用 Recordset 对象的相关属性和方法可以对记录集中的数据进行查询、增加、修改、删除等操作。

Recordset 对象的定义如下：

```
Dim rst As ADODB.Recordset
Set rst = New ADODB.Recordset
```

定义完记录集对象 rst 后，下面就要为对象获取所要的记录集。获取的方法很多，下面介绍几种常用的方法。

（1）通过 Connection 对象的 Execute 方法获得

语法格式为：

```
Set recordset = Connection.Execute(CommandText, RecordsAffected, Options)
```

参数说明如下。

CommandText：字符串值，包含要执行的 SQL 语句、存储过程、URL 或提供程序特定文本，还可以使用表名称。

RecordsAffected：可选，一个长整型变量，提供程序向其返回操作所影响的记录数。

Options：可选，长整型值，用于指示提供程序评估 CommandText 参数的方式。

示例代码如下：

```
Public Sub rstByConnection()
  Dim cnn As New ADODB.Connection        '声明的时候直接实例化对象
  Set cnn = CurrentProject.Connection
  Dim rst As New ADODB.Recordset          '声明的时候直接实例化对象
  Set rst = cnn.Execute("select * from 教师")  '返回记录集
  Debug.Print rst.Fields(0), rst.Fields(1), rst.Fields(2)
  cnn.Close
End Sub
```

该例获取"教师"表中的所有数据，存储到记录集 rst 对象中，游标当前处于第一条记录，然后在立即窗口输出该条记录的前 3 个字段的信息。这里 Fields 是 Recordset 对象下的对象集合，包括了它的所有对象，通过 Fields 对象可以访问记录集中的各个字段，Fields(0)代表第一个字段，Fields(1)代表第二个字段，依此类推。

（2）通过 Command 对象的 Execute 方法获得

例 8.3 中执行的是 Command 对象的不返回记录集的 Execute 方法，实际编程中通过 Command 对象的 Execute 方法返回记录集是获得记录集最常用的方法。

示例代码如下：

```
Public Sub rstByCommand()
  Dim cnn As New ADODB.Connection        '声明的时候直接实例化对象
  Dim cmd As New ADODB.Command
  Dim rst As New ADODB.Recordset
  cnn.Provider = "Microsoft.ACE.OLEDB.16.0"
  cnn.ConnectionString = "F:\数据库实例\学籍管理.accdb"
  cnn.Open
  cmd.ActiveConnection = cnn
  cmd.CommandText = "select * from 教师"
  Set rst = cmd.Execute                  '返回记录集
  Debug.Print rst("gh"), rst("xm"), rst("xb")
  cnn.Close
End Sub
```

这里通过 rst("字段名")方法也可以获得记录集中各个字段的值。

（3）通过 Recordset 对象的 Open 方法获得

语法格式为：

```
recordset.Open Source, ActiveConnection, CursorType, LockType, Options
```

参数说明如下。

Source：可选，变量型，取值为有效的 Command 对象、SQL 语句、表名称等。

ActiveConnection：可选，取值为有效的 Connection 对象变量名称的变量型，或包含 ConnectionString 参数的字符串型。

CursorType：可选，返回 CursorTypeEnum 值，用于确定在打开 Recordset 时提供程序应使用的游标的类型。CursorType 参数详解如表 8.2 所示。

表 8.2　CursorType 参数详解

常量	值	说明
adOpenDynamic	2	使用动态游标。其他用户所做的添加、更改和删除均可见，且允许在 Recordset 中移动所有类型，但提供程序不支持的书签除外
adOpenForwardOnly	0	默认值。使用仅向前型游标。与静态游标相似，只能在记录中向前滚动。这样可以在仅需要在 Recordset 中通过一次时提高性能
adOpenKeyset	1	使用键集游标。与动态游标相似，不同的是尽管其他用户删除的记录从你的 Recordset 不可访问，但无法看到其他用户添加的记录。由其他用户所做的数据更改仍然可见
adOpenStatic	3	使用静态游标。可用于查找数据或生成报表的记录集的静态副本。其他用户所做的添加、更改或删除不可见
adOpenUnspecified	−1	不指定游标类型

LockType：可选，返回 LockTypeEnum 值，用于确定在打开 Recordset 时提供程序应使用的

锁定（并发）的类型。默认值为 adLockReadOnly。LockType 参数详解如表 8.3 所示。

表 8.3 LockType 参数详解

常量	值	说明
adLockBatchOptimistic	4	指示开放式批更新。这是批更新模式所必需的
adLockOptimistic	3	指示逐记录的开放式锁定。提供程序使用开放式锁定，即仅在调用 Update 方法时锁定记录
adLockPessimistic	2	指示以保守方式逐个锁定记录。提供程序执行必要的操作（通常通过在编辑之后立即锁定数据源的记录）以确保成功编辑记录
adLockReadOnly	1	指示只读记录。用户不能修改数据
adLockUnspecified	−1	不指定锁定类型。对于克隆，使用与原始锁相同的类型来创建克隆

Options：可选，长整型值，指定 Recordset 对象对应的 Command 对象类型。

上述几个参数虽然是可选的，但当需要向前、向后移动记录指针的时候，CursorType 一般使用 adOpenDynamic 或者 adOpenKeyset；要编辑记录集中的数据，LockType 一般选 adLockOptimistic 或者 adLockBatchOptimistic。

示例代码如下：

```
Public Sub cmdConnection()
    Dim cnn As New ADODB.Connection        '声明的时候直接实例化对象
    Dim rst As New ADODB.Recordset
    Dim strSQL As String
    cnn.Provider = "Microsoft.ACE.OLEDB.16.0"
    cnn.ConnectionString = "F:\数据库实例\学籍管理.accdb"
    cnn.Open
    strSQL = "select * from 教师"
    rst.Open strSQL, cnn, adOpenForwardOnly        '获得记录集
    Debug.Print rst.GetString
    cnn.Close
End Sub
```

该模块中，通过 Recordset 对象的 GetString 方法将整个记录集作为一个字符串输出。当对数据集不做处理、一次性将所有数据输出时可以用这种方法。

当记录集获取数据后，就要利用记录集的属性和方法对数据进行浏览、插入、删除、更新等操作，表 8.4 和表 8.5 分别为 Recordset 对象常用的属性和方法。

表 8.4 Recordset 对象常用属性

属性	说明
Bof	若为 True，记录指针指向记录集的顶部（即指向第一个记录之前）
Eof	若为 True，记录指针指向记录集的底部（即指向最后一个记录之后）
RecordCount	返回记录集对象中的记录个数

表 8.5 Recordset 对象常用方法

方法	说明
Open	打开一个 Recordset 对象
Close	关闭一个 Recordset 对象
Update	将 Recordset 对象中的数据保存到（即写入）数据库
Delete	删除 Recordset 对象中的一个或多个记录

方法	说明
Find	在 Recordset 中查找满足指定条件的行
MoveFirst	把记录指针移到第一个记录
MoveLast	把记录指针移到最后一个记录
MoveNext	把记录指针移到下一个记录
MovePrevious	把记录指针移到前一个记录

8.4 特殊域聚合函数和 RunSQL 方法

使用 Access 2016 提供的特殊域聚合函数和 DoCmd 对象的 RunSQL 方法可以很方便地访问当前数据库中的数据，无须进行数据库连接、打开等操作，非常方便。

8.4 特殊域聚合函数和 RunSQL 方法

1. 特殊域聚合函数

常用的特殊域聚合函数有 DCount()函数、DAvg()函数、DSum()函数、DMax()函数、DMin()函数和 DLookup()函数。

（1）DCount()函数

可以使用 DCount()函数来确定特定记录集内的记录数。这里的记录集可以是表、查询或者是 SQL 表达式定义的记录集。

格式：

```
DCount(表达式,记录集[,条件表达式])
```

参数说明如表 8.6 所示。

表 8.6　DCount()函数参数说明

参数	必选/可选	说明
表达式	必选	代表要统计其记录数的字段。可以是用来标识表或查询中字段的字符串表达式，也可以是对该字段上的数据执行计算的表达式。在该表达式中，可以包含表中字段的名称、窗体上的控件、常量或函数
记录集	必选	字符串表达式，用于标识组成域的记录集。可以是表名称或不需要参数的查询的查询名称
条件表达式	可选	用于限制作为 DCount()函数执行对象的数据的范围

例如，计算"学生"表中男同学的人数，语句为：

```
n = DCount("[xh]", "学生", "[xb]='男'")
```

下面几个特殊域聚合函数的参数说明和表 8.6 类似，因此不再详细说明。

（2）DAvg()函数

可以使用 DAvg()函数来计算特定记录集内一组值的平均值。

格式：

```
DAvg(表达式,记录集[,条件表达式])
```

例如，计算"学生"表中男同学的平均高考成绩，语句为：

```
n = DAvg("[gkcj]", "学生", "[xb]='男'")
```

（3）DSum()函数

可以使用 DSum()函数来计算特定记录集内一组值的总和。

格式：

```
DSum(表达式,记录集[,条件表达式])
```

例如，计算"学生"表中男同学的高考成绩总和，语句为：

```
n = DSum("[gkcj]", "学生", "[xb]='男'")
```

（4）DMax()函数

可以使用 DMax()函数来计算特定记录集内一组值的最大值。

格式：

```
DMax(表达式,记录集[,条件表达式])
```

例如，计算"学生"表中男同学的高考成绩最高分，语句为：

```
n = DMax("[gkcj]", "学生", "[xb]='男'")
```

（5）DMin()函数

可以使用 DMin()函数来计算特定记录集内一组值的最小值。

格式：

```
DMin(表达式,记录集[,条件表达式])
```

例如，计算"学生"表中男同学的高考成绩最低分，语句为：

```
n = DMin("[gkcj]", "学生", "[xb]='男'")
```

（6）DLookup()函数

可以使用 DLookup()函数来获取特定记录集内特定字段的值。

格式：

```
DLookup(表达式,记录集[,条件表达式])
```

例如，获取"学生"表中刘航同学所在的班级，语句为：

```
n = DLookup("[bjmc]", "学生", "[xm]='刘航'")
```

DLookup()函数可以直接在 VBA、宏、查询表达式或窗体计算控件中使用，主要检索来自外部表（非数据源）字段中的数据。

例如，窗体上有一个文本框控件（名称为 txtXH），在该控件中输入学号，将来自"学生"表中该学生的姓名显示在另一个文本框控件（名称为 txtXM）中，语句为：

```
Me!txtXM=DLookup("[xm]", "学生","[xh]= ' " & Me!txtXH & " ' ")
```

特别说明：在使用特殊域聚合函数时，各个参数需要用英文双引号引起来。

特殊域聚合函数返回值的类型是 Variant，如果没有检索到任何值则返回 Null，为了避免该值在表达式中传播，可以使用 Nz()转换函数进行转换。

Nz()函数格式：

```
Nz(表达式或字段属性值[,规定值])
```

功能：可以将 Null 转换为 0、空字符串（""）或者其他的指定值。

当"规定值"参数省略时，如果"表达式或字段属性值"为数值型并且值为 Null，则返回 0；如果"表达式或字段属性值"为字符型并且值为 Null，则返回空字符串（""）；当"规定值"参数指定时，如果"表达式或字段属性值"为数值型并且值为 Null，函数将返回"指定值"。

例如，判断输入的学生学号对应的姓名是否存在，存在则显示出来，否则给予提示，代码如下：

```
If Nz(DLookup("[xm]", "学生", "[xh]= '" & Me!txtXH & "'")) = "" Then
    MsgBox "该学生不存在"
Else
    Me!txtXM = DLookup("[xm]", "学生", "[xh]= '" & Me!txtXH & "'")
End If
```

2. RunSQL 方法

DoCmd 对象的 RunSQL 方法可以直接运行 Access 的操作查询，完成对数据表记录的操作。也可以运行数据定义语句实现表和索引的定义。

格式：

```
RunSQL(SQLStatement, UseTransaction)
```

参数说明如下。

SQLStatement：必选项，表示动作查询或数据定义查询的有效 SQL 语句，比如 SELECT…INTO、INSERT…INTO、DELETE、UPDATE、CREATE TABLE、ALTER TABLE、TROP TABLE、CREATE INDEX、DROP INDEX 等 SQL 语句。

UseTransaction：可选项，默认值为 True（-1），可以在事务中包含该查询；设为 False（0），表示不想使用事务。

例如，将所有学生的高考成绩增加 10 分，语句为：

```
DoCmd.RunSQL "update 学生 set gkcj=gkcj+10"
```

8.5 综合案例

8.5 综合案例

前面介绍了 DAO 和 ADO 两种数据访问对象，两种方法各有优缺点。DAO 数据库编程操作简单；ADO 数据库编程连接相对比较麻烦，但操作灵活、功能更强大，并且提供多种访问数据库的接口，常见的数据库都能够连接访问。本节综合案例主要演示通过 ADO 方式操作 Access 数据库。

利用 ADO 访问数据库的一般操作步骤如下。

① 定义和创建 ADO 对象实例变量。

② 打开数据库连接 Connection。

③ 设置命令参数并执行命令 Command（分返回记录集的 SELECT 语句和不返回记录集的 DELETE、UPDATE、INSERT 语句）。

④ 设置查询参数并打开记录集 Recordset。

⑤ 操作记录集。输出、添加、删除、修改、查找等操作。

⑥ 关闭、回收相关对象。

【例 8.4】对"学籍管理"数据库中的"教师"表进行操作，能够实现记录的前后移动以及数据库常用的增加、删除或修改记录的功能。教师信息操作窗体如图 8.5 所示。

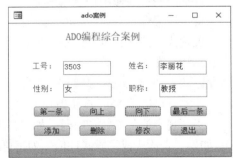

图 8.5　教师信息操作窗体

分析：从界面可以看出需要筛选"教师"表中的"工号""姓名""性别""职称"4个字段，需要文本框控件显示字段的信息。

界面添加标签控件"label1"，标题为"ADO 编程综合案例"，然后再添加 4 个文本框和 8 个命令按钮，属性设置如表 8.7 所示。

表8.7　窗体界面元素

控件类型	名称	标题	控件类型	名称	标题
文本框	txtgh	工号:	文本框	txtxm	姓名:
文本框	txtxb	性别:	文本框	txtzc	职称:
命令按钮	cmdFirst	第一条	命令按钮	cmdPrev	向上
命令按钮	cmdNext	向下	命令按钮	cmdLast	最后一条
命令按钮	cmdAdd	添加	命令按钮	cmdDel	删除
命令按钮	cmdModi	修改	命令按钮	cmdExit	退出

ADO 各个对象需要在各个模块中使用，故应该在窗体的通用模块中声明各个对象，详细代码设计如下：

```
Option Compare Database
'通用模块中声明并初始化ADO各个对象
Dim cnn As New ADODB.Connection
Dim rst As New ADODB.Recordset
'增加命令按钮单击事件过程
Private Sub cmdAdd_Click()
    '工号为主键，不能够为空，先判断
    If txtgh <> ""Then
      rst.AddNew'增加空白记录
      rst("gh") = Me!txtgh    '将添加的内容保存在记录集中
      rst("xm") = Me!txtxm
      rst("xb") = Me!txtxb
      rst("zc") = Me!txtzc
      rst.Update  '更新数据库
    Else
      MsgBox "工号为主键不能够为空！"
    End If
End Sub
'删除命令按钮单击事件过程
Private Sub cmdDel_Click()
 rst.Delete
End Sub
'退出命令按钮单击事件过程
Private Sub cmdExit_Click()
 rst.Close
 cnn.Close
 Set rst = Nothing
 Set cnn = Nothing
 DoCmd.Close
End Sub
```

```vb
'第一条命令按钮单击事件过程
Private Sub cmdFirst_Click()
 rst.MoveFirst
 Call showRecord
End Sub
'最后一条命令按钮单击事件过程
Private Sub cmdLast_Click()
 rst.MoveLast
 Call showRecord
End Sub
'修改命令按钮单击事件过程
Private Sub cmdModify_Click()
 If txtgh <> ""Then
    rst("gh") = Me!txtgh    '将添加的内容保存在记录集中
    rst("xm") = Me!txtxm
    rst("xb") = Me!txtxb
    rst("zc") = Me!txtzc
    rst.Update    '更新数据库
  Else
    MsgBox "工号为主键不能够修改为空！"
  End If
End Sub
'向下命令按钮单击事件过程
Private Sub cmdNext_Click()
 rst.MoveNext
 If rst.EOF Then
    rst.MoveLast
 End If
 Call showRecord
End Sub
'向上命令按钮单击事件过程
Private Sub cmdPrev_Click()
  rst.MovePrevious
  If rst.BOF Then
    rst.MoveFirst
  End If
  Call showRecord
End Sub
'窗体加载事件过程
Private Sub Form_Load()
  Dim strSql As String
  cnn.Provider ="Microsoft.ACE.OLEDB.16.0"
  cnn.ConnectionString = "F:\数据库实例\学籍管理.accdb"
  cnn.Open
  '选择教师的"工号""姓名""性别""职称"4个字段
  strSql ="select gh,xm,xb,zc from 教师"
  '需要向前向后移动记录，所以不能使用默认的游标 adOpenForwardOnly
  rst.Open strSql, cnn, adOpenDynamic, adLockOptimistic
  Call showRecord
```

```
End Sub
'标准过程,将记录集通过窗体界面显示数据
Public Sub showRecord()
  Me!txtgh = rst("gh")
  Me!txtxm = rst("xm")
  Me!txtxb = rst("xb")
  Me!txtzc = rst("zc")
End Sub
```

运行程序,可以进行记录向上移动、向下移动、移动到首记录、移动到尾记录,还可以进行记录的添加、修改或删除操作。

还可以进一步增加编码,完善程序的功能。比如实现命令按钮的协调配合,当记录指针指向第一条记录的时候"向上"命令按钮无效,当记录指针指向最后一条记录的时候"向下"命令按钮无效等。

习题 8

一、选择题

1. 能够实现从指定记录集里检索特定字段值的函数是（　　　）。

    A. Nz()　　　　　　B. DSum()　　　　　C. Rnd()　　　　　　D. DLookup()

2. DAO 模型中处在顶层的对象是（　　　）。

    A. DBEngine　　　B. Workspace　　　C. Database　　　　D. Recordset

3. 在 Access 中,DAO 的含义是（　　　）。

    A. 开放式数据库互连　　　　　　　　　B. 数据库访问对象

    C. ActiveX 数据对象　　　　　　　　　D. 数据库动态链接库

4. ADO 的含义是（　　　）。

    A. 开放式数据库互连　　　　　　　　　B. 数据库访问对象

    C. 动态链接库　　　　　　　　　　　　D. ActiveX 数据对象

5. ADO 模型中可以打开 Recordset 对象的是（　　　）。

    A. 只能是 Connection 对象

    B. 只能是 Command 对象

    C. 可以是 Connection 对象和 Command 对象

    D. 不存在

6. ADO 模型中有 5 个主要对象,它们是 Connection、Command、Recordset、Error 和(　　　)。

    A. Database　　　　B. Workspace　　　C. Field　　　　　D. DBEngine

7. 下列代码的功能是实现"学生"表中"年龄"字段值加 1,空白处应填入的代码是(　　　)。

```
Dim Str As String
Str="_____"
DoCmd.RunSQL Str
```

    A. 年龄=年龄+1　　　　　　　　　　　B. Update 学生 Set 年龄=年龄+1

    C. Set 年龄=年龄+1　　　　　　　　　D. Edit 学生　年龄=年龄+1

8. 下列过程的功能是:通过对象变量返回当前窗体的 Recordset 属性记录集引用,消息对话框中输出记录集的记录(即窗体数据源)个数。空白处应填写的是（　　　）。

```
Sub GetRecNum( )
   Dim rs As Object
   Set rs = Me.Recordset
   MsgBox_____
End Sub
```

    A．Count   B．rs.Count   C．RecordCount   D．rs. RecordCount

二、填空题

1．VBA 中主要提供了 3 种数据库访问接口：ODBC、_____和_____。

2．Access 的 VBA 编程操作本地数据库时，提供了一种 DAO 数据库打开的快捷方式，是_____，也提供了一种 ADO 的默认连接对象，是_____。

3．DAO 模型中，主要的控制对象有_____、_____、_____、_____、Field 和 Error。

4．ADO 模型主要有_____、_____、_____、_____和 Error 5 个对象。

5．在 ADO 中，需要将当前记录删除，可使用 ADO 的_____方法。

6．数据库的"职工基本情况表"有"姓名""职称"等字段，要分别统计教授、副教授和其他人员的数量。请在空白处填入适当语句，使程序可以完成指定的功能。

```
Private Sub Commands_Click()
    Dim db As DAO.Database
    Dim rs As DAO.Recordset
    Dim zc As DAO.Field
    Dim Countl As Integer,Count2 As Integer,Count3 As Integer
    Set db=CurrentDb()
    Set rs=db.OpenRecordset("职工基本情况表")
    Set zc=rs.Fields("职称")
    Countl=0 : Count2=0 : Count3=0
    Do While Not_____
     Select Case zc
            Case Is="教授"
                 Count1=Countl+1
            CaseIs="副教授"
                 Count2=Count2+1
        Case Else
                 Courit3=Count3+1
      End Select
     _____
Loop
rs.Close
Set rs=Nothing
Set db=Nothing
MsgBox "教授: "& Count1&",副教授: "& Count2 &",其他: "& count3
End Sub
```

7．"学生成绩"表含有"学号""姓名""数学""外语""专业""总分"字段，下列程序的功能是计算每名学生的总分（总分=数学+外语+专业）。请在空白处填入适当语句，使程序实现所需要的功能。

```
Private Sub Command1_Click()
    Dim cn As New ADODB.Connection
```

```
Dim rs As New ADODB.Recordset
Dim zongfen As ADODB.Field
Dim shuxue As ADODB.Field
Dim waiyu As ADODB.Field
Dim zhuanye As ADODB.Field
Dim strSQL As String
Set cn = CurrentProject.Connection
strSQL = "Select * from 学生成绩"
rs.OpenstrSQL,cn,adOpenDynamic,adLockOptimistic,adCmdText
Set zongfen = rs.Fields("总分")
Set shuxue = rs.Fields("数学")
Set waiyu = rs.Fields("外语")
Set zhuanye = rs.Fields("专业")
Do While_____
  zongfen = shuxue + waiyu +zhuanye
  _____
  rs.MoveNext
Loop
rs.Close
cn.Close
Set rs = Nothing
Set cn = Nothing
End Sub
```

三、简答题

1. 简述 DAO 各个访问对象的作用。

2. 利用 ADO 数据库编程，获取记录集的方法有哪几种？

3. 简述 ADO 编程的一般流程。

四、编程题

1. 利用 DAO 数据库编程，将"职工信息管理"数据库中所有职工的基本工资增加 300 元。

2. 利用 ADO 方式连接"职工信息管理"数据库，能够实现对职工基本信息的添加、修改和删除功能，并能够实现记录的上下移动，职工基本信息操作窗体如图 8.6 所示。

图 8.6　职工基本信息操作窗体

第 9 章 数据库应用系统开发实例

本章将介绍数据库应用系统开发的一般流程，并将以"学籍管理"系统的建立为例，介绍如何将前面介绍的各个对象有机地联系起来，构建一个小型数据库应用系统。

学习目标

- 了解系统开发的一般过程。
- 掌握导航窗体的建立。
- 掌握启动窗体的设置和 ACCDE 文件的生成。

9.1 系统开发的一般过程

9.1 系统开发的一般过程

数据库应用系统的开发是一个复杂的系统工程，涉及人力、财力、计算机系统、社会法律法规等多个方面。要开发一个高质量的数据库应用系统，必须从工程的角度考虑问题和分析问题，遵循软件开发的方法和理论。如果不从软件工程、数据库设计、程序设计等方面综合考虑，会走很多弯路，甚至导致软件开发失败。数据库应用系统的开发一般包括需求分析、系统设计、系统实现、测试、系统维护等阶段。

1. 需求分析

开发数据库应用系统首先必须明确用户的各项需求，确定系统目标和软件开发的总体构思。简单来说这一阶段有两个任务：一是要做深入细致的调查研究，摸清完成任务所依据的数据及其联系、使用什么规则、对这些数据进行什么样的加工、加工结果以什么形式表现等；二是要明确系统要"做什么"，即用户要求系统完成什么样的功能，最终达到什么样的目的等。

2. 系统设计

在了解用户需求后，接下来就要考虑"怎样做"，即如何实现软件的开发目标。这个阶段的任务是设计系统的模块层次结构，设计数据库的结构以及设计模块的控制流程。在规划和设计时要考虑以下问题。

① 设计工具和系统支撑环境的选择，如数据库、开发工具的选择，系统所运行的软硬件环境等。

② 怎样组织数据，也就是数据库的设计，确定应用系统所需的各种数据的类型、长度、组织方式等。数据库设计的优劣将影响数据库应用系统的性能以及功能的实现。数据库设计分为概念设计、逻辑设计和物理设计。

概念设计主要通过综合、归纳与抽象，形成一个独立于 DBMS 的概念模型（E-R 模型）；

逻辑设计是将概念模型转换为某个 DBMS 所支持的数据模型，如 Access 所支持的关系模型；物理设计是为逻辑模型选择一种合适的存储结构和存储方法。

③ 系统界面的设计，如窗体、菜单、报表的设计等。

④ 系统功能模块的设计，也就是确定系统需要哪些功能模块，怎样组织各个功能模块，以便完成系统数据的处理工作。对一些较为复杂的功能，还应该利用各种辅助工具进行算法设计。

3．系统实现

系统实现就是根据系统的设计，在所选择的开发环境上，建立数据库和表，建立各种查询，编写事件响应代码，实现系统菜单、窗体、报表等各种对象的功能等。

4．测试

测试阶段的任务就是验证系统能否稳定地运行，系统功能是否满足了需求规格的定义，找出与需求规格不符或矛盾的地方，从而提出更加完善的方案。测试发现问题之后要通过调试找出错误原因和位置，然后进行改正，确保系统交付运行时的安全性和可靠性。

5．系统维护

系统交付使用后，还要进行系统的日常运行管理、系统评价和系统维护。如果系统在使用过程中出现问题，还需要不断进行修改、调整和完善，以便修正系统程序的缺陷。

本章以一个"学籍管理"系统为例，说明一个数据库应用系统的基本开发过程。

9.2 系统需求分析

9.2 系统需求分析

学籍管理是一个学校信息管理的重要组成部分，随着高校办学规模的不断扩大，在信息技术快速发展的背景下，有必要建立一套学籍管理系统，使学生的信息管理工作系统化、程序化，提高信息处理的速度和准确性，能够及时、准确、有效地查询和修改学生资料，并保证数据的安全性。

本系统是针对高等学校的学生学籍管理系统。在对当前系统进行详细调查，了解业务处理流程后得出，该系统所涉及的用户包括学生、教师、系统管理人员，主要包含学生信息、教师信息、课程信息、院系信息、班级信息以及选课成绩等多种信息。

本系统实现的具体功能如下。

- 管理基本信息——各种基本信息的录入、修改、删除等操作。
- 管理学生成绩——对学生成绩的录入、修改、删除操作。
- 信息查询功能——对各种信息的查询操作。
- 统计输出功能——对各种数据进行统计并且按照一定的格式输出。

以上是用户对系统功能的基本要求，此外用户还要求系统运行效率高、查询速度快、能够保证数据的安全性等。

9.3 系统设计

本节介绍系统的模块设计和数据库设计。

9.3.1 模块设计

通过对学籍管理业务的分析，"学籍管理"系统主要有"学生管理"模块、"教师管理"模块、"课程管理"模块、"成绩管理"模块、"系统管理"模块，系统功能模块结构如图 9.1 所示。

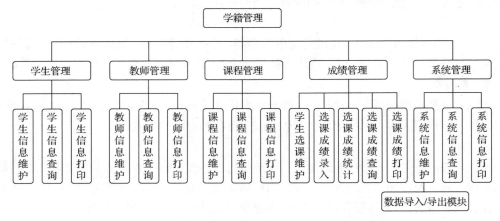

图 9.1　系统功能模块结构

院系信息和班级信息作为系统基础数据，一般由管理员录入，修改的概率比较小，这里放到系统管理模块中，也可以将其单独作为一个功能模块设计。数据导入/导出模块用于和外围系统进行交互，比如现在很多高校已经有选课系统，可以将选课信息直接导入数据库中。

9.3.2　数据库设计

数据库设计是信息管理系统设计中很重要的部分，数据库设计质量的好坏、数据结构的优劣，直接关系到是否能顺利地实施相应的计算机操作管理，也直接影响到管理系统的好坏。

经过了以上对系统的分析，可以说从整体上把握了整个系统的工作流程和系统的功能要求，以此为基础就可以进入数据库的设计阶段。为了把用户的数据要求清晰、明确地表达出来，在概念设计阶段经常采用实体联系图（即 E-R 图）。在本系统中，确定的实体有学生、课程、教师、选课成绩、院系和班级（其关系模式见第 1 章）。另外，使用本系统需要身份验证，即需要"用户"这一实体，其关系模式如下：

用户(用户名,密码,备注)

该实体和其他几个实体没有什么联系，其他几个实体的 E-R 图如图 9.2 所示。

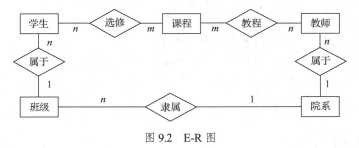

图 9.2　E-R 图

1．数据库的逻辑结构设计

数据库的逻辑结构设计就是把概念结构设计阶段设计好的 E-R 图转换为与选用的 DBMS 产品所支持的数据模型相符合的逻辑结构，主要规划字段的名称、类型、大小等。例如，"用户"表的逻辑结构如表 9.1 所示。

表9.1 "用户"表的逻辑结构

字段名称	数据类型	字段大小	是否允许空值	说明
user_name	短文本	10字符	不允许	用户名称
user_psw	短文本	6字符	不允许	用户密码
user_memo	短文本	20字符	允许	备注信息

其他数据表的逻辑结构如第2章所述。

2．数据库的创建

依据数据库的逻辑设计，就可以创建数据库。首先建立数据库，然后创建各个数据表。"学籍管理"系统数据库的创建详见第2章，这里不再介绍创建方法。

创建数据库，还要考虑各种约束条件，建立各个表之间的关系，实现参照完整性等。"学籍管理"系统数据表之间的关系如图9.3所示。

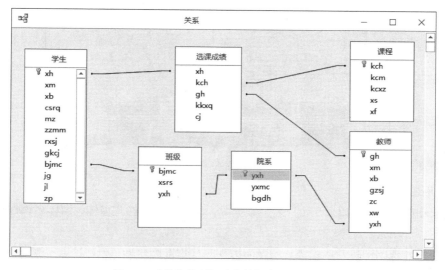

图9.3 "学籍管理"系统数据表之间的关系

在数据库创建后，根据应用系统功能的需要，可以先建立常用的查询，在后面模块功能实现的过程中，根据实际编程的需要，还要不断地增加新的查询、修改查询等操作。数据库一旦建好，在数据库应用系统开发过程中，不到万不得已，最好不要修改数据库，但查询可以修改。

本系统根据实际需要，将建立一些常用的对象。例如，"学生成绩"查询，用来查询学生的学号、姓名、课程号、课程名、任课老师、开课学期、课程性质、成绩；"班级学生入学成绩统计"报表，用来统计每个班学生入学成绩的最高分、最低分、平均分；"课程选修人数统计"查询，用来统计每门课选修的学生人数等。具体设计步骤这里不讲述，请读者自行设计。

9.4 系统模块设计与实现

在确定系统的功能模块之后，就要对每个模块进行设计，实现每个模块的功能。下面主要以"学生管理"模块为例，介绍数据录入窗体及输出报表的设计过程。

9.4.1 "学生信息维护"窗体

9.4.1 "学生信息维护"窗体

"学生信息维护"窗体能够实现学生基本信息的录入、添加、修改、保存。设计窗体时，一般要利用 Access 自带的向导功能设计窗体的初型，然后再对窗体进行修改，使其成为自己想要的风格。"学生信息维护"窗体如图 9.4 所示。

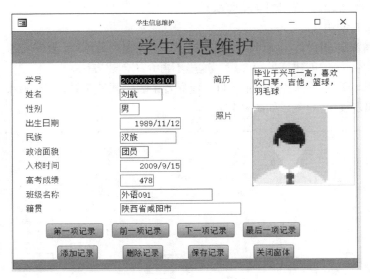

图 9.4 "学生信息维护"窗体

操作步骤如下。

① 启动窗体向导，以"学生"表为数据源，建立一个纵栏式窗体，窗体名称保存为"学生信息维护"。

② 在设计视图中打开该窗体，调整简历和照片控件的布局，将窗体的"导航按钮"和"记录选择器"属性设置为"否"。

③ 确保"使用控件向导"处于激活状态，单击命令按钮，在窗体上拖动，在弹出的向导中选择"转至第一项记录"，将标题文本设置为"第一项记录"。

④ 用同样的方法增加其他命令按钮，调整命令按钮的大小和布局。

在窗体视图中浏览该窗体，可以实现记录的导航以及增加、删除、修改、保存记录的功能。其他模块中有关信息维护的窗体界面和"学生信息维护"窗体设计类似，请读者利用前面学过的知识自行设计。

9.4.2 学生信息查询窗体

一个好的数据库应用系统必须提供灵活、强大的查询功能，以方便用户使用。对于简单的选择查询，可以事先建立好查询，然后以该查询作为数据源建立查询窗体；实际应用中用户往往希望根据一个条件或者多个条件的组合进行查询，如学生信息查询，可以按照学号、姓名、性别、班级查询，也可以按照多个条件组合查询等。对于要求通过窗体界面输入查询条件，并将查询结果通过窗体显示的这类查询窗体的设计，可以根据 Access 数据库的特点，选择利用参数查询或者 VBA 编程实现。

1．利用参数查询作为数据源建立学生信息查询窗体

建立图 9.5 所示的查询窗体"学生信息查询-参数"的操作步骤如下。

第一步，建立参数查询，名称设为"参数查询-学生基本信息"。

图 9.5　"学生信息查询-参数"查询窗体

① 先建立参数查询，数据源选择"学生"表，筛选所需要的字段，这里选择"xh""xm""xb""csrq""rxsj""gkcj""bjmc"。

② 在"xb"条件中输入"[forms]![学生信息查询-参数]![txtxb]"，在"bjmc"条件中输入"[forms]![学生信息查询-参数]![txtbj]"，如图 9.6 所示。

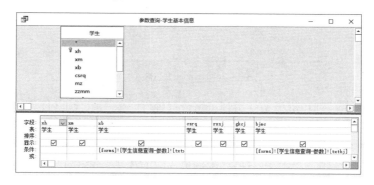

图 9.6　参数查询

说明：这里"学生信息查询-参数"，指的是将要建立的查询窗体的名称，"txtxb"和"txtbj"是该窗体上两个文本框的名称，用来输入要查询的条件"性别"和"班级"。

第二步，建立窗体，名称设为"学生信息查询-参数"。

① 将查询"参数查询-学生基本信息"作为数据源，建立表格窗体，保存为"学生信息查询-参数"。

② 在设计视图中打开窗体，在窗体页眉节中添加相应控件并进行调整，效果如图 9.5 所示。其中标签标题为"性别:"后的文本框必须命名为"txtxb"，标签为"班级:"后的文本框必须命名为"txtbj"；查询命令按钮的名称命名为"cmdSelect"。

③ 在查询命令按钮的单击事件下书写如下代码：

```
Private Sub cmdSelect_Click()
    '为窗体绑定数据源
```

```
      Me.Form.RecordSource ="参数查询-学生基本信息"
    '刷新当前窗体
      Me.Refresh
End Sub
```

运行该窗体，输入想要查询的信息并单击查询按钮，窗体便会显示查询结果。进一步设计条件宏，用来检查输入条件的有效性、输入值是否为空等，使查询窗体的功能更加完善。

2．VBA 编程实现查询

利用 VBA 编程能够实现查询条件更加复杂、功能更加强大的查询，在使用宏或者 Access 提供的设计工具无法实现想要的结果或者实现起来比较麻烦时，可以使用 VBA 编程去实现需要的功能。查询设计模块经常是用 VBA 编程去实现的。

VBA 编程实现查询

实现按照姓名、性别和班级 3 个条件组合查询学生的信息，"学生信息查询-VBA"窗体如图 9.7 所示。

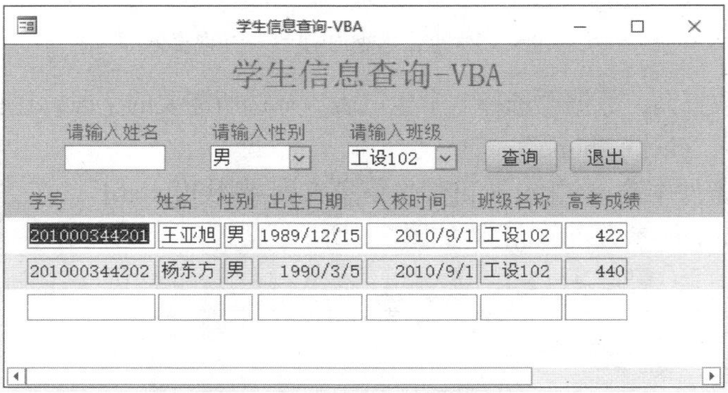

图 9.7 "学生信息查询-VBA"窗体

分析：该窗体中性别和班级条件用到了组合框控件，使用组合框可以选择查询条件值，也可以输入查询条件值，方便用户操作；首先要依据"学生"表建立查询，命名为"性别-分组"，按"性别"字段分组，并且仅含"性别"一个字段；同样要建立查询"班级-分组"，按"班级"字段分组，含有"班级"一个字段；设计查询界面时要作为这两个组合框的数据来源。

查询窗体设计步骤如下。

① 以"学生"表作为数据源，利用窗体向导建立表格窗体"学生信息查询-VBA"。

② 在设计视图中打开该窗体，确保"使用控件向导"处于激活状态，在窗体页眉节添加一个组合框，在弹出的向导中选择"使用组合框获取其他表或查询中的值"，接下来选择查询"性别-分组"，标签标题设置为"请输入性别"，名称设置为"cmbXb"。用同样方法添加选择班级名称的组合框"cmbBj"。

③ 添加一个文本框，名称为 txtxm，标签标题设置为"请输入姓名"，添加一个命令按钮，名称为"btnSelect"。调整布局，在相关的事件下编写如下代码：

```
Option Compare Database
'验证数据，性别只能为男或女
Private Sub cmbXb_AfterUpdate()
  If cmbXb.Value<> "" Then
    If cmbXb.Value<> "男" And cmbXb.Value<> "女" Then
```

```
              MsgBox "输入数据有误，性别只能输入男或女！"
              cmbXb.SetFocus
        End If
     End If
  End Sub
  Private Sub cmdSelect_Click()
     Dim strxm, strxb, strbj, strSql As String
     '如果txtxm文本框为空，查找全部数据，否则支持模糊匹配姓名信息，比如查找"张*"
     If txtxm<> "" Then
        strxm = "xm like '" &txtxm& "'"
     Else
        strxm = "xm like '*'"
     End If
     '如果cmbXb文本框为空，查找全部数据，否则按条件查找
     If cmbXb<> "" Then
        strxb = "xb='" &cmbXb& "'"
     Else
        strxb = "xb='男' or xb='女'"
     End If
     '如果cmbBj文本框为空，查找全部数据，否则支持模糊匹配查找班级信息
     If cmbBj<> "" Then
        strbj = "bjmc like '" &cmbBj& "'"
     Else
        strbj = "bjmc like '*'"
     End If
     strSql = "select xh,xm,xb,csrq,rxsj,gkcj,bjmc from 学生 where " &strxm& " and (" &strxb&
") and " &strbj
     '设置窗体数据源
     Me.Form.RecordSource = strSql
     Me.Refresh
  End Sub
```

单击"查询"按钮便可实现想要的功能。注意代码中查询语句字符串的书写方法，语句中单引号和空格不能够省略。该模块有数据校验功能，可以精确查找，也可以实现模糊匹配，功能相对比较强大，查找数据比较灵活，在数据库应用系统开发中使用比较多。

其他模块中数据查询窗口同样可以按照该方法设计，不再讲述。

9.4.3 "学生信息打印"模块

9.4.3 "学生信息打印"模块

"学生信息打印"模块的主要功能是将需要的数据或者查询统计的结果按照一定的格式输出，可以用报表输出，也可以将数据导出为 Excel、TXT 格式的文件，此处以报表的形式输出数据。

报表设计在数据库应用系统开发中是件很麻烦、很烦琐的事情，需要不断地调整字体大小、纸张宽度、控件布局等，以便按照用户需要的格式输出数据。Access 提供了灵活、简便的报表设计工具，能够快速地设计报表。

根据系统需求，"学生信息打印"模块主要设计的报表有"班级学生信息报表""学生综合信息主子报表""班级学生入学成绩统计报表"，分别如图 9.8、图 9.9 和图 9.10 所示。

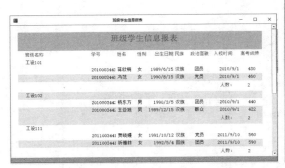

图 9.8 班级学生信息报表

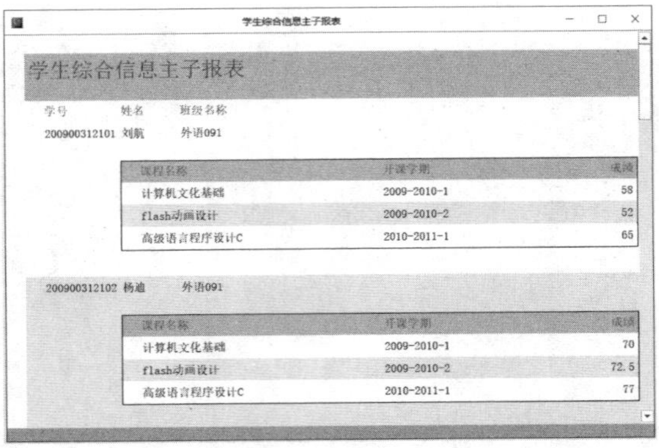

图 9.9 学生综合信息主子报表

图 9.10 班级学生入学成绩统计报表

Access 2016 还提供图表报表、标签等格式的报表，可以根据系统的需要自行设计。

9.4.4 创建主控界面

前面创建了应用系统的各个功能模块，现在需要将各个模块集成起来，才能够形成完整的应用系统，发挥其应有的功能。Access 2016 提供的切换面板和导航窗体能够很容易地将各项功能集成起来，创建出具有统一风格的主控界面。

1．使用切换面板创建主控界面

使用切换面板可以很方便地将系统的功能模块集成在一个或者几个面板上，形成一个主控界面。在切换面板上布局一些命令选项（按钮），单击这些选项（按钮）可以打开相应的窗体和报表，也可以打开其他切换面板。设计人员可以根据系统模块的划分，将每级模块分别对应一个切换面板，然后由一个主切换面板组装起来。

使用切换面板创建主控界面

Access 2016 没有将"切换面板管理器"命令按钮放在默认的功能区中，使用时要先将该命令按钮添加到功能区中，添加方法如下。

① 选择"文件"选项卡，再选择"选项"命令，打开图 9.11 所示的"Access 选项"窗口。

图 9.11 "Access 选项" 窗口

② 单击"数据库工具",然后单击"新建组"按钮,重命名为"切换面板"。

③ 在"从下拉位置选择命令"下拉列表中选择"所有命令",找到"切换面板管理器",单击"添加"按钮,这样"切换面板管理器"命令按钮便添加到"数据库工具"选项卡的"切换面板"命令组中了。

下面创建"学籍管理"系统切换面板,创建之前根据功能结构图写出详细的切换面板页、每一个切换面板页上的项目和每一个项目的操作。以"学生管理"模块为例,详细规划如表 9.2 所示。

表 9.2 "学生管理"切换面板详细规划

切换面板页	切换面板页上的项目(按钮)	每一个项目(按钮)的操作
主切换面板	学生管理	转至"切换面板":学生管理页
	教师管理	转至"切换面板":教师管理页
	课程管理	转至"切换面板":课程管理页
	成绩管理	转至"切换面板":成绩管理页
	系统管理	转至"切换面板":系统管理页
	退出系统	退出应用系统
学生管理	学生信息维护	在"编辑"模式下打开窗体:学生信息维护
	学生信息查询	在"编辑"模式下打开窗体:学生信息查询-VBA
	学生信息打印	转至"切换面板":学生信息打印选择
	返回上一级	转至"切换面板":主切换面板
学生信息打印选择	打印班级学生信息	打开报表:班级学生信息报表
	打印学生综合信息	打开报表:学生综合信息主子报表
	打印学生入学成绩统计	打开报表:班级学生入学成绩统计报表
	返回上一级	转至"切换面板":学生管理

其他模块可以按照同样方法详细划分和设计，规划后利用"切换面板管理器"命令按钮进行设计，步骤如下。

① 启动切换面板管理器。选择"数据库工具"选项卡，在"切换面板"命令组中单击"切换面板管理器"命令按钮。由于是第一次使用，会弹出对话框询问是否创建，单击"是"按钮，创建一个"主切换面板（默认）"页，如图9.12所示。

② 切换面板设计。单击"新建"按钮，在弹出的对话框中的"切换面板页名"文本框中输入"学生管理"，单击"确定"按钮，便可创建"学生管理"切换面板页。用同样方法创建"教师管理""课程管理""成绩管理""系统管理"、"学生信息打印选择""退出系统"切换面板页，效果如图9.13所示。

图9.12 "切换面板管理器"对话框

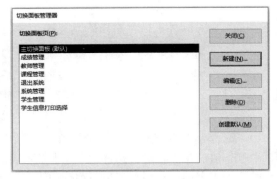

图9.13 创建的切换面板页

其中，"主切换面板（默认）"为默认主控界面，"学生信息打印选择"切换面板页为"学生管理"切换面板下的二级切换面板页，其他为一级切换面板页。

③ 编辑切换面板页。为每个切换面板创建项目元素，先建立"主切换面板"上的项目按钮，然后再建立其他一级、二级切换面板上的项目按钮。

选择"主切换面板（默认）"，单击"编辑"按钮，出现"编辑切换面板页"对话框，单击"新建"按钮，弹出图9.14所示的对话框。

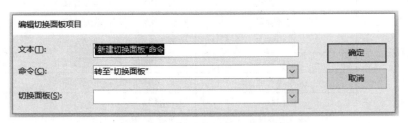

图9.14 "编辑切换面板项目"对话框

在"文本"文本框中输入"学生管理"，在"命令"下拉列表中选择"转至'切换面板'"，在"切换面板"下拉列表中选择"主切换面板"。用同样方法在"主切换面板"创建"教师管理""课程管理""成绩管理""系统管理""退出系统"项目元素，在其中"退出系统"项目的"命令"下拉列表中选择"退出应用程序"命令。"主切换面板"项目元素设置完毕。

用同样的方法，以"学生管理"页为例，按照表9.2中的要求，创建一级项目元素；以"学生信息打印选择"页为例，创建二级项目元素。各个切换面板页项目元素如图9.15所示。

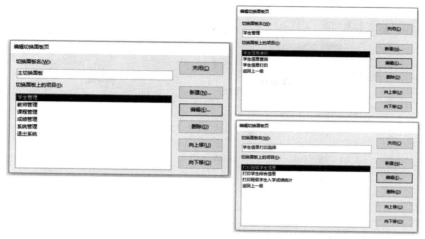

图 9.15　各个切换面板页项目元素

　　创建完毕后，"窗体"对象列表下产生一个名为"切换面板"的窗体，同时"表"对象列表下自动产生了一个数据表"Switchboard Items"。运行该窗体，如图 9.16 左图所示，单击"学生管理"可以看到图 9.16 右图所示的窗口效果。

　　经过上面的设计，可以发现切换面板其实就是窗体，上面布局一些项目元素（按钮），通过宏来执行相应的操作。可以进一步对切换面板进行美化，如添加图片、设置字体大小和命令按钮的类型，以达到更好的界面视觉效果。

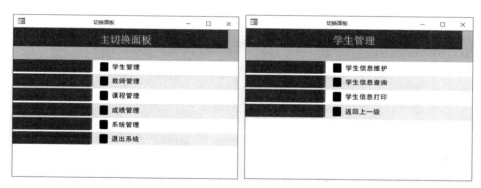

图 9.16　切换面板运行效果

2．使用导航窗体创建主控界面

　　Access 2016 提供了一种新型窗体，即导航窗体，使用导航窗体创建应用系统控制界面相比切换面板来说更简单、更直观。图 9.17 所示为创建好的"学籍管理"系统导航窗体，窗体上面是顶层选项卡，左侧是二级选项卡，右侧是数据展示区域。

使用导航窗体创建
主控界面

　　下面根据学籍管理功能模块设计图 9.17 所示的主控界面，导航窗体命名为"主控界面-导航窗体"，操作步骤如下。

　　① 选择"创建"选项卡，在"窗体"命令组中单击"导航"命令按钮，在弹出的下拉列表中选择一种窗体样式，这里选择"水平标签和垂直标签，左侧"，进入导航窗体的布局视图，如图 9.18 所示。

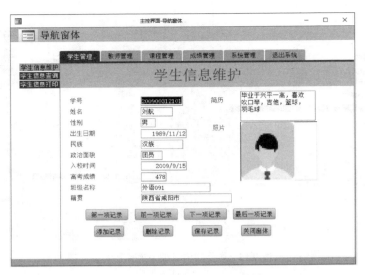

图 9.17 "学籍管理"系统导航窗体

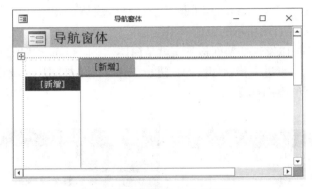

图 9.18 导航窗体的布局视图

② 将一级功能放在顶层选项卡上。单击窗体上端的"新增"按钮,输入"学生管理"。用同样的方法创建"教师管理""课程管理""成绩管理""系统管理""退出系统"选项卡。

③ 将二级功能放在二级选项卡上。单击"学生管理"顶层选项卡,然后单击窗体左侧的"新增"按钮,输入"学生信息维护"。用同样的方法创建"学生信息查询""学生信息打印"选项卡。

④ 为二级选项卡设置功能。单击"学籍管理"顶层选项卡,右键单击二级选项卡"学生信息维护",选择"属性",弹出"属性表"窗格,选择"数据"选项卡,将属性"导航目标名称"设置为已经建立好的窗体"学生信息维护",右侧数据展示区域立即显示该窗体内容。

从导航窗体的布局视图来看,顶层选项卡和二级选项卡是命令按钮,所以可以创建事件过程或者设置相应的宏来实现该选项卡的功能。例如,对于"退出系统"顶层选项卡,可以在"单击"事件下创建嵌入式宏,利用宏操作"QuitAccess"实现退出系统的功能;对于"学生信息打印"选项卡,可以在"单击"事件下创建嵌入式宏,利用宏操作"OpenForm",打开已经设置好的窗体"学生信息打印窗体"(见图 9.19)。此时运行该功能,"学生信息打印窗体"不会在数据展示区显示,而是弹出一个窗口。

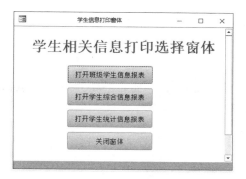

图 9.19　学生信息打印窗体

通过上述讲解可以看出，利用切换面板和导航窗体集成系统非常方便、简单，能够建立风格统一的系统控制界面，但所建界面单一，缺乏灵活性，实际应用中不能够完全满足开发者的需要，如导航窗体最多能够设计二级功能菜单，多于二级功能菜单无法实现。这时需要自行设计主控界面，建立一个窗体，向窗体中增加相关控件（主要是按钮控件），通过宏或者 VBA 代码关联所要执行的操作，逐级实现其功能。这里不再讲解，读者可利用学过的知识自行设计。

9.4.5　创建登录窗体

9.4.5　创建登录窗体

登录窗体是应用系统的一个重要的组成部分，设计一个既足够安全又美观大方的登录窗体是非常重要的。下面介绍登录窗体的设计。

Access 2016 提供了模态窗口，模态窗口就是当前窗口一直处于激活状态，当前窗体没有关闭之前，不能够执行其他窗体和菜单的操作。下面创建的登录窗体是基于模态的，如图 9.20 所示。

分析：登录验证过程是从登录窗口输入用户名和密码，然后和"用户"数据表进行比较，用户名和密码正确则进入系统，否则给出出错提示，用户 3 次登录不成功，禁止使用本系统。

图 9.20　登录窗体

操作步骤如下。

① 选择"创建"选项卡，在"窗体"命令组中单击"其他窗体"命令按钮，选择"模式对话框"命令，便可创建一个模态窗口。默认有两个命令按钮可以使用，也可以自己添加，这里将两个命令按钮删除。

② 在窗体上添加控件，属性设置如表 9.3 所示，调整大小及位置。

表 9.3　控件属性设置

控件类型	名称	标签标题
标签	Label1	欢迎使用学籍管理系统
文本框	txtUser	用户：
文本框	txtPsw	密码：
命令按钮	cmdLogin	登录
命令按钮	cmdLogout	退出

"txtPsw"文本框用来输入密码，密码不能够直接显示出来，将"txtPsw"文本框的"输入掩码"属性设置为"密码"，便以"*"显示输入的信息。

③ 编写相关代码：

```
Option Compare Database
Dim nCount As Integer '定义变量，记录登录次数
'登录命令按钮单击事件
Private Sub cmdLogin_Click()
    Dim struser, strpsw As String
    '在用户表中查找用户名
    struser = Nz(DLookup("[user_name]", "用户", "[user_name] =" & "'" &txtUser& "'"))
    If struser = "" Then  '如果为空说明不存在该用户
        nCount = nCount + 1
        If nCount = 3 Then
            MsgBox "你已经错误登录 3 次，禁止使用本系统，请退出！"
            cmdLogin.Enabled = False
            cmdLogout.SetFocus
        Else
            MsgBox "用户名不存在，请重新输入！"
            txtUser.SetFocus
        End If
    Else
        '如果用户名存在，获取该用户对应的密码字段值
        strpsw = Nz(DLookup("[user_psw]", "用户", "[user_name] =" & "'" &txtUser& "'"))
        If strpsw<>txtPsw Then '当输入密码错误时，执行相应操作
            nCount = nCount + 1
            If nCount = 3 Then
                MsgBox "你已经错误登录 3 次，禁止使用本系统，请退出！"
                cmdLogin.Enabled = False
                cmdLogout.SetFocus
            Else
                MsgBox "密码错误，请重新输入！"
                txtPsw.SetFocus
            End If
        Else
            MsgBox "登录成功，欢迎使用本系统"
                    '关闭当前登录窗体
            DoCmd.CloseacForm, "登录窗体"
                    '打开主控导航界面
            DoCmd.OpenForm "主控界面-导航窗体"
        End If
    End If
End Sub
'退出命令按钮单击事件
Private Sub cmdLogout_Click()
    '退出 Access
    DoCmd.Quit
```

```
    End Sub
        '窗体加载事件
        Private Sub Form_Load()
        '加载窗体时将计数器置为0
        nCount = 0
    End Sub
```

在开发数据库应用程序时，经常用这种方法设计登录窗口，功能相对比较完善。除了这种方法还可以用 ADO 数据库编程的方法，连接数据库，判断用户输入的账号和密码是否为"用户"表中存在的记录，以达到验证用户身份的目的，读者可以自行尝试编程实现该功能。

9.5 设置启动窗体

经过上面的分析设计实现，"学籍管理"系统已经创建成功。当用户双击创建的数据库应用系统时，会进入 Access 2016 的 Backstage 视图。有时为了方便用户使用或者为了保证系统的安全性，需要直接打开某个窗体作为应用系统执行程序的入口，这时需要为数据库应用系统设置自动启动窗体。

9.5 设置启动窗体

设置自动启动窗体的方法有两种：建立 AutoExec 宏和设置 Access 启动属性。对于"学籍管理"系统，需要将"登录窗体"作为启动窗体，下面分别介绍设置方法。

1. 建立 AutoExec 宏

AutoExec 宏是 Access 数据库管理系统保留的一个宏名称，当建立该宏后，系统会自动执行该宏。利用该特性，建立一个 AutoExec 宏来自动打开"登录窗体"。宏的设置如图 9.21 所示。

这样，当重新启动数据库时，系统就可以自动执行该宏，打开"登录窗体"作为应用系统的第一个启动窗体。

2. 设置 Access 启动属性

通过设置 Access 启动属性也可以指定应用系统的启动窗体，还可以定制启动环境。设置方法如下。

① 选择"文件"选项卡，选择"选项"命令，弹出"Access 选项"窗口，在该窗口左侧选择"当前数据库"，右侧出现"应用程序选项"。

② 在"显示窗体"下拉列表中选择"登录窗体"，

图 9.21 宏的设置

这样应用系统在启动时就会自动打开"登录窗体"，作为应用系统的程序入口。

③ 在"应用程序标题"文本框中输入"学籍管理系统"，这样启动应用系统时标题将显示为"学籍管理系统"；在"应用程序图标"文本框中还可以设置应用程序窗口的图标。

④ 如果在启动应用系统的时候，不想看见 Access 的导航窗格，可以取消勾选"显示导航窗格"复选框。

设置后的结果如图 9.22 所示。

当系统设置了自动启动窗体时，在打开系统的时候按住 Shift 键，可以取消默认设置的自动启动窗体。

数据库应用系统开发实例 / 第9章

图 9.22 "学籍管理"系统启动设置

9.6 生成 ACCDE 文件

生成 ACCDE 文件是保证文件安全性的一种措施。当生成 ACCDE 文件时，数据库文件中包含的任何 VBA 代码都将会被编译，ACCDE 文件中将仅包含编译后的代码，用户不能查看或修改 VBA 代码。而且，使用 ACCDE 文件的用户无法更改窗体或报表的设计。为了使应用系统不易被他人修改，以及保护自己的源代码，要将数据库应用系统生成 ACCDE 格式的文件交付给用户使用。ACCDE 文件的具体生成方法如下。

① 在"文件"选项卡中，选择"另存为"命令，然后在"数据库另存为"列表中选择"生成 ACCDE"，如图 9.23 所示。

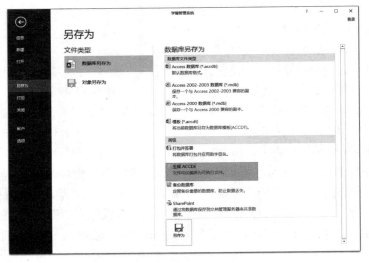

图 9.23 "另存为"界面

② 在"另存为"对话框中，通过浏览找到要保存该文件的文件夹，在"文件名"文本框中输入该文件的名称，然后单击"保存"按钮，即可生成 ACCDE 文件。

习题 9

一、选择题

1. 需求分析阶段的主要任务是确定(　　　)。

    A. 软件开发工具　　B. 软件开发方法　　C. 软件系统功能　　D. 软件开发费用

2. 下面不属于需求分析阶段任务的是(　　　)。

    A. 确定软件系统的功能需求　　　　　　B. 制定软件集成测试计划

    C. 确定软件系统的性能需求　　　　　　D. 需求规格说明书评审

3. 在数据库设计中,将 E-R 图转换成关系模型的过程属于(　　　)。

    A. 需求分析阶段　　B. 概念设计阶段　　C. 逻辑设计阶段　　D. 物理设计阶段

4. 下列任务中属于系统设计阶段内容的是(　　　)。

    A. 确定模块算法　　B. 确定软件结构　　C. 软件功能分解　　D. 制订测试计划

5. 程序调试的任务是(　　　)。

    A. 设计测试用例　　　　　　　　　　　B. 验证程序的正确性

    C. 发现程序中的错误　　　　　　　　　D. 诊断和改正程序中的错误

6. 软件测试的目的是(　　　)。

    A. 评估软件可靠性　　　　　　　　　　B. 发现并改正程序中的错误

    C. 改正程序中的错误　　　　　　　　　D. 发现程序中的错误

7. 在软件开发中,需求分析阶段产生的主要文档是(　　　)。

    A. 可行性分析报告　　　　　　　　　　B. 软件需求规格说明书

    C. 概要设计说明书　　　　　　　　　　D. 集成测试计划

8. 下面叙述中错误的是(　　　)。

    A. 软件测试的目的是发现错误并改正错误

    B. 对被调试的程序进行"错误定位"是程序调试的必要步骤

    C. 程序调试通常也称为 Debug

    D. 软件测试应严格执行测试计划,排除测试的随意性

9. 软件详细设计产生的图如图 9.24 所示,该图是(　　　)。

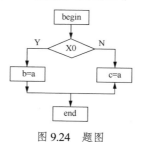

图 9.24　题图

    A. N-S 图　　　　　　B. PAD 图　　　　　　C. 程序流程图　　　D. E-R 图

二、简答题

1. 简述系统开发的一般过程。

2. 软件测试和软件调试有什么区别?

3. 简述导航窗体的作用。

4. 在交付数据库应用系统的时候,为什么一般要生成 ACCDE 文件?

三、操作题

利用所学的知识,按照数据库应用系统开发的一般步骤和方法,开发一个简单的"职工信息管理"系统,能够实现对职工基本信息的管理。主要功能如下。

(1)职工基本信息管理:包括职工基本信息的录入、删除和修改。

(2)职工部门管理:包括部门信息的录入、删除和修改。

(3)职工工资管理:包括职工工资的录入、删除和修改。

(4)用户管理:实现一般用户可以浏览自己的基本信息,修改自己的密码;管理员具有维护各种基本信息的权限。

(5)统计功能:能够实现各种信息的统计,按照部门统计职工的人数、统计职工的工资情况等。

(6)打印功能:能够按照一定格式打印各种基本信息和统计数据。

根据系统功能的需要,可以适当修改第 3 章课后作业建立的"职工信息管理"数据库结构,划分各种功能模块,并进行数据库应用系统的实现,最终以 ACCDE 格式提交数据库应用系统及其开发过程中建立的各种文档。